7

Lernstufen
Mathematik

Nordrhein-Westfalen

Berater
Michael Greiwe, Rheine
Klaus Köhn, Düsseldorf
Alexa Kubiak, Recklinghausen
Ute Liehr, Hückelhoven
Herbert Vergoßen, Bornheim

Teile dieses Unterrichtswerkes basieren auf Inhalten
bereits erschienener Lehrwerke.
Diese wurden herausgegeben von Prof. Dr. Manfred Leppig, Reinhold Koullen (†)
und Udo Wennekers sowie erarbeitet von:
Helga Berkemeier, Ilona Gabriel, Wolfgang Hecht, Jeannine Kreuz, Barbara Hoppert, Kurt Kalvelage (†),
Ines Knospe, Reinhold Koullen (†), Manfred Leppig, Frank Nix, Doris Ostrow, Hans-Helmut Paffen,
Günther Reufsteck, Jutta Schaefer, Gabriele Schenk, Willi Schmitz, Helmut Spiering, Christine Sprehe,
Herbert Strohmayer, Herbert Vergoßen, Martina Verhoeven, Alfred Warthorst, Udo Wennekers,
Ralf Wimmers, Rainer Zillgens

Redaktion: Sabrina Bühl, Inga Knoff

Bildrecherche: Dr. Solveig Schmitz

Illustration: Roland Beier

Grafik: Christian Böhning, Ulrich Sengebusch (†)

Umschlaggestaltung und Layoutkonzept:
Syberg | Kirstin Eichenberg

Layout und technische Umsetzung:
CMS – Cross Media Solutions GmbH

Begleitmaterialien zum Lehrwerk		
für Schülerinnen und Schüler	**für Lehrerinnen und Lehrer**	
Arbeitsheft mit CD-ROM 978-3-06-042111-4	Lösungsheft	978-3-06-042113-8
	Kopiervorlagen	978-3-06-042112-1
	Lehrerfassung	978-3-06-042126-8

www.cornelsen.de

Unter der folgenden Adresse befinden sich multimediale
Zusatzangebote für die Arbeit mit dem Schülerbuch:
www.cornelsen.de/lernstufen-mathematik
Die Buchkennung ist: **MLS042110**

Alle Drucke dieser Auflage sind inhaltlich unverändert
und können im Unterricht nebeneinander verwendet werden.

Druck und Bindung: Livonia Print, Riga

1. Auflage, 7. Druck 2024
ISBN 978-3-06-042110-7 (Schülerbuch)
ISBN 978-3-06-040119-2 (Schülerbuch als E-Book)

1. Auflage, 3. Druck 2022
ISBN 978-3-06-042126-8 (Lehrerfassung)

Die Symbole in den oberen Ecken stehen für bestimmte Bereiche in der Mathematik:

Zahlen und Variablen

Geometrie

Funktionen

Daten und Zufall

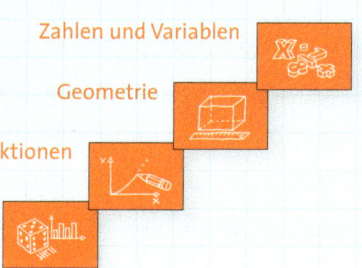

■ **Zusammenfassung**
Die Zusammenfassung am Ende eines Kapitels enthält die wichtigsten Merksätze zum Nachschlagen.

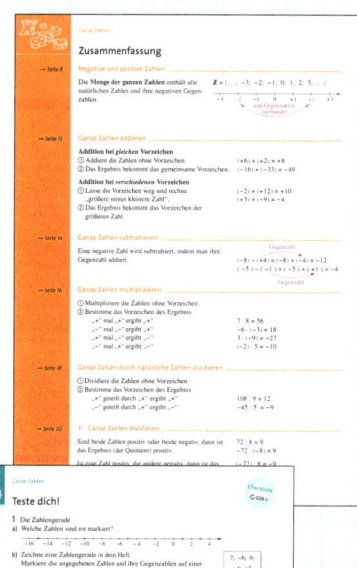

Ganze Zahlen subtrahieren

Üben und anwenden

1 Welche Subtraktionsaufgabe gehört zu welcher Additionsaufgabe? Ordne zu.

(+1) − (+8) (−1) − (−8) (−1) − (+8) (−8) − (−1) (−1) + (+8) (+1) + (−8) (−1) + (−8) (−8) + (+1)

2 Zeichne für jede Aufgabe eine Zahlengerade von −7 bis 7 und stelle die Subtraktion an der Zahlengeraden dar.
a) (−2) − (+5) b) (+2) − (+5)
c) (+2) − (−5) d) (−2) − (−5)

2 Erkläre an der Zahlengeraden, dass die Aufgaben (+2) + (−5) und 2 − 5 das gleiche Ergebnis haben.
Wie subtrahierst du negative Zahlen?
Erkläre dein Vorgehen.

3 Wandle erst in eine Additionsaufgabe um. Berechne dann.
a) (+5) − (+3) b) (−8) − (+3)
c) (+2) − (+4) d) (−1) − (−5)
e) (−1) − (+7) f) (−6) − (−13)

3 Wandle erst in eine Additionsaufgabe um. Berechne dann.
a) (−7) − (+3) b) (−7) − (−3)
c) (−1) − (+5) d) (−9) − (+5)
e) (−9) − (−9) f) (+9) − (−9)

4 Welche Rechnungen gehören zu den Textaufgaben? Denke auch an den Antwortsatz.
a) Paolo hatte 6 Pluspunkte und gibt 10 Pluspunkte ab.
b) Julians Vater hatte auf seinem Konto 10 € Guthaben. Heute hat er 25 € abgehoben.
c) Frau Meier hatte 14 € Schulden auf ihrem Konto. Jetzt hebt sie 50 € ab.
d) Das Thermometer zeigt abends −2 °C. In der Nacht sinkt die Temperatur um weitere 4 °C.

■ **Üben und anwenden**
Die Aufgaben trainieren den neu gelernten Unterrichtsstoff.

5 Schreibe die Aufgaben in Kurzschreibweise.
Beispiel (−4) − (+1) = −4 − 1
a) (−7) − (+6) b) (+16) − (−9)

5 Schreibe kürzer. Rechne dann.
a) (+84) + (−96) b) (−150) − (+25)
c) (+17) − (+32) d) (−128) + (−14)

6 Wandle in Additionsaufgaben um und berechne. Welche Aufgaben sind gleich?
a) (+8) − (+1) und 8 − 1
b) (+5) − (−7) und 5 − 7
c) (+3) − (+6) und 3 + 6
d) (−9) − (+7) und −9 − 7

Mittelschwere Aufgaben haben eine schwarze Aufgabennummer.

6 Subtrahiere im Heft.

−	−19	−33	88	12	57
8					
16					
−12					
−77					

7 Welches Vorzeichen ist hier richtig?
a) (ˉ 5) − (+5) = 0
b) (ˉ 3) − (−2) = +5
c) (ˉ 1) − (+3) = −2
d) (ˉ 3) − (+4) = −7

7 Welches Vorzeichen ist hier richtig?
a) (ˉ 5) − (+7) = −2 b) (ˉ 9) − (−2) = +11
c) (ˉ 4) − (+3) = −7 d) (−3) − (ˉ 3) = −6
e) (+4) − (ˉ 3) = +1 f) (−4) − (ˉ 3) = −1
g) (ˉ 1) − (ˉ 1) = 0 h) (ˉ 1) − (ˉ 1) = −2

8 Übertrage und ergänze die Tabelle im Heft.

alte Temperatur	Temperaturänderung	neue Temperatur
2 °C	4 Grad kälter	
−7 °C	8 Grad wärmer	
−3 °C	6 Grad kälter	
6 °C	4 Grad wärmer	

8 Übertrage und ergänze die Tabelle im Heft.

Kontostand alt	Gutschrift (+) Lastschrift (−)	neuer Kontostand
10 €	+30 €	
75 €	−60 €	
−15 €		−45 €
	−11 €	−44 €

HINWEIS
C 015-1
Unter dem Webcode findest du eine interaktive Übung zur Addition und Subtraktion ganzer Zahlen.

In der Randspalte stehen zusätzliche Informationen, Aufgaben, Lösungshinweise und Webcodes.

15

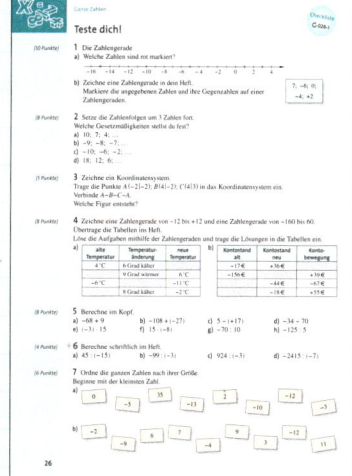

■ **Teste dich!**
Überprüfe zur Vorbereitung auf die Klassenarbeit dein Können. Die Lösungen zum Abschlusstest findest du im Anhang.

Die linke Spalte enthält leichtere Aufgaben.

Die rechte Spalte enthält schwierigere Aufgaben.

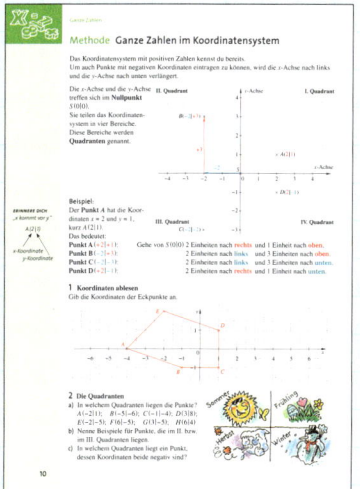

C 015-1

Die **Webcodes** in der Randspalte verweisen auf zusätzliche Materialien im Internet.
1. Webseite aufrufen:
   www.cornelsen.de/lernstufen-mathematik
2. Buchkennung eingeben:
   MLS042110
3. Mediencode eingeben:
   z. B. **015-1**

6 leichtere Aufgaben

7 mittelschwere Aufgaben

8 schwierigere Aufgaben

9 Aufgaben, die dem Niveau eines Erweiterungskurses entsprechen

10

Inhalt

+ Inhalte, die dem Niveau eines Erweiterungskurses entsprechen

*Für die Berufs-
orientierung*
*eignen sich
unter anderem
die Aufgaben der
Rubrik „Aus dem
Berufsleben":
Seite 27, 39, 41,
44, 59, 63, 90,
103, 105, 107, 113,
115, 125, 127, 133,
150 und 173.*

Ganze Zahlen

In der Tiefgarage im 2. Untergeschoss steigt
Frau Wolff in den Fahrstuhl.
Sie fährt bis in das 4. Obergeschoss.
Wie viele Ebenen ist sie insgesamt hochgefahren?

Noch fit?

Einstieg	Aufstieg

1 Temperaturen in den verschiedenen Jahreszeiten

a) Zu welcher Jahreszeit sind die Fotos jeweils gemacht worden?
b) Welche Temperaturen könnten beim Fotografieren der Fotos jeweils gewesen sein?

2 Temperaturen über und unter Null
Lies die Temperaturen in °C ab.

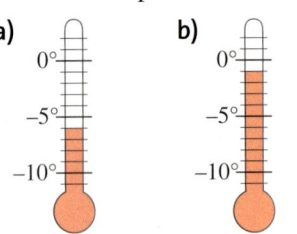

a)   b)   c)

2 Temperaturen über und unter Null
Lies die Temperaturen in °C ab.

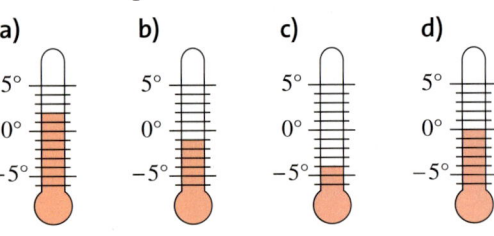

a)   b)   c)   d)

3 Zahlenstrahl
Lies die Zahlen auf dem Zahlenstrahl ab.

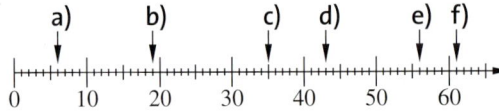

3 Zahlenstrahl
Lies die Zahlen auf dem Zahlenstrahl ab.

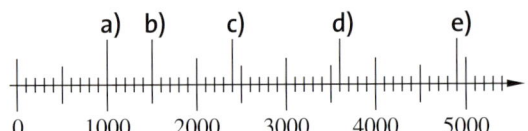

4 Zahlengerade
a) Welche Zahlen sind hier markiert?
b) Erkläre den Unterschied zwischen einem Zahlenstrahl und einer Zahlengeraden.

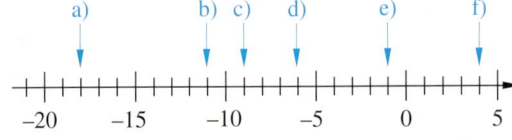

4 Zahlengerade
a) Welche Zahlen sind hier markiert?
b) Erkläre den Unterschied zwischen einem Zahlenstrahl und einer Zahlengeraden.

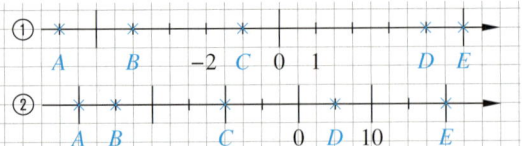

5 Zahlengerade zeichnen
Zeichne eine Zahlengerade von −6 bis +8 in dein Heft.
Trage die Zahlen ein und schreibe die entsprechenden Buchstaben dazu.
Bei richtiger Lösung erhältst du einen Lösungssatz.

G	H	R	R	S	C	T	W	A	D	A	I	I
8	5	0	−1	−4	3	6	−3	−5	−6	−2	1	7

HINWEIS

↻ 007-1

Unter dem Web-code findest du ein Arbeitsblatt mit vorgezeich-neten Thermo-metern.

6 Temperaturänderungen

Zeichne eine Temperaturskala von −5 °C bis +5 °C. Löse die Aufgaben mithilfe der Skala.

	Temperatur morgens	Temperatur-änderung	Temperatur mittags
a)	−1 °C	2 Grad wärmer	
b)	4 °C	7 Grad kälter	
c)	−5 °C	4 Grad wärmer	

6 Temperaturänderungen

Übertrage und ergänze die Tabelle im Heft.

	Nacht-temperatur	Tageshöchst-temperatur	Temperatur-änderung
a)	−5 °C	4 °C	
b)	0 °C		3 ° kälter
c)	−8 °C		5 ° wärmer
d)		−1 °C	8 ° wärmer

7 Zahlen vergleichen

Welche der beiden Zahlen ist kleiner?

a) 5; 8   b) −5; 8

c) −5; −8   d) −7; 0

e) 6; −8   f) 1; −1000

7 Zahlen vergleichen

Setze im Heft ein: >, < oder =.

a) 9 ▨ 7   b) −2 ▨ 5

c) 5 ▨ −3   d) −5 ▨ 5

e) −7 ▨ 0   f) 2 ▨ −8

8 Das Koordinatensystem

Zeichne ein Koordinatensystem wie im Bild rechts und trage die Punkte ein.

a) $A(2|2)$, $B(4|4)$, $C(7|7)$, $D(0|0)$

b) $E(3|0)$, $F(0|5)$, $G(6|0)$, $H(0|8)$

c) $I(3|1)$, $J(1|3)$, $K(2|7)$, $L(7|2)$

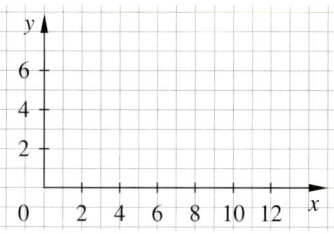

9 Kopfrechnen

Addiere und subtrahiere im Kopf.

a) 48 + 93   b) 122 + 59

c) 389 + 45   d) 27 − 6

e) 65 − 10   f) 140 − 32

9 Kopfrechnen

Addiere und subtrahiere im Kopf.

a) 99 + 77   b) 307 + 88

c) 526 + 61   d) 242 − 142

e) 220 − 135   f) 163 − 73

10 Schriftliche Multiplikation

Multipliziere schriftlich im Heft.

a) 533 · 3   b) 385 · 7

c) 612 · 53   d) 28 · 841

10 Schriftliche Multiplikation

Multipliziere schriftlich im Heft.

a) 315 · 42   b) 798 · 309

c) 207 · 8012   d) 180 · 20015

11 Schriftliche Division

Dividiere schriftlich im Heft.

a) 1953 : 7   b) 6714 : 6

c) 924 : 11   d) 3875 : 31

11 Schriftliche Division

Dividiere schriftlich im Heft.

a) 4184 : 4   b) 4037 : 11

c) 11803 : 29   d) 164205 : 41

12 Fachbegriffe der Grundrechenarten

Gib jeweils ein Beispiel für eine Addition, eine Subtraktion, eine Multiplikation und eine Division und erkläre die Fachbegriffe an den Beispielen.

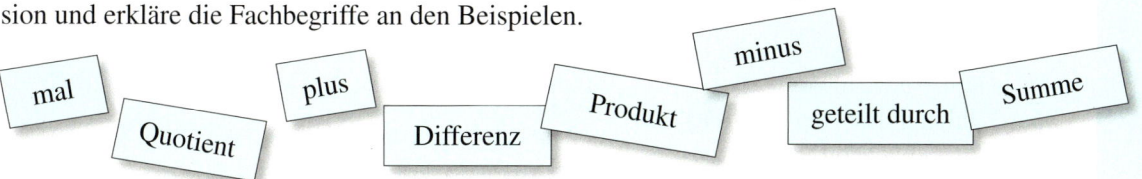

mal   Quotient   plus   Differenz   minus   Produkt   geteilt durch   Summe

Negative und positive Zahlen

Entdecken

+11 °C
0 °C
−12 °C

1 Arbeitet zu zweit.
Beschreibt und erklärt euch gegenseitig die Thermometer in der Randspalte.

2 „Positiv und negativ", ein Spiel für zwei Personen
Vorbereitung: Ihr benötigt:
– einen Spielplan wie abgebildet
– zwei Spielfiguren
– einen Würfel

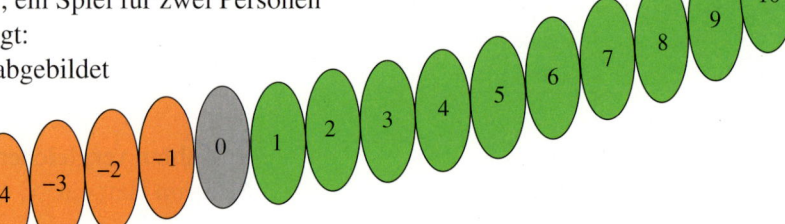

Beide Spielsteine werden auf das Feld 0 gestellt.
Der Spieler, der an der Reihe ist, würfelt zweimal nacheinander:
– Der erste Wurf gibt an, wie viele Schritte er nach rechts zieht,
– der zweite Wurf gibt an, wie viele Schritte er nach links zieht.

Wer zuerst das rechte oder das linke Ende des Spielplans erreicht
oder überschreitet, hat gewonnen.

Verstehen

Julian und Annika starten auf der Zahl 0 und gehen beide
3 Felder weiter.
Julian steht jetzt auf der Zahl −3 und Annika steht auf +3.
Beide sind nun gleich weit von der Zahl 0 entfernt.

Zusammen mit der Null bilden die positiven und negativen
Zahlen die **Menge der ganzen Zahlen**:
$\mathbb{Z} = \{\ldots;\ -2;\ -1;\ 0;\ +1;\ +2;\ \ldots\}$

Positive und negative Zahlen können an der **Zahlengeraden** dargestellt werden.

Je weiter man auf der Zahlengeraden nach rechts geht, desto größer werden die Zahlen.
Je weiter man auf der Zahlengeraden nach links geht, desto kleiner werden die Zahlen.

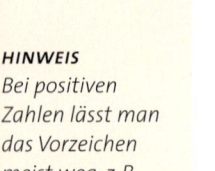

Zahlen
werden
kleiner

−5 −4 −3 −2 −1 0 +1 +2 +3 +4 +5

sind Gegenzahlen
zueinander

Zahlen
werden
größer

Zu jeder positiven Zahl gibt es genau eine negative **Gegenzahl** und umgekehrt.
Gegenzahlen haben den gleichen Abstand zur Null.

Merke Der **Betrag** einer Zahl ist der
Abstand dieser Zahl zur Null.
Eine Zahl und ihre **Gegenzahl** haben
immer den gleichen Betrag.

Beispiel 1
Der Betrag von −2 ist 2. Man schreibt: $|-2| = 2$

−2 ist die Gegenzahl von 2
oder auch: 2 ist die Gegenzahl von −2

Üben und anwenden

1 Was bedeutet das Minuszeichen in den Beispielen?
a) Im Auto zeigt das Navigationssystem eine Höhe von −12 m an.
b) Am Freitag erreichen die Temperaturen Höchstwerte von −3 bis 0 Grad Celsius.
c) Die Handballmannschaft HC Hantem hat eine Tordifferenz von −96 Toren.
d) Die Zeitverschiebung von New York im Verhältnis zu Berlin beträgt −6 Stunden.

NACHGEDACHT
Liegt auch hier eine negative Zahl vor? Jana hat in der Deutscharbeit eine „3 minus" geschrieben.

2 Welche Zahlen sind hier mit Buchstaben bezeichnet?

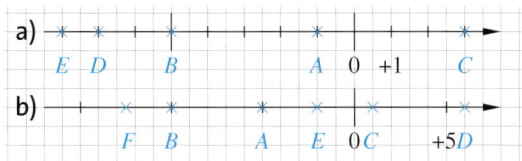

2 Welche Zahlen sind hier mit Buchstaben bezeichnet?

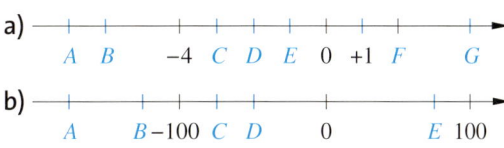

3 Max sagt: „−73 ist größer als −72, da 73 größer als 72 ist." Was meinst du dazu?

4 Trage auf einer Zahlengeraden mit der Einheit 1 cm die Zahlen +2; −5; + 6 und −3 mit ihren Gegenzahlen ein.

4 Zeichne eine geeignete Zahlengerade und trage die Zahlen 6; −4; −3; 5; −13 und 12 mit ihren Gegenzahlen ein.

HINWEIS
↻ 009-1
Hier findest du zwei Arbeitsblätter zu ganzen Zahlen auf der Zahlengeraden.

5 Übertrage ins Heft und setze das richtige Zeichen ein (< oder > oder =).
a) −2 ▢ 6
b) +3 ▢ −4
c) 0 ▢ −8
d) −7 ▢ 7
e) 5 ▢ 6
f) −5 ▢ −6
g) 36 ▢ −36
h) −32 ▢ −319

5 Übertrage ins Heft und ergänze die richtigen Vorzeichen.
Manchmal gibt es mehrere Möglichkeiten.
a) ▢5 > ▢8
b) ▢5 < ▢8
c) ▢810 > ▢801
d) ▢810 < ▢801
e) ▢71 > ▢71
f) ▢71 < ▢0

6 Ordne die ganzen Zahlen der Größe nach. Beginne mit der kleinsten.

7 Wie heißt jeweils die Gegenzahl?
Beispiel 5 ist Gegenzahl von −5

−4   12   57   6   −35   −243

7 Wie heißt jeweils die Gegenzahl?
a) 13
b) 289
c) −37
d) −35 709
e) 0
f) 1 045 371

8 Gib jeweils den Betrag der Zahl an.
Beispiel |−2| = 2

−1   −7   −15   7   −500   1003

8 Gib jeweils den Betrag der Zahlen an.
a) −703
b) 44
c) −90 834
d) 66 871
e) −3,7
f) 0

9 Novosibirsk ist eine Stadt in Russland. Im Diagramm sind die durchschnittlichen Temperaturen in Novosibirsk angegeben.
a) Lies die Temperaturen für jeden Monat ab und notiere sie im Heft.
b) Wann ist es durchschnittlich am kältesten? Wann ist es am wärmsten? Begründe.

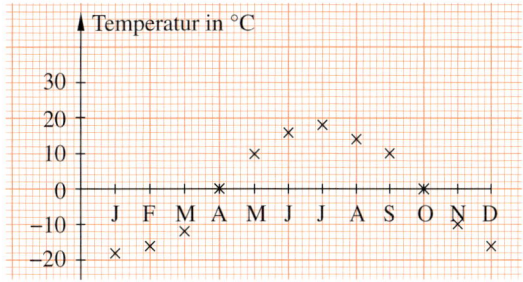

Methode Ganze Zahlen im Koordinatensystem

Das Koordinatensystem mit positiven Zahlen kennst du bereits.
Um auch Punkte mit negativen Koordinaten eintragen zu können, wird die x-Achse nach links und die y-Achse nach unten verlängert.

Die x-Achse und die y-Achse treffen sich im **Nullpunkt** $S(0|0)$.
Sie teilen das Koordinatensystem in vier Bereiche. Diese Bereiche werden **Quadranten** genannt.

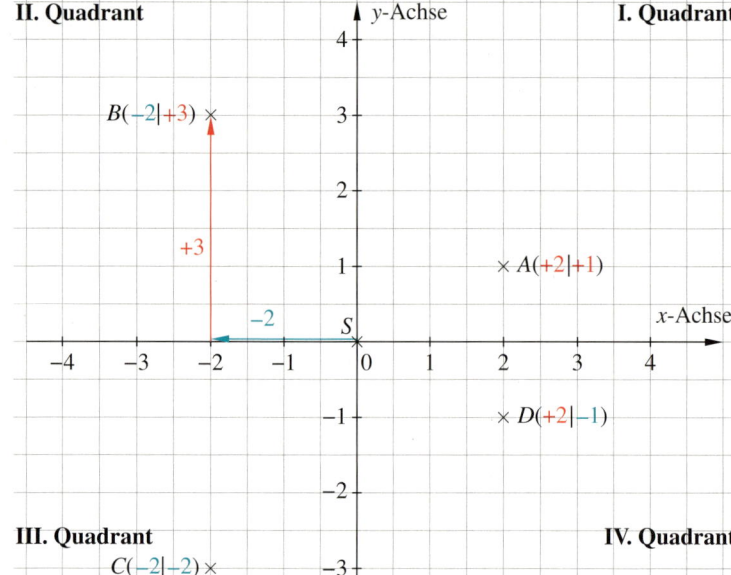

Beispiel

Der **Punkt A** hat die Koordinaten $x = 2$ und $y = 1$, kurz $A(2|1)$.
Das bedeutet:

Punkt A $(+2|+1)$:	Gehe von $S(0|0)$ 2 Einheiten nach **rechts** und 1 Einheit nach **oben**.
Punkt B $(-2|+3)$:	2 Einheiten nach **links** und 3 Einheiten nach **oben**.
Punkt C $(-2|-3)$:	2 Einheiten nach **links** und 3 Einheiten nach **unten**.
Punkt D $(+2|-1)$:	2 Einheiten nach **rechts** und 1 Einheit nach **unten**.

1 Koordinaten ablesen

Gib die Koordinaten der Eckpunkte an.

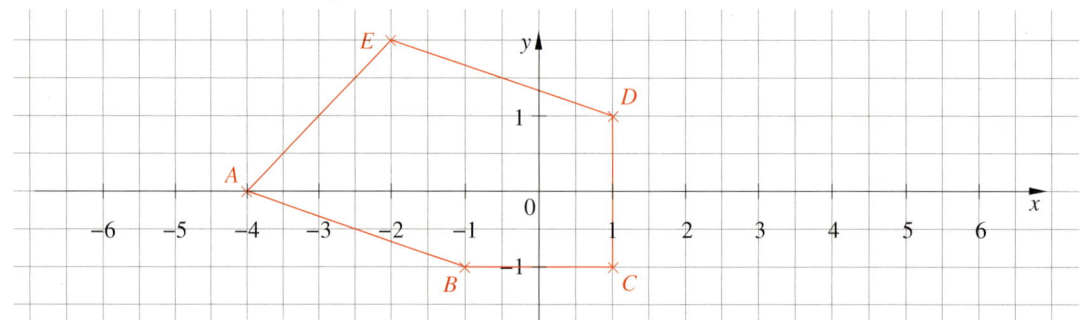

2 Die Quadranten

a) In welchem Quadranten liegen die Punkte?
   $A(-2|1)$; $B(-5|-6)$; $C(-1|-4)$; $D(3|8)$;
   $E(-2|-5)$; $F(6|-5)$; $G(3|-5)$; $H(6|4)$

b) Nenne Beispiele für Punkte, die im II. bzw. im III. Quadranten liegen.

c) In welchem Quadranten liegt ein Punkt, dessen Koordinaten beide negativ sind?

3 Punkte ablesen

In das Koordinatensystem sind verschiedene Punkte eingetragen.

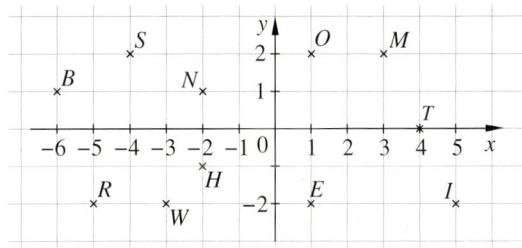

Lies die Buchstaben zu den folgenden Koordinaten hintereinander.
Es ergibt sich ein Lösungswort:
$(-3|-2); (5|-2); (-2|1); (4|0); (1|-2); (-5|-2)$
Schreibe selbst Wörter mithilfe der Punkte.

4 Punkte eintragen

Zeichne ein Koordinatensystem mit x- und y-Werten von −4 bis +4.
Beachte den Hinweis in der Randspalte.
Trage die folgenden Punkte in das Koordinatensystem ein.

a) $A(2|3)$ $B(1|-2)$
    $C(2|-3)$ $D(-2|3)$
b) $E(-1|1)$ $F(-2|-2)$
    $G(1|1)$ $H(-1|0)$
c) $I(1|-1)$ $J(-1|-1)$
    $K(-3|-2)$ $L(0|-2)$
d) $M(3|-2)$ $N(0|-1)$
    $O(2|-2)$ $P(-2|0)$

5 Eine Figur zeichnen

Zeichne ein Koordinatensystem.
Achte darauf, dass es für alle Punkte groß genug ist.
Verbinde die Punkte
$A(2|1)$, $B(-1|1)$, $C(-1|-2)$, $D(0|-1)$,
$E(4|-4)$, $F(5|-3)$, $G(1|0)$ und A.
Welche Figur ist entstanden?

6 Rechtecke ergänzen

Zeichne die Punkte in ein Koordinatensystem.
Ergänze einen Punkt D so, dass sich ein Rechteck ergibt.
Gib jeweils die Koordinaten von D an.
a) $A(-5|1)$; $B(2|1)$; $C(2|3)$
b) $A(1|-5)$; $B(1|-1)$; $C(-2|-1)$
c) $A(-3|0)$; $B(1|-2)$; $C(2|0)$

7 Muster zeichnen

Zeichne ein Koordinatensystem mit x- und y-Werten jeweils von −5 bis +5.
a) Trage folgende Punkte ein und verbinde sie: $A(-3|-3)$; $B(-3|-2)$; $C(-2|-2)$; $D(-2|1)$; $E(-1|-1)$; $F(-1|0)$.
b) Spiegele das Muster einmal an der x-Achse und einmal an der y-Achse.
Was stellst du fest?

8 Geraden im Koordiantensystem

In das Koordinatensystem sind zwei Geraden eingezeichnet.
a) Notiere je vier Punkte auf den Geraden g und h.
Beispiel
g verläuft durch $(1|-1)$.
b) Notiere die Koordinaten des Schnittpunktes der beiden Geraden.
c) Durch welche Quadranten verläuft g, durch welche Quadranten verläuft h?

9 Schiffe versenken (Spiel für 2 Personen)

Beide Spieler zeichnen ein Koordinatensystem (1 LE = 1 cm) mit x- und y-Werten jeweils von −3 bis +3.
Jeder zeichnet 10 „Schiffe" in sein Koordinatensystem, so wie in der Randspalte gezeigt.
Die Schiffe können waagerecht oder senkrecht eingezeichnet werden, dürfen sich aber nicht berühren.
Dann zielt ihr abwechselnd auf die Schiffe des anderen, indem ihr beispielsweise sagt:
„Minus 2; plus 1."
Wer zuerst alle Schiffe des anderen versenkt hat, gewinnt.

HINWEIS
Zeichne Koordinatensysteme mit einem Abstand von 1 cm zwischen den ganzen Zahlen. Dann hast du genügend Platz, um Zeichnungen einzutragen.

ZU AUFGABE 9
ein Schlachtschiff:

zwei Kreuzer:

drei Zerstörer:

vier U-Boote:

Ganze Zahlen addieren

Entdecken

1 Lena, Marc, Antonia und Sophie spielen ein Kartenspiel.
Es gibt Karten mit Pluspunkten und Karten mit Minuspunkten.

a) Wie viele Punkte haben die Freunde jeweils auf der Hand?

Lena   Marc   Antonia   Sophie

Lena: $+4$ $+2$ Marc: -1 -4 Antonia: $+3$ -5 Sophie: -3 $+7$

b) Erkläre jeweils, wie du vorgegangen bist.
c) Woran kann man erkennen, ob der Punktestand positiv oder negativ ist?

2 Jonas addiert an der Zahlengeraden.

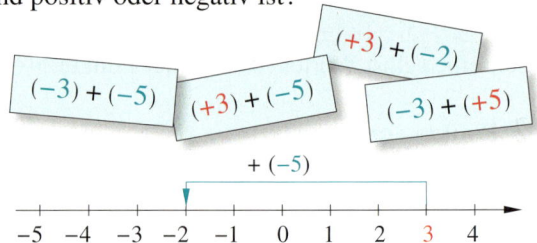

a) Welche der Rechnungen hat er hier gelöst?

$(-3) + (-5)$ $(+3) + (-5)$ $(+3) + (-2)$ $(-3) + (+5)$

b) Stelle die Rechnung $(+2) + (-6)$ an
einer Zahlengeraden dar.
Notiere das Ergebnis.

$+ (-5)$

$-5 \quad -4 \quad -3 \quad -2 \quad -1 \quad 0 \quad 1 \quad 2 \quad 3 \quad 4$

Verstehen

Beim Rechnen mit
negativen Zahlen gibt es
Vorzeichen und **Rechenzeichen**:

Vorzeichen
$(+5) + (-3) = +2$
Rechenzeichen

Bei der Addition von negativen Zahlen unterscheidet man zwei Fälle:
Haben beide Zahlen das **gleiche** Vorzeichen oder haben sie **verschiedene** Vorzeichen?

1. Fall:
Beide Zahlen haben
das **gleiche** Vorzeichen.

Beispiel 1 $(-2) + (-4)$

$+(-4)$

$-7 \quad -6 \quad -5 \quad -4 \quad -3 \quad -2 \quad -1 \quad 0 \quad 1 \quad 2 \quad 3 \quad 4 \quad 5 \quad x$

2. Fall:
Beide Zahlen haben
verschiedene Vorzeichen.

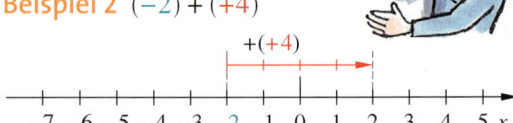

Beispiel 2 $(-2) + (+4)$

$+(+4)$

$-7 \quad -6 \quad -5 \quad -4 \quad -3 \quad -2 \quad -1 \quad 0 \quad 1 \quad 2 \quad 3 \quad 4 \quad 5 \quad x$

Merke
Addition bei *gleichen* Vorzeichen
① Lasse die Vorzeichen weg und addiere
beiden Zahlen.
② Das Ergebnis bekommt das gemeinsame
Vorzeichen.

Merke
Addition bei *verschiedenen* Vorzeichen
① Lasse die Vorzeichen weg und rechne
„größere minus kleinere Zahl".
② Das Ergebnis bekommt das Vorzeichen
der größeren Zahl.

zu Beispiel 1
$(-2) + (-4)$
① Addition ohne Vorzeichen: $2 + 4 = 6$
② gemeinsames Vorzeichen: $-$
Also: $(-2) + (-4) = -6$

zu Beispiel 2
$(-2) + (+4)$
① Subtraktion ohne Vorzeichen: $4 - 2 = 2$
② Vorzeichen der größeren Zahl: $+$
Also: $(-2) + (+4) = +2$

Üben und anwenden

1 Addition an der Zahlengeraden

a) Bringe Meikes Erklärungen in die richtige Reihenfolge.

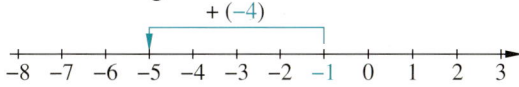

Ⓐ *weil (−4) das Vorzeichen „−" hat.*

Ⓑ *Auf der Zahlengeraden starte ich bei (−1).*

Ⓒ *Das Ergebnis ist (−5).*

Ⓓ *Von dort aus geht man 4 Felder nach links,*

b) Erkläre die Addition wie Meike.

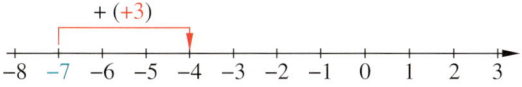

1 Notiere Aufgaben und Ergebnisse in dein Heft.

a)
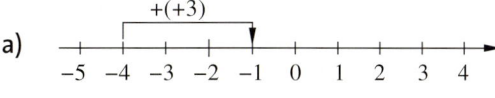

b)
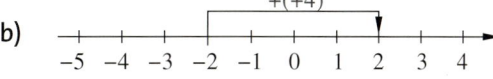

c)
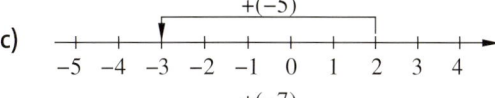

d)
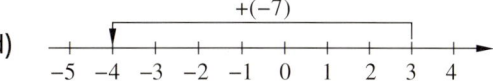

2 Welche Vorzeichen haben die Ergebnisse der Additionsaufgaben? Begründe deine Antwort.

$(+5) + (+6)$ $(−3) + (−7)$ $(+8) + (−2)$ $(−11) + (+9)$ $(+1) + (−7)$

3 Löse die Aufgaben.

a) 1. Fall: gleiche Vorzeichen

① $(+2) + (+4)$ ② $(−2) + (−4)$

b) 2. Fall: verschiedene Vorzeichen

③ $(+2) + (−4)$ ④ $(−2) + (+4)$

3 Löse die Aufgaben mithilfe einer Zahlengeraden.

a) $(+5) + (+3)$ b) $(+5) + (−3)$

c) $(−5) + (−3)$ d) $(−2) + (−7)$

e) $(+2) + (−7)$ f) $(−2) + (+7)$

4 Addiere.

Du kannst die Zahlengerade zuhilfe nehmen.

a) $(−3) + (+4)$ b) $(−3) + (−4)$ c) $(+3) + (−4)$

d) $(−2) + (+5)$ e) $(−2) + (−5)$ f) $(+2) + (−5)$

4 Addiere.

a) $(−84) + (−96)$ b) $(−150) + (+25)$

c) $(−128) + (−104)$ d) $(+450) + (−540)$

e) $(−72) + (+84)$ f) $(−15) + (+1) + (+8)$

5 Welche Rechnungen gehören zu den Textaufgaben? Denke auch an den Antwortsatz.

a) Caro hat 3 Pluspunkte und 5 Minuspunkte.

b) Murat hatte 7 Minuspunkte und zieht 6 Pluspunkte.

c) Frau Roos hat 20 € Schulden auf ihrem Konto. Nun bekommt sie 54 € überwiesen.

6 Ergänze die Additionsmauern im Heft.

a)   b)
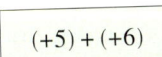   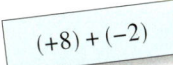

6 Ergänze die Additionsmauern im Heft.

a)   b)
   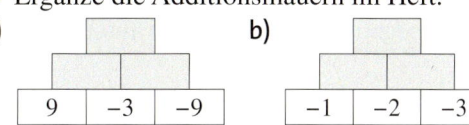

7 Mirco behauptet:

„Man kann eine negative Zahl auch addieren, indem man ihre Gegenzahl subtrahiert."

a) Prüfe Mircos Behauptung an den Beispielen.

Beispiel 1 $(−4) + (−2) = (−4) − 2$ **Beispiel 2** $(+4) + (−2) = (+4) − 2$

b) Rechne wie Mirco.

① $(+1) + (−1)$ ② $(+1) + (−8)$ ③ $(+87) + (−37)$ ④ $(−71) + (−65)$ ⑤ $(+7) + (−49)$

Ganze Zahlen subtrahieren

Entdecken

1 Subtraktion an der Zahlengeraden
a) Begründe anhand der Zahlengerade die Rechnung $1 - 6 = -5$.
b) Heike sagt: „$1 - 6$ hat das gleiche Ergebnis wie die Aufgabe $1 + (-6)$." Hat sie recht?

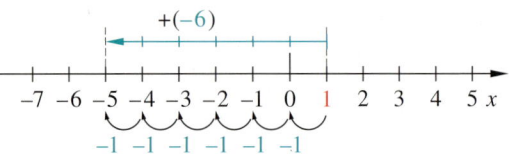

2 Schreibe die Aufgaben $(+5) - (+4)$ und $(-5) - (+4)$ so um, dass du das Ergebnis durch eine Additionsaufgabe ermitteln kannst. Die Zahlengerade kann dir dabei helfen.

3 Elke fragt sich: „Was passiert, wenn ich von fünf -3 abziehe, also $5 - (-3)$ rechne?"

Verstehen

Beispiel 1
Die Subtraktionsaufgabe $(-1) - (+6)$ hat die gleiche Lösung wie die Additionsaufgabe $(-1) + (-6) = -7$.

Beispiel 2
Die Subtraktionsaufgabe $(+2) - (-3)$ hat die gleiche Lösung wie die Additionsaufgabe $(+2) + (+3) = +5$.

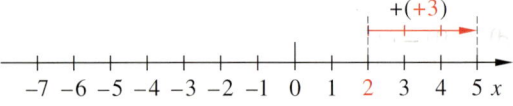

Merke Jede Subtraktionsaufgabe kann man in eine Additionsaufgabe umwandeln. Eine negative Zahl wird **subtrahiert**, indem man ihre Gegenzahl **addiert**.

Beispiel 3
Gegenzahl
a) $(-8) - (+4) = (-8) + (-4) = -12$
b) $(+9) - (+7) = (+9) + (-7) = +2$
Gegenzahl

Beispiel 4
Gegenzahl
a) $(+11) - (-16) = (+11) + (+16) = +27$
b) $(-5) - (-1) = (-5) + (+1) = -4$
Gegenzahl

Merke Positive Vorzeichen und Klammern dürfen weggelassen werden.

Beispiel 5
$(-2) - (+4)$ in Kurzschreibweise $-2 - 4$

Üben und anwenden

1 Welche Subtraktionsaufgabe gehört zu welcher Additionsaufgabe? Ordne zu.

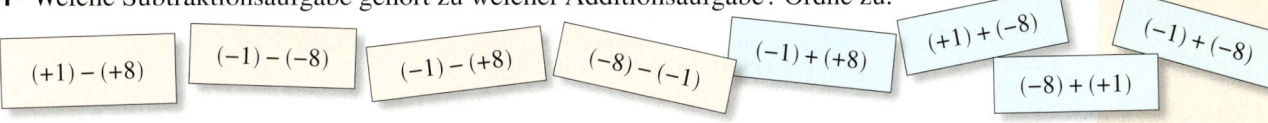

$(+1)-(+8)$ $(-1)-(-8)$ $(-1)-(+8)$ $(-8)-(-1)$ $(-1)+(+8)$ $(+1)+(-8)$ $(-1)+(-8)$ $(-8)+(+1)$

2 Zeichne für jede Aufgabe eine Zahlengerade von −7 bis 7 und stelle die Subtraktion an der Zahlengeraden dar.
a) $(-2)-(+5)$ b) $(+2)-(+5)$
c) $(+2)-(-5)$ d) $(-2)-(-5)$

2 Erkläre an der Zahlengeraden, dass die Aufgaben $(+2)+(-5)$ und $2-5$ das gleiche Ergebnis haben.
Wie subtrahierst du negative Zahlen? Erkläre dein Vorgehen.

3 Wandle erst in eine Additionsaufgabe um. Berechne dann.
a) $(+5)-(+3)$ b) $(-8)-(+3)$
c) $(+2)-(+4)$ d) $(-1)-(-5)$
e) $(-1)-(+7)$ f) $(-6)-(-13)$

3 Wandle erst in eine Additionsaufgabe um. Berechne dann.
a) $(-7)-(+3)$ b) $(-7)-(-3)$
c) $(+7)-(-3)$ d) $(-9)-(+9)$
e) $(-9)-(-9)$ f) $(+9)-(-9)$

4 Welche Rechnungen gehören zu den Textaufgaben? Denke auch an den Antwortsatz.
a) Paolo hatte 6 Pluspunkte und muss 10 Pluspunkte abgeben.
b) Julians Vater hatte auf seinem Konto 10 € Guthaben. Heute hat er 25 € abgehoben.
c) Frau Meier hatte 14 € Schulden auf ihrem Konto. Jetzt hebt sie 50 € ab.
d) Das Thermometer zeigt abends −2 °C. In der Nacht sinkt die Temperatur um weitere 4 °C.

5 Schreibe die Aufgaben in Kurzschreibweise.
Beispiel $(-4)-(+1)=-4-1$
a) $(-7)-(+6)$ b) $(+16)-(-9)$

5 Schreibe kürzer. Rechne dann.
a) $(+84)+(-96)$ b) $(-150)-(+25)$
c) $(+17)-(+32)$ d) $(-128)+(-14)$

6 Wandle in Additionsaufgaben um und berechne. Welche Aufgaben sind gleich?
a) $(+8)-(+1)$ und $8-1$
b) $(+5)-(-7)$ und $5-7$
c) $(+3)-(+6)$ und $3+6$
d) $(-9)-(+7)$ und $-9-7$

6 Subtrahiere im Heft.

−	−19	−33	88	12	57
8					
16					
−12					
−77					

7 Welches Vorzeichen ist hier richtig?
a) $(\ 5)-(+5)=0$
b) $(\ 3)-(-2)=+5$
c) $(\ 1)-(+3)=-2$
d) $(\ 3)-(+4)=-7$

7 Welches Vorzeichen ist hier richtig?
a) $(\ 5)-(+7)=-2$ b) $(\ 9)-(-2)=+11$
c) $(\ 4)-(+3)=-7$ d) $(-3)-(\ 3)=-6$
e) $(+4)-(\ 3)=+1$ f) $(-4)-(\ 3)=-1$
g) $(\ 1)-(\ 1)=0$ h) $(\ 1)-(\ 1)=-2$

8 Übertrage und ergänze die Tabelle im Heft.

alte Temperatur	Temperatur-änderung	neue Temperatur
2 °C	4 Grad kälter	
−7 °C	8 Grad wärmer	
−3 °C	6 Grad kälter	
6 °C	4 Grad wärmer	

8 Übertrage und ergänze die Tabelle im Heft.

Kontostand alt	Gutschrift (+) Lastschrift (−)	neuer Kontostand
10 €	+30 €	
75 €	−60 €	
−15 €		−45 €
	−11 €	−44 €

HINWEIS
↻ 015-1
Unter dem Webcode findest du eine interaktive Übung zur Addition und Subtraktion ganzer Zahlen.

Ganze Zahlen multiplizieren

Entdecken

1 Erkläre Milans Rechnung.

a) Berechne die Additionsaufgaben und schreibe sie als Multiplikation.
  ① $(-8) + (-8)$ ② $(-2) + (-2) + (-2)$
  ③ $(-5) + (-5) + (-5)$ ④ $(-3) + (-3) + (-3) + (-3)$
  ⑤ $(-7) + (-7) + (-7) + (-7) + (-7) + (-7)$
  ⑥ $(-4) + (-4) + (-4) + (-4) + (-4) + (-4) + (-4) + (-4)$

b) Arbeitet zu zweit.
  Wie multipliziert man positive und negative Zahlen?
  Formuliert eine Regel.

2 Multiplikationsreihen

a) Beschreibe die beiden Multiplikationsreihen.

b) zu Multiplikationsreihe A:
  Was ändert sich bei der Multiplikation mit 3,
  wenn die erste Zahl immer um 1 kleiner gewählt wird?
  Gib die fehlenden Ergebnisse an und beschreibe
  deinen Lösungsweg.

c) zu Multiplikationsreihe B:
  Was ändert sich bei der Multiplikation mit (-3),
  wenn die erste Zahl immer um 1 kleiner gewählt wird?
  Gib die fehlenden Ergebnisse an.

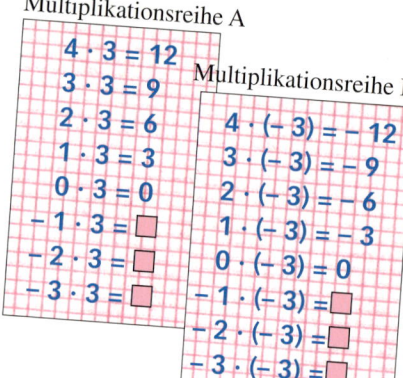

Multiplikationsreihe A

$4 \cdot 3 = 12$
$3 \cdot 3 = 9$
$2 \cdot 3 = 6$
$1 \cdot 3 = 3$
$0 \cdot 3 = 0$
$-1 \cdot 3 = \square$
$-2 \cdot 3 = \square$
$-3 \cdot 3 = \square$

Multiplikationsreihe B

$4 \cdot (-3) = -12$
$3 \cdot (-3) = -9$
$2 \cdot (-3) = -6$
$1 \cdot (-3) = -3$
$0 \cdot (-3) = 0$
$-1 \cdot (-3) = \square$
$-2 \cdot (-3) = \square$
$-3 \cdot (-3) = \square$

Verstehen

Güven findet auf dem Flohmarkt 3 CDs seines Lieblingsrappers.
Jede CD kostet $2\,€$.
Das Geld für die 3 CDs leiht er sich bei seinem großen Bruder.

Güven hat nun $6\,€$ Schulden,
denn $(-2\,€) + (-2\,€) + (-2\,€) = -6\,€$.
Kürzer geschrieben:
  $3 \cdot (-2\,€) = -6\,€$

> **Merke Multiplikation von ganzen Zahlen**
> ① Lasse die Vorzeichen weg und multipliziere beide Zahlen.
>
> ② Bestimme das Vorzeichen des Ergebnisses.
>
> Wenn beide Zahlen **das gleiche Vor-** Wenn beide Zahlen **verschiedene Vor-**
> **zeichen** haben, ist das Ergebnis positiv. **zeichen** haben, ist das Ergebnis negativ.
> „+" mal „+" ergibt „+"   „+" mal „−" ergibt „−"
> „−" mal „−" ergibt „+"   „−" mal „+" ergibt „−"

Beispiel 1
a) $(+7) \cdot (+8) = +56$ kurz: $7 \cdot 8 = 56$
b) $(-6) \cdot (-3) = +18$ $(-6) \cdot (-3) = 18$

Beispiel 2
a) $(+3) \cdot (-9) = -27$ kurz: $3 \cdot (-9) = -27$
b) $(-2) \cdot (+5) = -10$ $(-2) \cdot 5 = -10$

Üben und anwenden

1 Übertrage und ergänze die Multiplikations-reihen um fünf weitere Zeilen.

a) $(+2) \cdot 5 = 10$
   $(+1) \cdot 5 = 5$
    $0 \cdot 5 = 0$
   $(-1) \cdot 5 = $ ▨
   $(-2) \cdot 5 = $ ▨

b) $6 \cdot (+2) = 12$
   $6 \cdot (+1) = 6$
   $6 \cdot \ \ \ 0 = 0$
   $6 \cdot (-1) = $ ▨
   $6 \cdot (-2) = $ ▨

1 Übertrage und ergänze die Multiplikations-reihen um fünf weitere Zeilen.

a) $9 \cdot (+2) = 18$
   $9 \cdot (+1) = 9$
   $9 \cdot \ \ \ 0 = $ ▨
   $9 \cdot (-1) = $ ▨
   $9 \cdot (-2) = $ ▨

b) $(+4) \cdot (-11) = -44$
   $(+3) \cdot (-11) = $ ▨
   $(+2) \cdot (-11) = $ ▨
   $(+1) \cdot (-11) = $ ▨
     $0 \cdot (-11) = $ ▨

2 Welche Vorzeichen haben die Ergebnisse der Multiplikationen? Begründe deine Antwort.

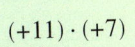 $(+11) \cdot (+7)$ 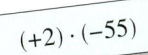 $(-14) \cdot (-3)$ $(+2) \cdot (-55)$ 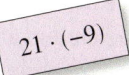 $(-8) \cdot (+19)$ 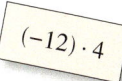 $21 \cdot (-9)$ $(-12) \cdot 4$

3 Berechne die Multiplikationen mit ver-schiedenen Vorzeichen.

a) $-3 \cdot 7$ b) $8 \cdot (-1)$ c) $-2 \cdot 2$
  $-6 \cdot 7$ $8 \cdot (-9)$ $-12 \cdot 2$
 $-12 \cdot 7$ $8 \cdot (-11)$ $-24 \cdot 2$

3 Berechne die Multiplikationen mit ver-schiedenen Vorzeichen.

a) $-8 \cdot 9$ b) $12 \cdot (-7)$ c) $-3 \cdot 5$
d) $-17 \cdot 4$ e) $9 \cdot (-15)$ f) $15 \cdot (-9)$
g) $11 \cdot (-11)$ h) $-8 \cdot 22$ i) $-3 \cdot 39$

4 Berechne die Multiplikationen mit gleichen Vorzeichen.

a) $4 \cdot 11$ b) $(-4) \cdot (-11)$
c) $-9 \cdot (-7)$ d) $9 \cdot 7$
e) $-11 \cdot (-9)$ f) $11 \cdot 9$

4 Ergänze die Multiplikationstabelle im Heft.

·	−5	−6	−7	−8	−9
−7					
−8					
−9					

5 Multipliziere.

a) $5 \cdot 6$ b) $-4 \cdot (-8)$
c) $12 \cdot (-2)$ d) $-7 \cdot (-9)$
e) $100 \cdot (-35)$ f) $-8 \cdot 11$

5 Multipliziere im Kopf oder schriftlich.

a) $-8 \cdot (-9)$ b) $12 \cdot (-7)$
c) $-3 \cdot (-5)$ d) $-17 \cdot 14$
e) $9 \cdot (-15)$ f) $15 \cdot (-9)$

6 Erfinde zu jeder Zahl zwei Multiplikationsaufgaben, die dieses Ergebnis haben.

Beispiel   81 $9 \cdot 9 = 81$ und $-9 \cdot (-9) = 81$

a) 32   b) −25   c) 16   d) −56   e) −81   f) 121

7 Übertrage ins Heft und setze jeweils das richtige Vorzeichen ein.

a) $(-2) \cdot (-4) = $ ▨ 8 b) $(-2) \cdot 2 = $ ▨ 4
c) $2 \cdot ($ ▨ $3) = -6$ d) $(-5) \cdot ($ ▨ $4) = 20$
e) $($ ▨ $8) \cdot (-2) = -16$ f) $($ ▨ $6) \cdot (-6) = 36$

7 Übertrage ins Heft und setze richtig ein.

a) $5 \cdot (-4) = $ ▨ 20 b) $-8 \cdot (-3) = $ ▨ 24
c) $-5 \cdot ($ ▨ $3) = 15$ d) ▨ $2 \cdot (-2) = -4$
e) $-3 \cdot $ ▨ $= -12$ f) $-5 \cdot $ ▨ $= 40$
g) $8 \cdot $ ▨ $= -56$ h) ▨ $\cdot (-7) = 77$

8 Schreibe als Rechenaufgabe. Löse dann die Multiplikation.

a) Bilde das Produkt aus 5 und (-11).
b) Bilde das Produkt aus (-4) und (-12).
c) Welche Zahl muss man mit -15 multipli-zieren, um -45 zu erhalten?
d) Welche Zahl muss man mit -7 multiplizie-ren, um $+49$ zu erhalten?

8 Schreibe als Rechenaufgabe und löse sie.

a) Bilde das Produkt aus (-12) und (-6).
b) Das Produkt einer Zahl und (-8) ergibt das Vierfache von 16.
c) Welche Zahl muss man mit -12 multipli-zieren, um 72 zu erhalten?
d) Welche Zahl muss man mit 12 multiplizie-ren, um -72 zu erhalten?

Ganze Zahlen durch natürliche Zahlen dividieren

Entdecken

1 Arbeitet zu zweit.
Wie macht man bei einer Division die Probe mithilfe der Umkehraufgabe? Erklärt es euch gegenseitig am Beispiel der natürlichen Zahlen.

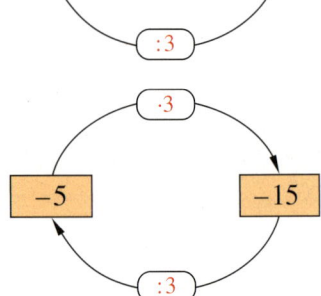

2 Lena überlegt, wie man $(-15) : 3$ rechnet.
Sie sagt: „Das rechne ich über die Umkehraufgabe."
a) Rechne wie Lena.
b) Zeichne ähnliche Diagramme mit der Umkehraufgabe zu folgenden Aufgaben
①$(-24) : 8$ ②$(-42) : 6$
③$(-56) : (+7)$ ④$(-36) : (+4)$

Verstehen

Ein U-Boot taucht von der Meeresoberfläche bis zu einer Tiefe von $-1100\,m$. Dafür braucht es 5 Stunden.

Welche Tiefe erreicht das U-Boot durchschnittlich in einer Stunde?

$(-1100) : (+5) = -220$
Probe: $(-220) \cdot (+5) = -1100$

Das U-Boot erreicht in einer Stunde durchschnittlich eine Tiefe von $-220\,m$.

> **Merke** **Division einer ganzen Zahl durch natürliche Zahlen**
> ① Lasse die Vorzeichen weg und dividiere die Zahlen.
>
> ② Bestimme das Vorzeichen des Ergebnisses.
>   „+" geteilt durch „+" ergibt „+"   „–" geteilt durch „+" ergibt „–"

Beispiel 1
a) Division im Kopf:
   $(+66) : (+6) = +11$
   $108 : 9 = 12$
b) schriftliche Division:

$$
\begin{array}{r}
296 : 4 = \underline{74} \\
-28 \\
\hline
16 \\
-16 \\
\hline
0
\end{array}
$$

Beispiel 2
a) Division im Kopf:
   $(-28) : (+4) = -7$
   $-45 : 5 = -9$
b) schriftliche Division: $-128 : 8$

Division $128 : 8 = 16$
ohne $-8 $
Vorzeichen 48
                  -48
                  0

Also $-128 : 8 = \underline{-16}$

Üben und anwenden

1 Erkläre am Diagramm, warum −24 : 6 = −4 ist.

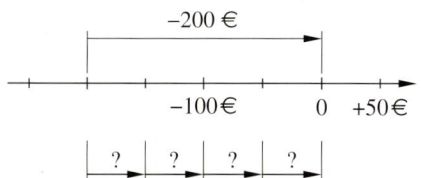

1 Zeichne ähnliche Diagramme wie rechts in dein Heft für die Divisionen.
a) −45 : 5
b) −48 : 6
c) −63 : 9
d) −72 : 3

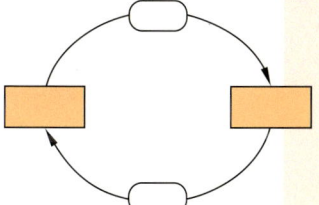

2 Frau Schuhmann hat 200 € Schulden. Sie will die Schulden in 4 Raten zurückzahlen. Wie hoch ist eine Rate?

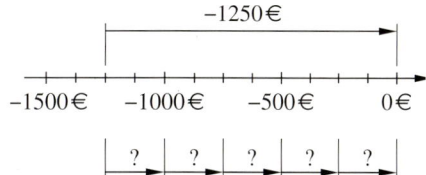

2 Herr Klausen hat 1250 € Schulden. Er will die Schulden in 5 Raten zurückzahlen. Wie hoch ist eine Rate?

3 Übertrage ins Heft und ergänze das richtige Vorzeichen.
a) −8 : 2 = ▢ 4   b) +15 : 3 = ▢ 5
c) −24 : 3 = ▢ 8   d) −25 : 5 = ▢ 5

3 Übertrage ins Heft und ergänze das richtige Vorzeichen.
a) ▢ 275 : 5 = 55   b) ▢ 36 : 4 = −9
c) ▢ 84 : 3 = −28   d) ▢ 12 : (▢ 6) = 2

4 Dividiere im Kopf. Mache die Probe mithilfe der Umkehraufgabe.
a) 42 : 6   b) −42 : 7
c) −72 : 9   d) −100 : 5
e) −52 : 4   f) −96 : 8

4 Dividiere im Kopf. Mache die Probe mithilfe der Umkehraufgabe.
a) 126 : 6   b) −36 : 12
c) −42 : 7   d) −84 : 7
e) −56 : 8   f) −72 : 9

5 Übertrage und ergänze die Tabelle im Heft.

:	2	3	6	12
24				
−60			−10	
−36				

5 Übertrage und ergänze die Tabelle im Heft.

:	3	5	9	15
90				
−45			−5	
−135				

6 Dividiere schriftlich im Heft.
a) 245 : 5
b) −280 : 4
c) −351 : 3
d) −1890 : 9

6 Dividiere schriftlich im Heft.
a) 203 : 7
b) −186 : 6
c) −392 : 8
d) −654 : 6

7 Bilde fünf verschiedene Divisionsaufgaben und berechne sie. Dividiere eine Zahl aus dem linken Zahlenfeld durch eine Zahl aus dem rechten Zahlenfeld.

50	− 84	−125
−75	−42	

25	3
21	5	4	7

+ Ganze Zahlen dividieren

Entdecken

1 Erklärt euch gegenseitig diese Rechnungen.

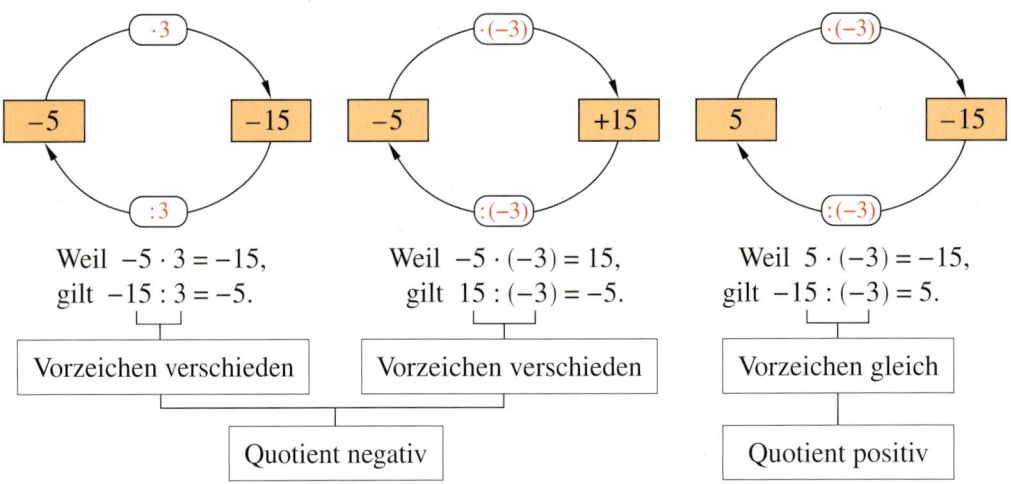

Weil $-5 \cdot 3 = -15$, gilt $-15 : 3 = -5$.	Weil $-5 \cdot (-3) = 15$, gilt $15 : (-3) = -5$.	Weil $5 \cdot (-3) = -15$, gilt $-15 : (-3) = 5$.

Vorzeichen verschieden   Vorzeichen verschieden   Vorzeichen gleich

Quotient negativ   Quotient positiv

2 Jede Multiplikationsaufgabe hat eine Umkehraufgabe.
a) Löse die folgenden Aufgaben und gib jeweils die Umkehraufgabe an.
   ① $3 \cdot 6$ ② $(-5) \cdot 7$ ③ $(-8) \cdot (-3)$ ④ $6 \cdot (-3)$
b) Sortiere die entstandenen Divisionsaufgaben, indem du gleichartige zusammenstellst.
c) Überlege dir Regeln zur Division mit negativen Zahlen. Ergänze dazu die Sätze:
Das Ergebnis der Divisionsaufgabe ist positiv, wenn …
Das Ergebnis der Divisionsaufgabe ist negativ, wenn …

Verstehen

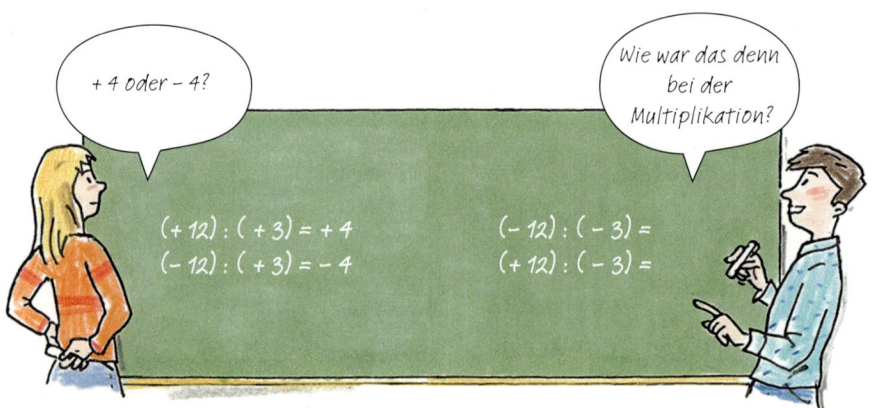

+ 4 oder − 4?

Wie war das denn bei der Multiplikation?

$(+12) : (+3) = +4$
$(-12) : (+3) = -4$

$(-12) : (-3) =$
$(+12) : (-3) =$

Merke Für die **Division mit ganzen Zahlen** gilt:
Sind beide Zahlen positiv oder beide negativ, dann ist das Ergebnis (der Quotient) positiv.
Ist eine Zahl positiv, die andere negativ, dann ist das Ergebnis (der Quotient) negativ.

Beispiel 1
a) $72 : 8 = 9$ b) $(-72) : (-8) = 9$ c) $72 : (-8) = -9$ d) $(-72) : 8 = -9$

Üben und anwenden

1 Dividiere im Kopf.
a) 28 : 7
b) 96 : 12
c) −48 : 12
d) −117 : 13
e) 121 : (−11)
f) 143 : (−13)
g) −12 : (−3)
h) −15 : (−5)

2 Übertrage und ergänze die Tabelle im Heft.

:	−8	−4	2	1	−2
64					
−24					
−8					

3 Dividiere.
a) 42 : (−7)
b) −48 : (−8)
c) 64 : (−8)
d) 72 : (−9)
e) (−17) : 1
f) 64 : (−4)
g) Ersetze die erste Zahl jeweils durch die Gegenzahl.
Was passiert mit dem Ergebnis?
h) Ersetze nun beide Zahlen jeweils durch die Gegenzahlen.
Welches Ergebnis erhältst du?

4 Aus den Zahlen −48; −32; −24; −3; 2; 6 und 8 lassen sich viele Aufgaben zur Division bilden, deren Ergebnis eine ganze Zahl ist.
a) Berechne ihre Werte.
b) Suche die Division mit dem kleinsten (größten) Ergebnis.

5 In wie viele Teile muss man den dargestellten Abschnitt der Zahlengeraden von −12 bis 0 unterteilen, um die Zahl −6 (−3; −2; −1) darzustellen?
Notiere die dazugehörige Divisionsaufgabe.

```
 −12          −6           0
──┼───────────┼───────────┼──→
```

6 Finde Beispielaufgaben für Divisionen, bei denen der Quotient größer als die erste Zahl ist.

7 Ergänze jeweils die fehlende Zahl.
a) −8 : ▢ = −2
b) ▢ : 7 = −11
c) −56 : ▢ = 7
d) ▢ : (−25) = 5
e) (−66) : ▢ = −1
f) ▢ : (−50) = 4

8 Arbeitet zu zweit.
Beschreibt euch eure Lösungswege.
Ganze Zahlen gesucht!
a) Welche Zahl muss man durch 7 dividieren, um −6 zu erhalten?
b) Welche Zahl muss man durch −8 dividieren, um 11 zu erhalten?
c) Welche Zahl muss man durch −200 dividieren, um −5 zu erhalten?
d) Dividiere die Summe von − 8 und 12 durch −4.
e) Bilde die Divisionsaufgabe aus −64 und der Gegenzahl von 8.
f) Welche Zahl muss man durch −4 dividieren, um die Summe aus −14 und −18 zu erhalten?

9 Nach einer Woche betrug der Wasserstand einer Talsperre −96 cm gegenüber der letzten Messung vor 8 Tagen.
Welcher Wasserstand kann in dieser Woche im Durchschnitt jeweils gegenüber dem Vortag angegeben werden?

10 Herr Zander hat 1200 € Schulden bei seiner Bank. Er will sie in vier gleich großen Raten begleichen.
Wie hoch ist eine Rate?

11 Finde vier verschiedene Divisionsaufgaben mit negativen Zahlen, die das Ergebnis −12 haben.

12 In Landshut wurden in einer Winterwoche folgende Mittagstemperaturen gemessen:

Montag:	−8 °C	Freitag:	−5 °C
Dienstag:	−7 °C	Samstag:	−3 °C
Mittwoch:	−9 °C	Sonntag:	−4 °C
Donnerstag:	−6 °C		

Berechne die durchschnittliche Mittagstemperatur.

13 Gib 5 verschiedene Temperaturen an. Die Durchschnittstemperatur dieser 5 Temperaturen soll −3 °C sein.

HINWEIS
↻ 021-1
Unter dem Webcode findest du eine interaktive Übung zur Multiplikation und Division ganzer Zahlen.

Klar so weit?

→ Seite 8

Negative und positive Zahlen

1 Welche Zahlen sind hier markiert?

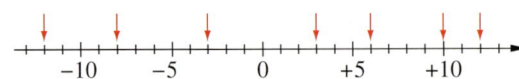

2 Übertrage ins Heft und setze das richtige Zeichen ein (< oder > oder =).
a) 3 ▢ 0   b) −5 ▢ 2   c) −5 ▢ −8
d) 5 ▢ −4   e) 4 ▢ +4   f) 1 ▢ −1

3 Gib die Koordinaten der Punkte an.

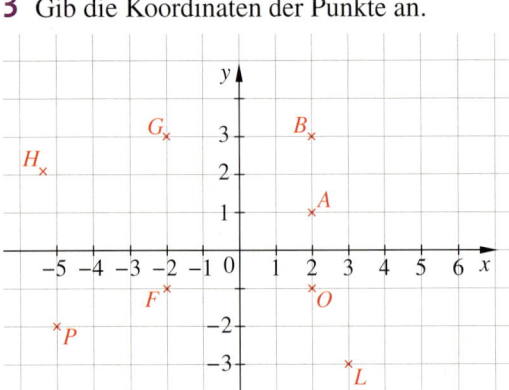

1 Welche Zahlen sind hier markiert?

2 Übertrage ins Heft und setze das richtige Zeichen ein (< oder > oder =).
a) 9 ▢ −7   b) −9 ▢ −7   c) 0 ▢ −1
d) −6 ▢ 6   e) +3 ▢ 3   f) −11 ▢ −12

3 Gib die Koordinaten der Punkte an.

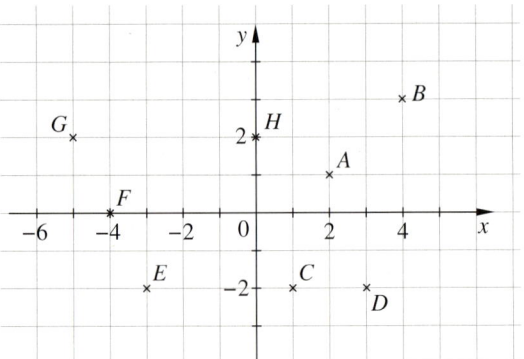

→ Seite 12

Ganze Zahlen addieren

4 Addiere.
a) $(-3) + (+5)$ b) $(-2) + (-3)$
c) $-922 + (+23)$ d) $17 + (-19)$

4 Addiere.
a) $(-5) + (+2)$ b) $(-9) + (-3)$
c) $237 + (-1000)$ d) $-9 + 12$

5 Ergänze die Tabelle im Heft.

+	−50	−5	0	50	500
−2					
20					

5 Ergänze die Tabelle im Heft.

+	187	−22	−99	−35	76
−67					
13					

→ Seite 14

Ganze Zahlen subtrahieren

6 Subtrahiere.
a) $(-3) - (+5)$ b) $(+5) - (-7)$
c) $17 - (+21)$ d) $12 - 13$

6 Subtrahiere.
a) $(+10) - (-9)$ b) $(-4) - (-4)$
c) $-12 - 4$ d) $-777 - (-777)$

7 Subtrahiere in jedem Feld 3. Welches Ergebnis hat der Wurm im Kopf?

+8

Ganze Zahlen multiplizieren

→ Seite 16

8 Multipliziere jeweils mit (−2). Berechne im Kopf.

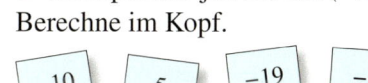

8 Erfinde Multiplikationsaufgaben mit diesen Ergebnissen.

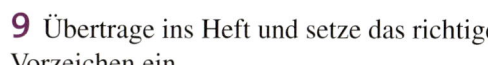

9 Übertrage ins Heft und setze das richtige Vorzeichen ein.
a) $2 \cdot (\blacksquare 3) = -6$
b) $(-5) \cdot (\blacksquare 4) = 20$
c) $(\blacksquare 8) \cdot (-2) = -16$
d) $(\blacksquare 9) \cdot (-7) = 63$

9 Übertrage ins Heft und setze die richtige Zahl ein. Achte auf die Vorzeichen.
a) $-5 \cdot \blacksquare = -40$
b) $-3 \cdot \blacksquare = 21$
c) $4 \cdot \blacksquare = -40$
d) $\blacksquare \cdot (-8) = 64$

10 Multipliziere. Achte auf das Vorzeichen.
a) $-2 \cdot 5$
b) $-8 \cdot (-3)$
c) $-6 \cdot 6$
d) $10 \cdot (-11)$
e) $5 \cdot (-1)$
f) $(-1) \cdot 12$

10 Multipliziere im Kopf oder schriftlich.
a) $-8 \cdot (-9)$
b) $12 \cdot (-7)$
c) $-3 \cdot (-5)$
d) $-17 \cdot 14$
e) $9 \cdot (-15)$
f) $-8 \cdot 11$

Ganze Zahlen durch natürliche Zahlen dividieren

→ Seite 18

11 Dividiere. Achte auf das Vorzeichen.
a) $15 : 3$
b) $-55 : 11$
c) $-15 : 3$
d) $18 : 6$
e) $-36 : 12$
f) $-51 : 17$

11 Dividiere im Kopf oder schriftlich.
a) $-72 : 8$
b) $160 : 5$
c) $4907 : 7$
d) $-99 : 11$
e) $-98 : 4$
f) $-169 : 13$

12 Herr Buhr hat 70 € Schulden. Er will die Schulden in zwei Raten zurückzahlen.

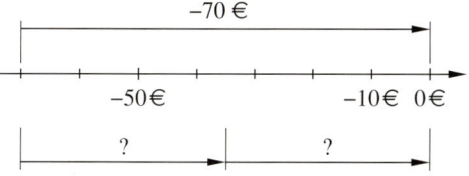

12 Frau Mehlich hat 1200 € Schulden. Sie will die Schulden in drei Raten zurückzahlen.

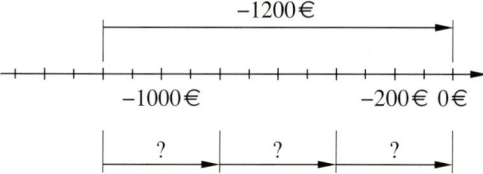

+ Ganze Zahlen dividieren

→ Seite 20

13 Welche Fehler hat Thorsten gemacht? Erkläre und berichtige die Fehler.

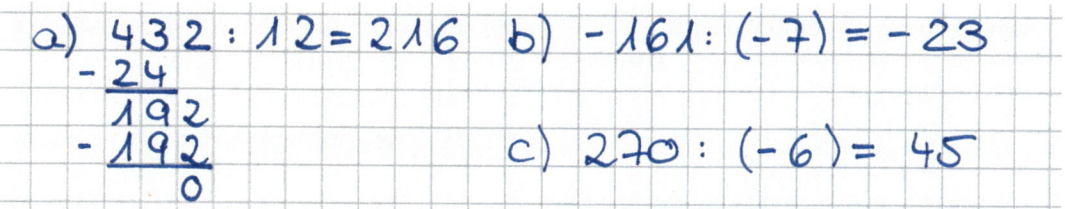

14 Dividiere. Kontrolliere dein Ergebnis mithilfe der Umkehraufgabe.
a) $96 : 12$
b) $-48 : 12$
c) $-15 : (-5)$
d) $121 : (-11)$
e) $143 : (-13)$
f) $-12 : (-3)$
g) $-615 : 5$
h) $1872 : (-8)$

Vermischte Übungen

1 Welche ganze Zahlen sind hier mit Buchstaben bezeichnet?

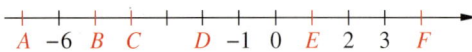

A −6 B C D −1 0 E 2 3 F

1 Welche Zahlen sind hier mit Buchstaben bezeichnet?

A B −4 C D E 0 F 2 G

2 Zeichne eine Zahlengerade von −10 bis 10.
a) Trage die Zahlen ein: 7; −10; 0; +1; −1; +5; −4; +10; −5; −7; 4
b) Welche Zahlen gehören als Zahl und Gegenzahl zusammen?

2 Zeichne jeweils eine geeignete Zahlengerade in dein Heft.
Trage die Zahlen und ihre Gegenzahlen ein.
a) −5; +6; 0; −8; +3; −2
b) +20; −10; 0; −60; −40; −80

3 Ordne. Beginne mit der kleinsten Zahl. Die Zahlengerade kann dir dabei helfen.

1   5   0   −9
−3   −2   −1   11

3 Ordne die Zahlen der Größe nach. Beginne mit der kleinsten Zahl.

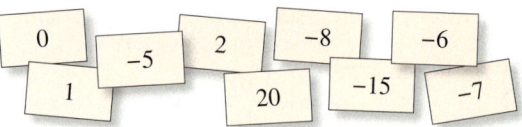

0   2   −8   −6
−5
1   20   −15   −7

4 Welche ganzen Zahlen liegen zwischen diesen Zahlen?
a) −2 und 2   b) −5 und −10
c) 3 und −3?   d) −7 und 2

4 Welche Zahl liegt auf der Zahlengeraden in der Mitte zwischen den beiden Zahlen?
a) 2; 4   b) 0; −6   c) −5; −7
d) −4; 4   e) −12; −8   f) −7; 11

5 Schreibe in Kurzform und berechne.
a) −10 + (+18)   b) −10 − (+3)
c) −7 + (−3)   d) −7 − (−3)
e) 13 − (−5)   f) −8 + (−8)
g) −3 − (−9)   h) −4 − (−6)

5 Schreibe in Kurzform und berechne.
a) 11 − (+9)   b) −1 − (−15)
c) −9 + (−6)   d) (−5) + 6 − (−7)
e) (−4) + 12 − 7 − (−9) + 3
f) 21 − 9 + 8 − (−6) − 1

6 Rechendomino
Bringe die ungeordneten Dominosteine in die richtige Reihenfolge.

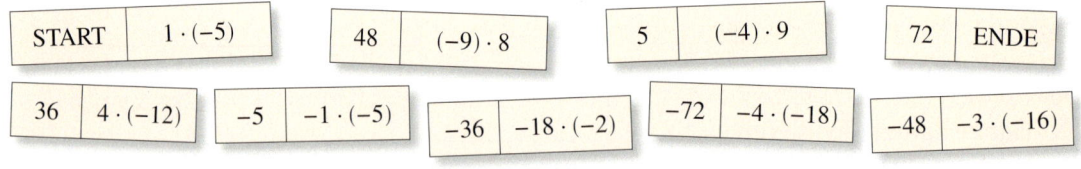

| START | 1 · (−5) | | 48 | (−9) · 8 | | 5 | (−4) · 9 | | 72 | ENDE |

| 36 | 4 · (−12) | | −5 | −1 · (−5) | | −36 | −18 · (−2) | | −72 | −4 · (−18) | | −48 | −3 · (−16) |

7 Zeichne die Punkte in ein Koordinatensystem, verbinde sie der Reihe nach.
$A(0|3)$; $B(2|1)$; $C(1|3)$; $D(0|4)$;
$E(−1|4)$; $F(−2|0)$; $G(−5|−1)$; $H(−5|−4)$;
$I(−6|−3)$; $J(1|−3)$

7 Verbinde die Punkte in einem Koordinatensystem: $A(−4|1)$; $B(−3|1)$; $C(−3|0)$; $D(−2|0)$; $E(−2|−1)$; $F(−1|−1)$.
Setze das Muster fort. Gib die Koordinaten der vier folgenden Punkte an.

8 Übertrage in dein Heft und ergänze die Lücken.
Die Lösungen findest du in den Luftballons in der Randspalte.

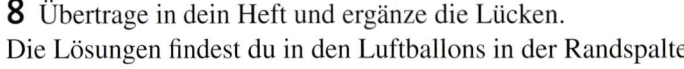

a) −17 + ▨ = −25   b) −17 + ▨ = −9   c) −17 + ▨ = 5   d) −17 − ▨ = −17
e) −17 − ▨ = −16   f) −17 − ▨ = −11   g) −17 − ▨ = −6   h) −17 + ▨ = −19

9 Wähle die angegebene Startzahl und durchlaufe den Rechenkreis.
Gib das Endergebnis im Heft an.
a) 4
b) −6
c) 8
d) −7

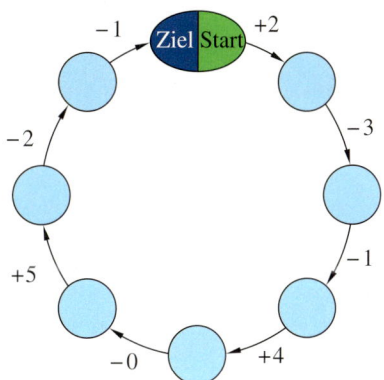

9 Durchlaufe mit der Startzahl jeweils den Rechenkreis. Gib das Endergebnis im Heft an.
a) 7
b) −9
c) Welches Endergebnis erhält man, wenn man den Rechenkreis jeweils 2-mal durchläuft?

10 Würfelspiel: Es wird mit zwei verschiedenfarbigen Würfeln gespielt.
Die Augenzahl des grünen Würfels wird als positive Zahl aufgefasst,
die Augenzahl des roten Würfels als negative Zahl.
Die beiden geworfenen Zahlen werden addiert.
Beispiel $(+5) + (−2) = +3$
a) Spielt zu zweit oder in kleinen Gruppen einige Runden.
b) Mit welchen Augenzahlen erzielt man die höchste Punktzahl?
c) Mit welchen Augenzahlen erzielt man die niedrigste Punktzahl?
d) Mit welchen Würfen erzielt man die Punktzahl +3? Mit welchen Würfen erzielt man −1?

11 Dividiere.
a) $−12 : 6$
b) $−36 : 12$
c) $−42 : 7$
d) $84 : (+7)$
e) $−56 : (+8)$
f) $−72 : 9$
g) $(+117) : (+13)$
h) $−56 : 14$

+11 Setze im Heft passende Vorzeichen ein.
a) $8 : (−2) = \blacksquare 4$
b) $−15 : (\blacksquare 5) = 5$
c) $−24 : (−3) = \blacksquare 8$
d) $25 : (−5) = \blacksquare 5$
e) $\blacksquare 12 : (−6) = 2$
f) $\blacksquare 36 : 4 = (−9)$
g) $−18 : (−9) = \blacksquare 2$
h) $\blacksquare 75 : (−5) = −15$

NACHGEDACHT
Mirco rechnet so:
$\frac{−24}{8} = −24 : 8 = −3.$
Erkläre Mircos Rechenweg.

12 Die Klasse 7a misst im Skiurlaub jeden Tag die Außentemperaturen:

Do.	Fr.	Sa.
−8 °C	−13 °C	−6 °C

Wie viel Grad Celsius beträgt die durchschnittliche Außentemperatur?
Denke auch an einen Antwortsatz.

12 An der Müritz in Mecklenburg-Vorpommern wurden morgens um acht Uhr folgende Temperaturen gemessen:
Montag: −5 °C   Freitag: −8 °C
Dienstag: −12 °C   Samstag: −4 °C
Mittwoch: −9 °C   Sonntag: −3 °C
Donnerstag: −8 °C
Wie hoch war die Durchschnittstemperatur?

13 Ein Radprofi trainiert für sein nächstes Rennen. Sein Trainer notiert das Streckenprofil.

Start: 200 m ü. NN;	3 km: 50 m u. NN;	10 km: 20 m u. NN;
20 km: 120 m u. NN;	40 km: 300 m ü. NN;	60 km: 30 m u. NN;
80 km: 10 m ü. NN		

ü. NN = über Normalnull (über dem Meeresspiegel)
u. NN = unter Normalnull (unter dem Meeresspiegel)

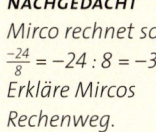

a) Zeichne das Streckenprofil wie rechts in ein Koordinatensystem.
(10 km ≙ 1 cm auf der x-Achse;
40 Höhenmeter ≙ 1 cm auf der y-Achse)
b) Berechne, wie viele Höhenmeter der Radprofi insgesamt bergauf gefahren ist.

Teste dich!

(10 Punkte) **1** Die Zahlengerade

a) Welche Zahlen sind rot markiert?

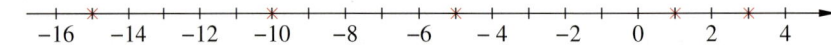

b) Zeichne eine Zahlengerade in dein Heft.
Markiere die angegebenen Zahlen und ihre Gegenzahlen auf einer
Zahlengeraden.

> 7; −6; 0;
> −4; +2

(8 Punkte) **2** Setze die Zahlenfolgen um 3 Zahlen fort.
Welche Gesetzmäßigkeiten stellst du fest?

a) 10; 7; 4; …
b) −9; −8; −7; …
c) −10; −6; −2; …
d) 18; 12; 6; …

(5 Punkte) **3** Zeichne ein Koordinatensystem.
Trage die Punkte $A\,(-2|-2)$; $B\,(4|-2)$; $C\,(4|3)$ in das Koordinatensystem ein.
Verbinde $A-B-C-A$.
Welche Figur entsteht?

(8 Punkte) **4** Zeichne eine Zahlengerade von -12 bis $+12$ und eine Zahlengerade von -160 bis 60.
Übertrage die Tabellen ins Heft.
Löse die Aufgaben mithilfe der Zahlengeraden und trage die Lösungen in die Tabellen ein.

a)

alte Temperatur	Temperatur-änderung	neue Temperatur
4 °C	6 Grad kälter	
	9 Grad wärmer	6 °C
−6 °C		−11 °C
	8 Grad kälter	−2 °C

b)

Kontostand alt	Kontostand neu	Konto-bewegung
−17 €	+36 €	
−156 €		+39 €
	−44 €	−67 €
	−18 €	+55 €

(8 Punkte) **5** Berechne im Kopf.

a) $-68 + 9$
b) $-108 + (-27)$
c) $5 - (+17)$
d) $-34 - 70$
e) $(-3) \cdot 15$
f) $15 \cdot (-8)$
g) $-70 : 10$
h) $-125 : 5$

(4 Punkte) **+6** Berechne schriftlich im Heft.

a) $45 : (-15)$
b) $-99 : (-3)$
c) $924 : (-3)$
d) $-2415 : (-7)$

(6 Punkte) **7** Ordne die ganzen Zahlen nach ihrer Größe.
Beginne mit der kleinsten Zahl.

a)

b)

8 Temperaturänderungen *(6 Punkte)*

Schreibe die zugehörige Rechenaufgabe auf. Denke auch an einen Antwortsatz.

a) Das Thermometer zeigt $-8\,°C$ an. Die Temperatur steigt um $20\,°C$.
   Welche Temperatur zeigt das Thermometer an?

b) Morgens werden an einem Thermometer $-6\,°C$ gemessen.
   In der Mittagszeit zeigt das Thermometer $11\,°C$ an.
   Um wie viel Grad ist die Temperatur gestiegen?

9 Berechne schrittweise. Rechnungen in Klammern müssen zuerst gerechnet werden. *(12 Punkte)*

a) $-33 + 17 + 5$ b) $-50 - 5 + 44$

c) $4 \cdot (-7) \cdot 3$ d) $(-6) \cdot 5 \cdot (-29)$

e) $(-5 - 2) \cdot (-7)$ f) $(-15) \cdot (-12 + 2)$

10 Aus dem Berufsleben *(8 Punkte)*

Herr Gärtner kontrolliert das Geschäftskonto. Auf dem Konto ist ein Guthaben von $840\,€$.
Es werden nacheinander folgende Beträge gebucht:

$+200\,€$; $-600\,€$; $+150\,€$; $-550\,€$; $-280\,€$; $-320\,€$; $+120\,€$

a) Wie lautet der Kontostand nach der letzten Buchung?

b) Wie viel Geld müsste eingezahlt werden, um das Konto auszugleichen?

11 Ergänze die fehlenden Einträge des Kontoauszugs in deinem Heft. *(11 Punkte)*

Datum	alter Kontostand	Gutschrift (H+) Lastschrift (S−)	neuer Kontostand
14.11.	H 50 €	30 € (H)	
17.11.		150 € (S)	
30.11.		60 € (S)	
05.12.		170 € (H)	
22.12.		80 € (S)	
23.12.		200 € (S)	

12 Der Wasserspiegel des Toten Meeres *(6 Punkte)*
liegt bei $-423\,m$ (423 m unter Normalnull).

a) Sam wandert mit seinem Vater vom Ufer des
   Toten Meeres auf den Gipfel des Har Meron.
   Wie groß ist der Höhenunterschied, den sie
   dabei bewältigen?

b) Das Tote Meer ist bis zu $381\,m$ tief.
   Wie viel Meter unter Normalnull liegt die
   tiefste Stelle des Sees?

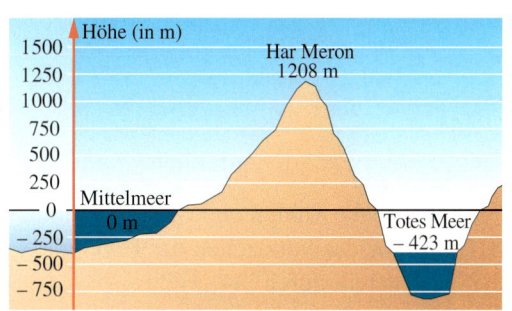

13 Doreen hat im Skiurlaub jeden Tag die Außentemperaturen notiert: *(8 Punkte)*

Mo.	Di.	Mi.	Do.	Fr.
$-8\,°C$	$+2\,°C$	$-3\,°C$	$+1\,°C$	$-7\,°C$

Wie viel Grad Celsius beträgt die durchschnittliche Außentemperatur?

Zusammenfassung

→ Seite 8

Negative und positive Zahlen

Die **Menge der ganzen Zahlen** enthält alle natürlichen Zahlen und ihre negativen Gegenzahlen.

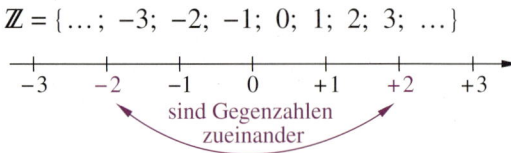

→ Seite 12

Ganze Zahlen addieren

Addition bei *gleichen* Vorzeichen
① Addiere die Zahlen ohne Vorzeichen.
② Das Ergebnis bekommt das gemeinsame Vorzeichen.

$(+6) + (+2) = +8$
$(-16) + (-33) = -49$

Addition bei *verschiedenen* Vorzeichen
① Lasse die Vorzeichen weg und rechne „größere minus kleinere Zahl".
② Das Ergebnis bekommt das Vorzeichen der größeren Zahl.

$(-2) + (+12) = +10$
$(+5) + (-9) = -4$

→ Seite 14

Ganze Zahlen subtrahieren

Eine negative Zahl wird subtrahiert, indem man ihre Gegenzahl addiert.

Gegenzahl
$(-8) - (+4) = (-8) + (-4) = -12$
$(-5) - (-1) = (-5) + (+1) = -4$
Gegenzahl

→ Seite 16

Ganze Zahlen multiplizieren

① Multipliziere die Zahlen ohne Vorzeichen.
② Bestimme das Vorzeichen des Ergebnis.
   „+" mal „+" ergibt „+"
   „−" mal „−" ergibt „+"
   „+" mal „−" ergibt „−"
   „−" mal „+" ergibt „−"

$7 \cdot 8 = 56$
$-6 \cdot (-3) = 18$
$3 \cdot (-9) = -27$
$(-2) \cdot 5 = -10$

→ Seite 18

Ganze Zahlen durch natürliche Zahlen dividieren

① Dividiere die Zahlen ohne Vorzeichen.
② Bestimme das Vorzeichen des Ergebnis.
   „+" geteilt durch „+" ergibt „+"
   „−" geteilt durch „+" ergibt „−"

$108 : 9 = 12$
$-45 : 5 = -9$

→ Seite 20

✚ Ganze Zahlen dividieren

Sind beide Zahlen positiv oder beide negativ, dann ist das Ergebnis (der Quotient) positiv.

$72 : 8 = 9$
$-72 : (-8) = 9$

Ist eine Zahl positiv, die andere negativ, dann ist das Ergebnis (der Quotient) negativ.

$(-72) : 8 = -9$
$72 : (-8) = -9$

Zuordnungen

Auf diesem Bild siehst du nummerierte, amerikanische Briefkästen.
Die Nummern werden benötigt, damit jeder Briefträger genau weiß,
welcher Briefkasten zu welchem Haushalt gehört.
Somit kann jedem Briefkasten ein Haushalt zugeordnet werden.

Noch fit?

Einstieg

1 Muster untersuchen
Zeichne die Muster in dein Heft.

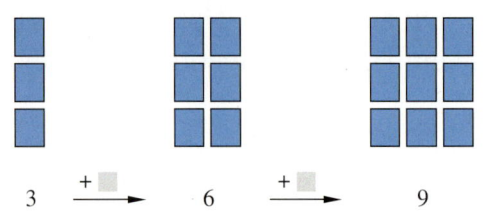

a) Die Muster sind nach einer Regel auf-gebaut. Vervollständige die Rechenregel.
b) Erkläre die Rechenregel:
„Es wird immer …"

2 Muster vorhersagen

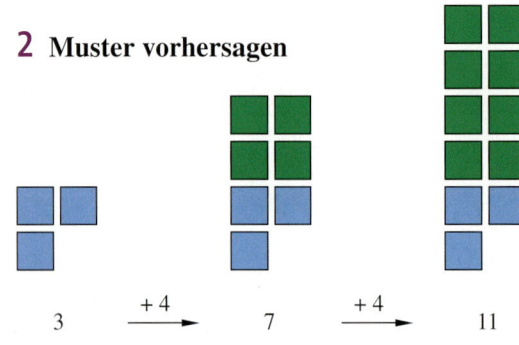

Lydia berechnet die Zahlenfolge so:
1. Zahl: $3 + 0 \cdot 4 = 3$
2. Zahl: $3 + 1 \cdot 4 = 3 + 4 = 7$
3. Zahl: $3 + 2 \cdot 4 = 3 + 8 = 11$
4. Zahl: $3 + 3 \cdot 4 = 3 + 12 = 15$
Erkläre Lydias Rechnung. Berechne die
6. Zahl sowie die 9. Zahl dieses Musters.

3 Zahlenfolgen
Ergänze die Zahlenfolgen um vier Zahlen.
a) 3; 6; 9; 12; 15; …
b) 8; 16; 24; 32; …
c) 1; 3; 6; 10; 15; 21 …
d) 0; 2; 5; 9; 14; …

4 Informationen in einer Tabelle
Erkläre die Einträge in der Tabelle.
Mathematikbücher wurden zu einem Turm ge-stapelt. Die Höhe des Turmes wurde mehrmals gemessen.

Anzahl der Bücher	0	1	10	20
Turmhöhe (in cm)	0	1,2	12	24

Aufstieg

1 Muster untersuchen
Zeichne die Muster in dein Heft.

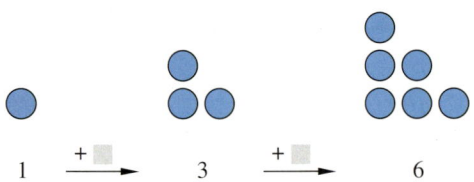

a) Die Muster sind nach einer Regel auf-gebaut. Vervollständige die Rechenregel.
b) Erkläre die Rechenregel:
„Es wird immer …"

2 Muster vorhersagen
Welche Zahlenfolgen gehören zu diesen Mus-tern? Setze sie fort, ohne zu zeichnen.
a)

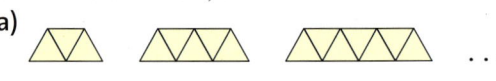

b)

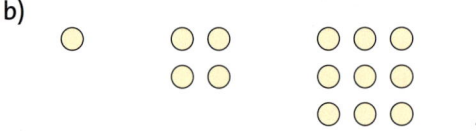

c)

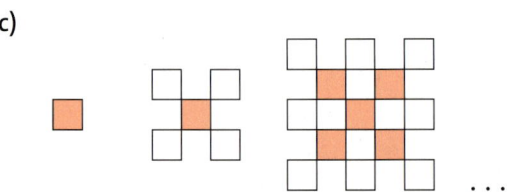

3 Zahlenfolgen
Ergänze die Zahlenfolgen um sechs Zahlen.
a) 2; 4; 6; 8; …
b) 7; 14; 21; 28; …
c) 3; 7; 11; 15; …
d) 105; 99; 93; 87; …

4 Informationen in einer Tabelle
Erkläre die Einträge in der Tabelle.
Nach der Geburt eines Babys wurde die durch-schnittliche Schlafzeit pro Tag in einer Tabelle notiert.

Alter (in Monaten)	0	1	3	6
Schlafzeit (in Stunden)	18	17	15	12

5 Informationen in einem Diagramm

In dem Diagramm sind Gewicht und Preis von Tomaten dargestellt.

Lies die Preise für 1 kg, 2 kg, 3 kg und 4 kg ab.

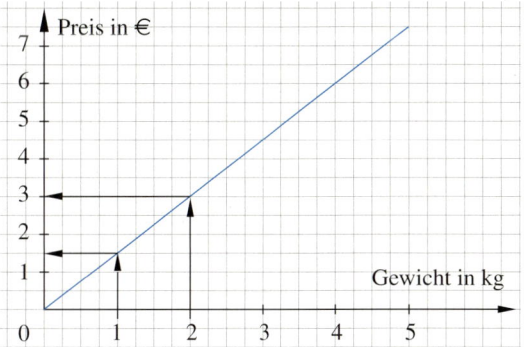

5 Informationen in einem Diagramm

In dem Diagramm sind Gewicht und Preis von Apfelsinen dargestellt. Lies die Preise für 1 kg, 2 kg, 3 kg, 4 kg und 5 kg ab.

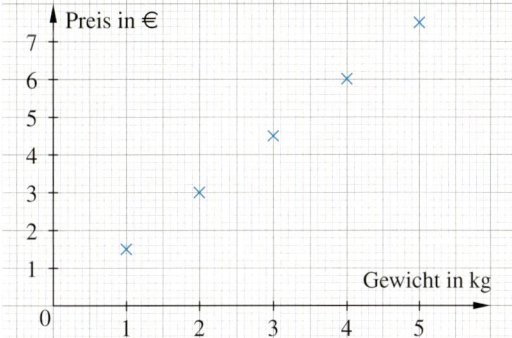

6 Sachaufgaben

Berechne und schreibe einen Antwortsatz.

a) Ein Stück Torte kostet 2,50 €.
   Wie viel kosten zwei Stücke Torte?

b) Von einem 300-m-Lauf hat Marvin bereits 125 m geschafft.
   Wie viel m liegen noch vor ihm?

c) An der Kasse im Schwimmbad zahlen drei Schüler zusammen 18,30 €.
   Wie viel müssen sie jeweils bezahlen?

6 Sachaufgaben

Berechne und schreibe einen Antwortsatz.

a) Ein Stück Kuchen kostet 1,20 €.
   Wie viel kosten drei Stücke Kuchen?

b) Ein Paket wiegt 450 g. Die Verpackung wiegt 55 g. Wie schwer ist der Inhalt?

c) 5 € pro Monat sind so viel wie ▢ pro Jahr.

d) An der Kinokasse zahlen drei Schüler zusammen 13,50 €.
   Wie viel müssen vier Schüler bezahlen?

7 Punkte im Koordinatensystem

a) Übertrage das Koordinatensystem mit dem Segelschiff in dein Heft.
   Benenne alle Eckpunkte mit Buchstaben und gib deren Koordinaten an.

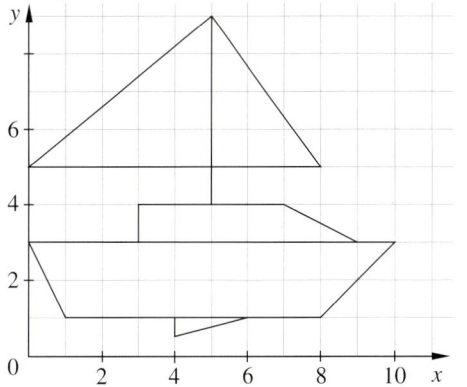

b) Zeichne ein Koordinatensystem in dein Heft. Zeichne die Punkte ein und verbinde sie von A bis J und zurück zu A.
   $A(0|0)$ $B(0|2)$ $C(2|4)$ $D(2|6)$ $E(3|9)$
   $F(4|6)$ $G(4|4)$ $H(11|4)$ $I(3|2)$ $J(13|0)$

7 Punkte im Koordinatensystem

Übertrage das Koordinatensystem mit den Kreisen in dein Heft.
Zeichne die Punkte ein und verbinde sie.
$(0|7)$; $(2|8)$; $(9|8)$; $(8|7)$; $(5|7)$;
$(5|5)$; $(7|4)$; $(8|2)$; $(7|1,5)$; $(6|4)$;
$(6|0)$; $(5|0)$; $(5|4)$; $(3|4)$; $(3|5)$;
$(2|7)$; $(1|6)$; $(1|4)$; $(0|4)$

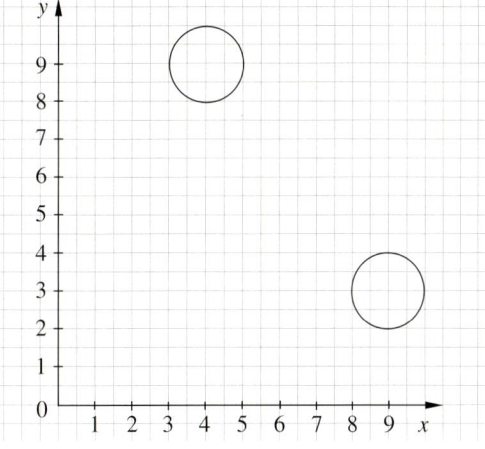

Zuordnungen erkennen und beschreiben

Entdecken

1 Luca hat Fieber.
Krankenpfleger Paul legt eine Tabelle mit Messwerten an. Erkläre die Tabelle.

Uhrzeit	8:00	13:00	18:00	22:00
Temperatur (°C)	39,0	39,3	39,5	38,0

2 Fieberkurve
a) Beschreibe den Verlauf der nebenstehenden Fieberkurve.
b) Rebecca sagt: „Für Dienstag 8:00 Uhr kann ich genau einen Temperaturwert ablesen: 37,5 °C.“ Formuliere weitere Aussagen und lege eine Tabelle mit den Werten an.
c) Kann man auch zu jeder Temperatur genau einen Zeitpunkt finden? Tauscht eure Meinungen aus.

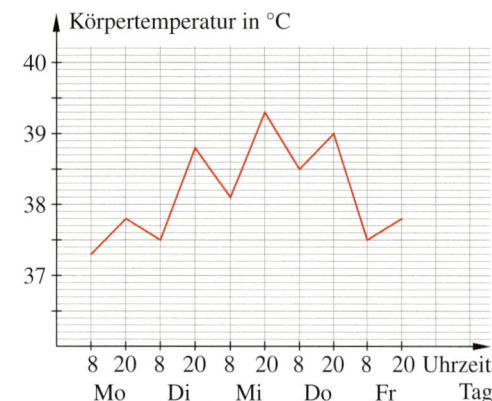

3 Nenne weitere Beispiele, bei denen Größen einander zugeordnet sind.

Verstehen

Ein Flugzeug fliegt mit einer gleichbleibenden Geschwindigkeit von 800 km/h.

Der Zeit wird jeweils der zurückgelegte Weg zugeordnet: *Zeit → zurückgelegter Weg*

Beispiel 1
Für die Zuordnung wird eine **Wertetabelle** erstellt.

Die Zuordnung wird in einem **Koordinatensystem** dargestellt.

Zeit in h	zurückgelegter Weg in km
0	0
1	800
2	1600
3	2400
4	3200
5	4000
6	4800
7	5600
8	6400
9	7200
10	8000

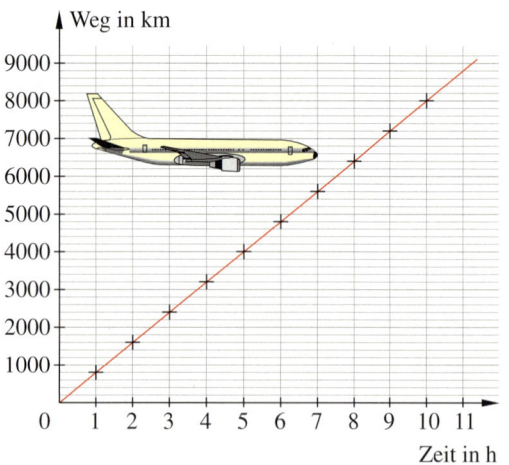

HINWEIS
Die beiden einander zugeordneten Werte nennt man **Wertepaar***.*

Merke **Zuordnungen** weisen den Wert aus *einem* Bereich (z. B. Zeit) einen oder mehrere Werte aus einem *anderen* Bereich zu (z. B. zurückgelegter Weg).

Üben und anwenden

1 Ergänze die Aussagen in deinem Heft mit den passenden Lösungswörtern aus der Randspalte.
Notiere mithilfe eines Pfeils wie im Beispiel.
Beispiel Jedem Buch kann ... zugeordnet werden.   *Buch → Preis*
a) Jedem Schüler kann sein ... zugeordnet werden.
b) Jedem Fahrrad kann sein ... zugeordnet werden.
c) Jedem Auto kann seine ... zugeordnet werden.
d) Erfinde eigene Aussagen zu Zuordnungen und lass sie von deinem Mitschüler lösen.

1 Ergänze die folgenden Aussagen.
Findest du mehrere Lösungen?
Notiere mithilfe eines Pfeils wie im Beispiel.
Beispiel Jedem T-Shirt kann ... zugeordnet werden.   *T-Shirt → Preis*
a) Jedem Kind kann ... zugeordnet werden.
b) Jedem Tag kann ... zugeordnet werden.
c) Jedem Land, Dorf kann seine ... zugeordnet werden.
d) Jedem Auto kann ... zugeordnet werden.
e) Jedem ... kann seine Höhe zugeordnet werden.
f) Erfinde eigene Aussagen zu Zuordnungen und lass sie von deinem Mitschüler lösen.

HINWEIS
Lösungswörter zu Aufgabe 1 (lila):
Alter   Farbe Kaufdatum

2 Übertrage und ergänze die Tabelle im Heft.

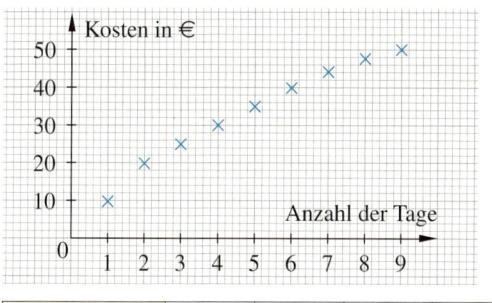

Tage	2	4	6	7
Kosten (in €)				

2 Übertrage und ergänze die Tabelle im Heft.

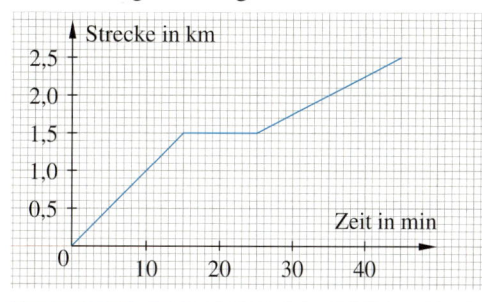

Zeit (in min)	10	20	25	35				
Strecke (in km)					0,5	1,2	2,0	2,5

NACHGEDACHT
Welche Zuordnungen könnten bei Aufgabe 2 (lila und türkis) in den Koordinatensystemen dargestellt sein?

3 Wenn es bei uns 12:00 Uhr (mitteleuropäische Zeit) ist, dann ist es in New York erst 6:00 Uhr, in Moskau dagegen bereits 14:00 Uhr.
Übertrage und ergänze die Tabelle im Heft.

mitteleurop. Zeit	New York	Moskau
12:00	6:00	14:00
15:00		
22:00		
	12:00	
	8:00	
		10:00
		23:00

3 Die 7 b verkauft auf dem Schulfest Waffeln und notiert jede Stunde den Kassenbestand.

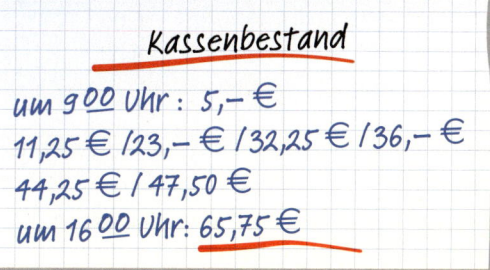

a) Schreibe eine Wertetabelle für die Zuordnung *Uhrzeit → Kassenbestand*.
b) Berechne, wie viel in jeder Stunde eingenommen wurde.

4 Arbeitet zu dritt oder viert. Was meint ihr zu folgenden Aussagen?
a) Hinter jeder Währungstabelle verbirgt sich eine Zuordnung.
b) Bei Zuordnungen werden die Werte der zugeordneten Größe immer größer.
c) In den Punktetabellen der Bundesjugendspiele findet man Zuordnungen.

Methode Zuordnungen darstellen

Auf den Seiten zuvor hast du unterschiedliche Zuordnungen kennen gelernt: Zuordnungen weisen den Werten aus einem Bereich einen oder mehrere Werte aus einem anderen Bereich zu. Zuordnungen kann man auf verschiedene Weisen darstellen.

Beispiel 1 Waage
Zuordnung *Gewicht (in kg) → Preis (in €)*

Beispiel 2 Klassenarbeit
Zuordnung *Note → Punkte*

Note	Punkte
1	18,5–20
2	15,5–18
3	11,5–15
4	8–11
5	5–7,5
6	0–4,5

1. Darstellung in einem Text

Bei einem festgelegten Preis von 20 € pro kg wird jedem Gewicht der entsprechende Preis zugeordnet.
100 g kosten 2 €,
200 g kosten 4 €,
300 g kosten 6 €,
400 g kosten 8 €,
500 g kosten 10 €,
usw.

In einer Klassenarbeit waren 20 Punkte zu erreichen. Jeder Note werden in der Tabelle bestimmte Punktewerte zugeordnet:
Die Note Eins gibt es von 20 bis 18,5 Punkten,
eine Zwei von 18 bis 15,5 Punkten,
eine Drei von 15 bis 11,5 Punkten,
eine Vier von 11 bis 8 Punkten und
eine Fünf von 7,5 bis 5 Punkten.
Bei weniger als 5 Punkten gibt es eine Sechs.

2. Darstellung mit einer Wertetabelle

Gewicht (g)	Preis (€)
100	2,00
200	4,00
300	6,00
400	8,00
500	

Aus dieser Wertetabelle sind nur einige Preise abzulesen.
Man könnte noch mehr Preise angeben, z. B. die Preise für 150 g oder 600 g.

Note	Punkte
1	18,5 – 19 – 19,5 – 20
2	15,5 – 16 – 16,5 – 17 – 17,5 – 18
3	11,5 – 12 – 12,5 – 13 – 13,5 – 14 – 14,5 – 15
4	8 – 8,5 – 9 – 9,5 – 10 – 10,5 – 11
5	5 – 5,5 – 6 – 6,5 – 7 – 7,5
6	0 – 0,5 – 1 – 1,5 – 2 – 2,5 – 3 – 3,5 – 4 – 4,5

In dieser Wertetabelle sind alle möglichen Punktzahlen angegeben.

3. Darstellung mit einem Pfeilbild

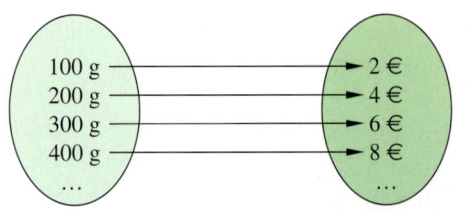

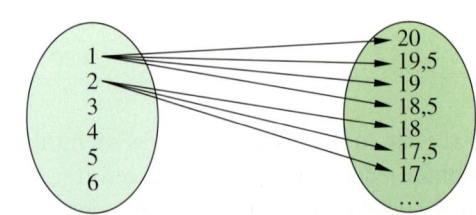

4. Darstellung im Koordinatensystem

Zuordnungen können auch im Koordinatensystem dargestellt werden.
Aus den Pfeilbildern oder Tabellen werden zunächst **Wertepaare** entnommen, die dann die Punkte im Koordinatensystem $P(x|y)$ ergeben.
Die in der Tabelle oder dem Pfeilbild links stehenden Werte (x-Werte) nennt man **Ausgangsgrößen**, die rechts stehenden Werte (y-Werte) **zugeordnete Werte**.
Man trägt also auf der waagerechten Achse (x-Achse) die Ausgangsgrößen und auf der senkrechten Achse (y-Achse) die zugeordneten Größen ab.

$P_1(100|2);$ $P_2(200|4);$ $P_3(300|6);$
$P_4(400|8);$ usw.

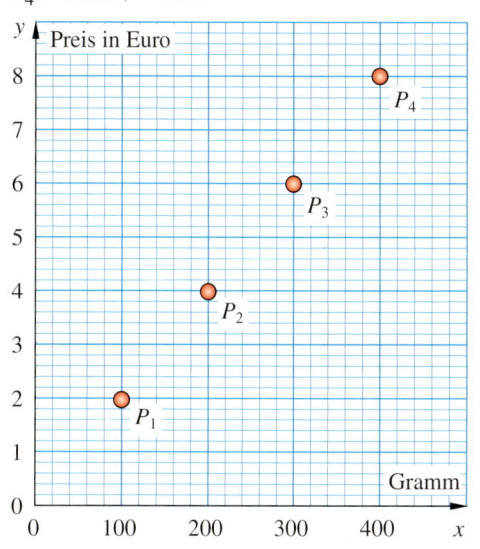

$P_1(1|20);$ $P_2(1|19,5);$ $P_3(1|19);$
$P_4(1|18,5);$ $P_5(2|18);$ usw.

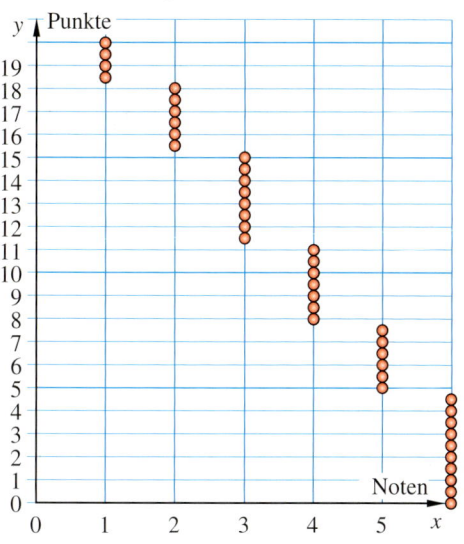

ERINNERE DICH
Der erste Wert wird auf der x-Achse, der zweite Wert auf der y-Achse eingetragen.

1 Beschreibe alle Darstellungsweisen mit eigenen Worten.

2 Zeichne nach der folgenden Tabelle eine Fieberkurve.

Tag	Körpertemperatur	
	um 8 Uhr	um 20 Uhr
1.	36,7 °C	37,1 °C
2.	37,2 °C	38,1 °C
3.	37,9 °C	38,5 °C
4.	37,6 °C	38,2 °C
5.	37,9 °C	39,5 °C
6.	39,1 °C	40,2 °C
7.	39,4 °C	40,3 °C
8.	37,9 °C	38,5 °C
9.	37,2 °C	36,7 °C

3 Arbeitet zu dritt oder viert.
Nennt Vor- und Nachteile von den vier verschiedenen Darstellungen.

4 Tee wird lose zu 1,75 € je 100 g verkauft.
a) Schreibe eine Wertetabelle für 100 g, 200 g, …, 1000 g.
   Stelle die Zuordnung *Gewicht → Preis* in einem Koordinatensystem dar. Verbinde die Punkte miteinander und lies die Zwischenwerte für 150 g, 250 g, …, 950 g ab.
b) Liegen alle Punkte auf derselben Geraden? Begründe.

5 Stelle die Zuordnung in einem Koordinatensystem dar.
Zur Verdeutlichung der Preisunterschiede können dabei die Punkte miteinander verbunden werden.
Warum ist es aber hier nicht sinnvoll, Zwischenwerte abzulesen?

Verschiedene Sorten vorrätig
100-g-Dose € 2,05   500-g-Dose € 10,75
250-g-Dose € 3,95   1000-g-Dose € 18,05
Unser Angebot: 50-g-Dose € 1,03

Proportionale Zuordnungen erkennen

Entdecken

1 Alina hat das Internet-Café „Dos" besucht.
Sie zahlt 2 Cent für jede Minute.
a) Welche Größen sind hier einander zugeordnet?
b) Wie viel bezahlt sie für 5 Minuten,
10 Minuten und eine Stunde am PC?

2 Alinas Freund Maxim hat im Internet-Café
„Tres" für 17 Minuten 51 Cent bezahlt.
Wie viel hat die Internetbenutzung im Café
„Tres" pro Minute gekostet?

3 Preise eines dritten Internet-Cafés:
Jede Minute kostet 2 Cent, 15 Minuten 25 Cent und jede Stunde 90 Cent.
Vergleiche mit den Preisen der Internet-Cafés „Dos" und „Tres".

Verstehen

Ein Kilogramm Trauben kostet 0,90 €.
Aus dem Preis für 1 kg kann man andere Preise errechnen.
Das doppelte Gewicht kostet den doppelten Preis,
das halbe Gewicht kostet den halben Preis,
usw.

Die Zuordnung *Gewicht → Preis* ist bei diesem Beispiel
proportional.

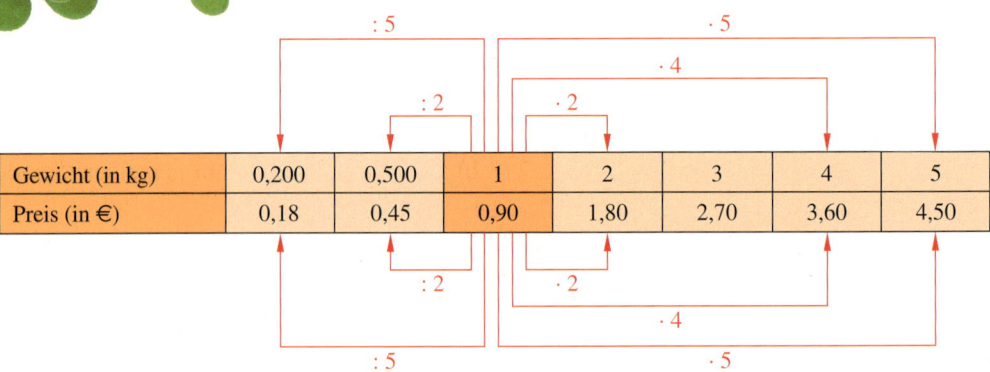

Gewicht (in kg)	0,200	0,500	1	2	3	4	5
Preis (in €)	0,18	0,45	0,90	1,80	2,70	3,60	4,50

Merke Eine Zuordnung heißt **proportional**, wenn gilt:

Zum *Doppelten* der einen Größe gehört das *Doppelte* der anderen Größe,
zum *Dreifachen* der einen Größe gehört das *Dreifache* der anderen Größe usw.

Zur *Hälfte* der einen Größe gehört die *Hälfte* der anderen Größe,
zum *Viertel* der einen Größe gehört ein *Viertel* der anderen Größe usw.

Üben und anwenden

1 Arbeitet zu zweit.
Welche der folgenden Zuordnungen können proportional sein? Begründet eure Entscheidung.
a) *Alter → Körpergröße*
b) *Anzahl der Eiskugeln → Preis*
c) *Seitenlänge eines Quadrats → Umfang*
d) *Kantenlänge eines Würfels → Volumen*

2 Natascha hat ihren Netzanbieter gewechselt.
Sie hat jetzt einen Prepaid-Tarif und zahlt 15 Cent pro Minute für Telefonate in alle Handy-Netze und ins Festnetz.
a) Stelle eine Wertetabelle auf für Telefonate, die 2 Minuten, 5 Minuten, 10 Minuten und 17 Minuten dauern.
b) Prüfe, ob die Zuordnung *Dauer des Telefonats → Preis* proportional ist. Begründe deine Entscheidung.

2 Prüfe, ob folgende Zuordnungen proportional sein können. Begründe.
a) Fünf Eintrittskarten kosten 40 €, zehn kosten 80 €.
b) 3 kg Äpfel kosten 6 €. 9 kg kosten 18 €.
c) Eine CD-ROM kostet 49 Cent. Zehn CD-ROMs werden für 4,85 € verkauft.
d) Ein Autofahrer fährt in einer Stunde 96 km. In einer halben Stunde fährt er 48 km.
e) Aus 10 kg (2 kg) Beeren kann man 5 l (1,5 l) Johannisbeersaft gewinnen.

3 Übertrage ins Heft und ergänze die Tabellen so, dass eine proportionale Zuordnung entsteht.

a)

kg	1	2	3	4	5	6
€	1,90	3,80				

b)

Anzahl	1	2	3	4	5	6
€	2,30	4,60				

c)

€	1	2	3	6	10	12
Anzahl	3	6				

3 Übertrage ins Heft und ergänze die Tabellen so, dass eine proportionale Zuordnung entsteht.

a)

Füllmenge (l)	1	5	10	20	30
Preis (€)			12		

b)

Zeit (h)	1	4	7	8	10
Lohn (€)				248	

c)

Anzahl	1	2	3	4	5
Preis (€)				2,20	

NACHGEDACHT
Denk dir zu den Tabellen in Aufgabe 3 (lila oder türkis) jeweils eine Geschichte aus.

4 Angebot für Spitzbrötchen:
a) Ist die Zuordnung *Anzahl der Brötchen → Preis* proportional?
b) Beschreibe, wie du bei der Beantwortung der Frage vorgegangen bist.
c) Verändere die Preise so, dass eine proportionale Zuordnung vorliegt.

Spitzbrötchen
1 Stück € **0.25**
5 Stück € **1.10**
10 Stück € **2.20**

4 Angebote für losen Tee:
a) Ist die Zuordnung *Gewicht → Preis* proportional? Begründe.
b) Verändere die Preise so, dass eine proportionale Zuordnung vorliegt.

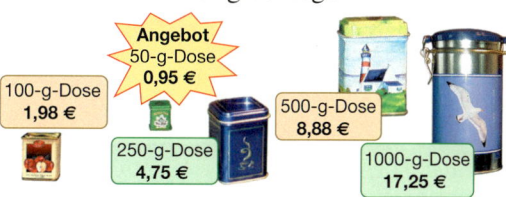

Angebot 50-g-Dose 0,95 €
100-g-Dose 1,98 €
250-g-Dose 4,75 €
500-g-Dose 8,88 €
1000-g-Dose 17,25 €

5 Arbeitet in Gruppen und präsentiert eure Ergebnisse vor der Klasse.
a) Findet drei Beispiele für proportionale Zuordnungen.
b) Findet drei Beispiele für Zuordnungen, die nicht proportional sind.

6 Ümit sagt: „Wenn ich eine proportionale Zuordnung im Koordinatensystem darstelle, erhalte ich immer einen Strahl".

HINWEIS
↻ 037-1
Hier gibt es weitere Übungen zum Erkennen von proportionalen Zuordnungen.

Dreisatz bei proportionalen Zuordnungen

Entdecken

1 Schau dir das Rezept für Pizzateig an.
a) Welche Mengen müsstest du benutzen, wenn du nur für dich allein Pizzateig anrühren möchtest?
b) Gib die genauen Mengen an, wenn der Pizzateig für 10 Personen reichen soll.

2 Beschreibe ein Verfahren, mit dem du die Mengenangaben für eine beliebige Anzahl von Personen ausrechnen kannst.

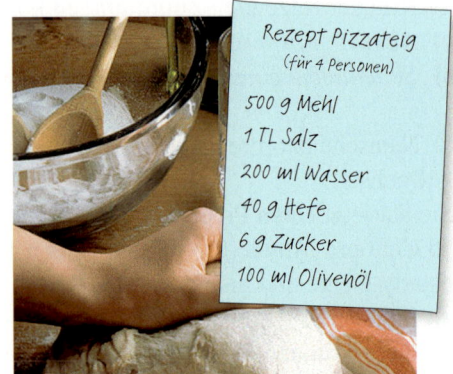

Rezept Pizzateig
(für 4 Personen)

500 g Mehl
1 TL Salz
200 ml Wasser
40 g Hefe
6 g Zucker
100 ml Olivenöl

Verstehen

Bettinas Vater fährt mit dem Auto nach Berlin.
Vor Antritt seiner Reise fährt er eine Tankstelle an.
Er kauft 2 Müsliriegel. 2 Müsliriegel kosten 1,40 €.
Was kosten 5 Müsliriegel?

Die Zuordnung *Anzahl der Müsliriegel → Preis* ist proportional.

Ein übersichtliches Verfahren für proportionale Zuordnungen heißt
Dreisatz, da die Rechnung in drei Schritten erfolgt.

das Gesuchte
steht *rechts*

Beispiel 1

①	2 Müsliriegel kosten 1,40 €.
②	1 Müsliriegel kostet 1,40 € : 2 = 0,70 €.
③	5 Müsliriegel kosten 0,70 € · 5 = 3,50 €.

Anzahl	Preis in €
2	1,40
1	0,70
5	3,50

:2   :2
·5   ·5

auf beiden Seiten
gleich rechnen

Antwort: 5 Müsliriegel kosten also 3,50 €.

Beispiel 2

Bettinas Vater tankt 60 l Benzin und bezahlt an der Kasse 96 €.
Herr Lutz tankt an der gleichen Tanksäule 36 l Benzin. Wie viel bezahlt er?

①	60 Liter kosten 96 €.
②	1 Liter kostet 96 € : 60 = 1,60 €.
③	36 Liter kosten 1,60 € · 36 = 57,60 €.

Menge in l	Preis in €
60	96
1	$\frac{96}{60} = 1,6$
36	1,6 · 36 = 57,60

:60   :60
·36   ·36

Antwort: Herr Lutz bezahlt 57,60 €.

> **Merke** So rechnet man mit dem **Dreisatzverfahren bei proportionalen Zuordnungen:**
> ① Die vorgegebenen Größen aufschreiben (z. B. 2 Müsliriegel kosten 1,40 €),
> ② Schluss auf die Einheit (z. B. 1 Müsliriegel kostet 0,70 €),
> ③ Schluss auf das Gesuchte (z. B. 5 Müsliriegel kosten 3,50 €).

Üben und anwenden

1 Wie viel kostet 1 kg?
Übertrage die Sätze in dein Heft und vervollständige sie.
a) 4 kg Birnen kosten 24 €.
   1 kg kostet   24 € : 4 = …
b) 5 kg Orangen kosten 7,50 €.
   1 kg kostet   7,50 € : 5 = …
c) 3 kg Aprikosen kosten 7,50 €.
   1 kg kostet …
d) 5 Schalen Himbeern kosten 10 €.
   1 Schale kostet …
   3 Schalen kosten …

2 Vervollständige die Tabellen im Heft.
Die Zuordnungen sind proportional.

a)

Gewicht (in kg)	Preis (in €)
3	6
1	
5	

b)

Anzahl der Bälle	Preis (in €)
3	3,60
1	
25	

3 Berechne mit dem Dreisatz.
a) 5 kg Äpfel kosten 8 €.
   Wie viel kosten 3 kg?
b) 5 kg Möhren kosten 5,50 €.
   Wie viel kosten 4 kg?
c) 3 Klebestifte kosten 4,50 €.
   Du benötigst 2 Stifte.
d) Julia möchte ihrer Mutter drei Orchideen
   schenken. Zwei Orchideen kosten 17,98 €.

4 Drei Schalen
Erdbeeren kosten
4,50 €.
Wie viel kosten
zwei (15; 18)
Schalen Erdbeeren?

5 Danny behauptet: „Bei den Aufgaben muss man nicht unbedingt den Dreisatz benutzen."
Erkläre, was Danny meint.
a) 5 Bälle kosten 8,75 €. Wie viel kosten 10 (20; 40) Bälle?
b) 7 Meter Stoff kosten 24,50 €. Wie viel kosten 21 Meter (63 m; 189 m)?

1 Übertrage und ergänze die Tabellen im
Heft. Die Zuordnungen sind proportional.

a)

Gewicht (in kg)	Preis (in €)
2	4
1	
5	

b)

Anzahl	Preis (in €)
5	4,50
1	
10	

2 Berechne mit dem Dreisatz.
Denke auch an einen Antwortsatz.
a) Zwei Hefte kosten 0,48 €.
   Wie viel kosten acht Hefte?
b) Fünf Tuben Klebstoff kosten 7,65 €.
   Wie viel kosten drei Tuben?
c) Acht Packungen Bleitstifte kosten 14 €.
   Wie viel kosten drei Packungen? Wie viele
   Packungen bekommt man für 7 €?
d) Sieben Radiergummis kosten 6,23 €.
   Wie viel kosten zehn (fünf) Radier-
   gummis?

3 Aus dem Berufsleben
Zum Belegen einer Fläche von 4 m² benötigt
ein Fliesenleger 20 Platten.
a) Wie viele Platten der gleichen Größe
   benötigt er für 25 m²?
   Berechne mit dem Dreisatz.
b) Wie groß ist die Fläche, die man mit
   80 Platten fliesen kann?
   Berechne mit dem Dreisatz.

4 Für 8 Fußbälle zahlt
Herr Kothe 36,00 €.
a) Wie viele Bälle könnte er
   für 60,00 € kaufen?
   Schätze zuerst.
b) Wie viel Geld bleibt übrig?

HINWEIS
↻ 039-1
Hier gibt es weitere Übungen
zum Dreisatz bei
proportionalen
Zuordnungen.

Klar so weit?

→ Seite 32

Zuordnungen erkennen und beschreiben

1 Stefanie hat eine Woche lang jeden Tag um 14 Uhr die Temperatur gemessen.
Welche Größen sind einander zugeordnet?

Tag	10.6.	11.6.	12.6.	13.6.	14.6.	15.6.	16.6.
Temperatur (in °C)	25	23	22	18	17	19	23

1 Welche Größen sind bei der Wettervorhersage einander zugeordnet?
Beachte: Es gibt mehrere Lösungen.

2 Das Koordinatensystem zeigt den Verlauf einer Wanderung.

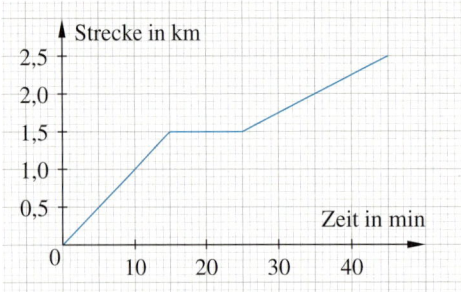

a) Übertrage das Koordinatensystem mit der Zuordnung in dein Heft.
b) Welche Größen sind einander zugeordnet?
c) Übertrage die Tabelle ins Heft und lies die Werte aus dem Koordinatensystem ab.

Zeit (in min)	10	20	25	35				
Strecke (in km)					0,5	1,2	2,0	2,5

2 Das Koordinatensystem zeigt die Fieberkurve eines Patienten im Krankenhaus.

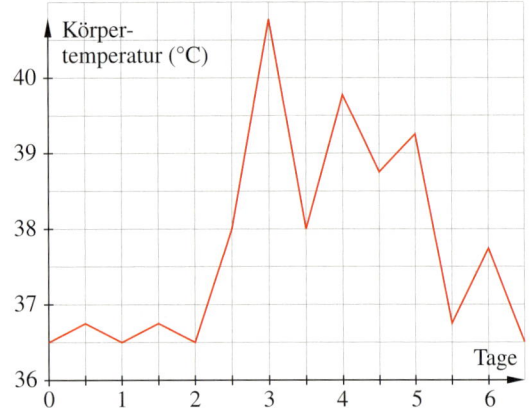

a) Welche Größen sind einander zugeordnet?
b) Erstelle eine Wertetabelle für die Temperatur an den Tagen 0; 1; 2; …; 6.
c) An welchen Tagen hat der Patient eine höhere Temperatur als 37 °C?

→ Seite 36

Proportionale Zuordnungen

3 Ist die Zuordnung proportional? Begründe.

a)
Anzahl	1	2	3	4
Preis (in €)	4	6	8	10

b)
Schüler	1	2	3	4
Preis (in €)	3,50	7	10,50	14

3 Ist die Zuordnung proportional? Begründe.

a)
Anzahl	1	2	4	8
Preis (in €)	1,20	2,40	4,80	9,60

b)
Zeit (in h)	5	8	20	3	2
Preis (in €)	30	48	140	18	12

4 Ergänze die Tabelle im Heft so, dass eine proportionale Zuordnung vorliegt.

a)
Zeit (in h)	1	2	3	4	5
Lohn (in €)	30				

b)
Zeit (in h)	1	2	3	4	5
Lohn (in €)			66		

4 Ergänze die Tabelle im Heft so, dass eine proportionale Zuordnung vorliegt.

a)
Füllmenge (in l)	1	5	10	20	30
Preis (in €)	2,50				

b)
Anzahl	1	2	5	10	12
Preis (in €)				13,20	

5 Käseherstellung

Käse wird aus Milch hergestellt.
Am Koordinatensystem kann man ablesen,
wie viel Milch zur Herstellung von Käse benötigt wird.

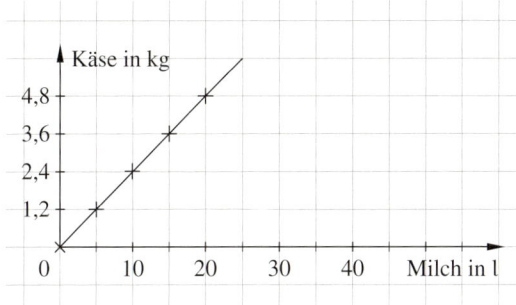

a) Erstelle eine Wertetabelle.
b) Prüfe, ob die Zuordnung proportional ist.
c) Wie viel Käse erhält man aus 15 l Milch?
d) Aus wie viel Milch entstehen 4,8 kg Käse?

5 Kartoffelpreise

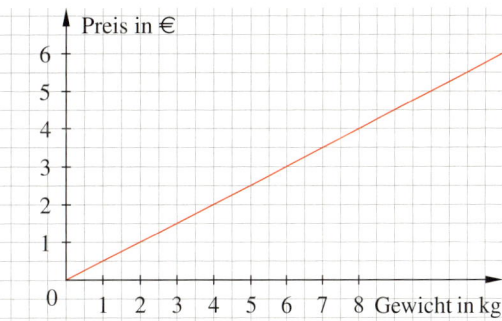

a) Wie teuer sind 10 kg Kartoffeln?
   Wie teuer sind 2,5 kg Kartoffeln?
b) Wie viel kg Kartoffeln kann man für 2 € kaufen?
   Wie viel kg Kartoffeln kann man für 3,50 € kaufen?
c) Erstelle eine Wertetabelle für zehn Werte-
   paare.

Dreisatz bei proportionalen Zuordnungen

→ Seite 38

6 Übertrage und ergänze die Tabellen im Heft.
Die Zuordnungen sind proportional.

a)

Fahrtdauer (in min)	Strecke (in km)
30	12
1	
80	

b)

Anzahl	Preis (in €)
25	120
1	
15	

6 Übertrage und ergänze die Tabellen im Heft.
Die Zuordnungen sind proportional.

a)

Länge (in m)	Preis (in €)
4	5,20
1	
9	

b)

Tage	Preis (in €)
13	3,64
1	
5	

7 Aus dem Berufsleben

In einem Füllwerk werden 800 Flaschen in
einer Stunde befüllt.

a) Wie viele Flaschen werden in 24 Stunden
   befüllt?
b) Wie lange dauert es, bis 100 000 Flaschen
   befüllt sind?

7 Aus dem Berufsleben

Beantworte die Fragen mithilfe des Dreisatz-
verfahrens.

a) Eine Gießmaschine in einer Kerzenfabrik
   stellt in drei Stunden 30 000 Kerzen her.
   Wie viele Kerzen stellt sie in einer Schicht
   von 8 Stunden her?
b) Eine Eismaschine stellt in drei Stunden
   108 000 Portionen her. Wie viel Eis wird in
   einer Woche (38 Stunden) hergestellt?
c) Zuckerwattemaschinen können in drei
   Stunden 1110 Portionen herstellen.
   Wie viel Portionen Zuckerwatte sind das in
   einem Monat (160 Stunden)?

Vermischte Übungen

1 Einigen europäischen Großstädten wurde ihre Temperatur zugeordnet: *Stadt → Temperatur*. Trage die Temperaturen in eine Wertetabelle ein.

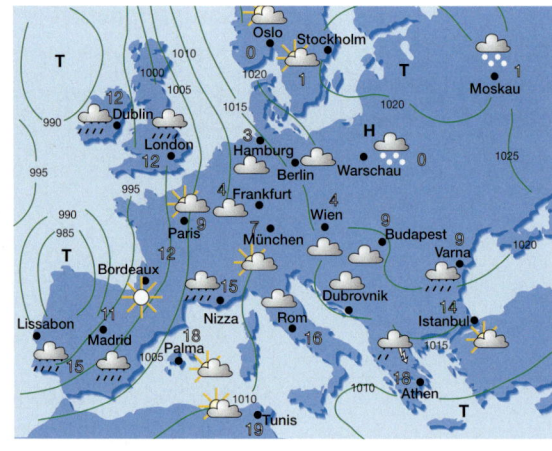

1 Einigen europäischen Großstädten wurde ihre Temperatur zugeordnet. Veranschauliche die Temperaturen in einem Säulendiagramm.

2 Prüfe, welche der Zuordnungen proportional ist. Begründe.

a)
Gewicht (in kg)	1	2	3	4
Preis (in €)	3	6	9	12

b)
Anzahl	1	2	3	5
Gewicht (in kg)	4	8	16	32

c)
Anzahl	5	10	15	20
Preis (in €)	1	10	15	20

d)
Anzahl	2	4	8	20
Futter (in kg)	80	40	20	8

2 Prüfe, welche der Zuordnungen proportional ist. Begründe.

a)
x	1	2	6	9	10
y	90	45	15	10	9

b)
x	1	2	3	4	5
y	4	8	12	16	20

c)
x	2	1	5	8	10
y	40	80	16	10	8

d)
x	3	1	7	4	10
y	9	3	21	12	30

3 Zeichne ein Koordinatensystem, in dem man den Preis für eine bis zehn Eintrittskarten ablesen kann.

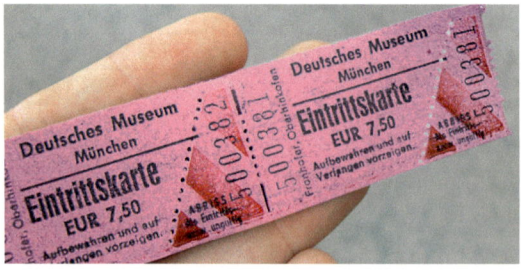

3 Zeichne ein Koordinatensystem, in dem man den Preis für 1 kg bis 10 kg Spinat ablesen kann.

4 Ergänze die Tabellen im Heft, so dass eine proportionale Zuordnung entsteht.

a)
x	1	2	4	6	8
y	4			24	

b)
x	1	3	6	12	30
y		9			90

c)
x	2	6	10	14	18
y	1,50				

4 Ergänze die Tabellen im Heft, so dass eine proportionale Zuordnung entsteht.

a)
x	4	6	8	10	
y	14	21			56

b)
x	2	3	6	8	9
y		1,2	2,4		

c)
x	6	2	8		16
y	180	60		15	

5 Die Zuordnungen sind proportional. Berechne mit dem Dreisatz.

a)

Gewicht (in kg)	Preis (in €)
1	3,50
3	

b)

Anzahl	Preis (in €)
28	6,44
1	

b)

Länge (in m)	Preis (in €)
3	24
1	
5	

c)

Strecke (in km)	Verbrauch (in l)
100	8
1	
750	

5 Ergänze die Tabellen im Heft. Die Zuordnungen sind proportional.

a)

Anzahl	Gewicht (in kg)
8	120
1	
5	

b)

Tage	Futter (in kg)
35	10
7	
21	

c)

x	y
9	108
1	
17	

d)

x	y
33	117
11	
55	

6 Berechne die Mengen, wenn 10 (15) Pfannkuchen gebacken werden sollen.

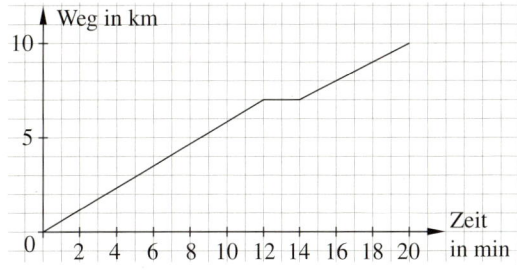

Für fünf Pfannkuchen brauchst du:

- 4 Eier
- $\frac{1}{8}$ l Milch
- 100 g Mehl
- 500 g Champignons
- eine Zwiebel
- 150 g Schinken

(außerdem Salz, Pfeffer, Butter und Öl).

6 Für ein Nudelgericht für vier Personen werden 320 g Spaghetti, 375 g frische Champignons, 200 g Tomaten und 250 ml Sahne benötigt. Wie viel von jeder Zutat wird für 6 Personen (8 Personen) benötigt?

7 Prüfe, ob die Zuordnungen proportional sind. Berichtige die Werte falls nötig so, dass eine proportionale Zuordnung vorliegt.
a) Zwei Eier kosten 34 Cent. Zehn Eier werden für 1,70 € verkauft.
b) 4 Schachteln Pralinen wiegen 500 g. 20 Schachteln Pralinen sind 2 kg schwer.
c) Ein Inlineskater fährt in einer Stunde 36 km. In den ersten 20 min hat er 15 km geschafft.

8 Tanja fährt mit dem Fahrrad zur 10 km entfernten Schule. Ihre Fahrt ist dargestellt.

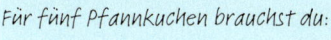

a) Erstelle eine Wertetabelle für 2 min; 4 min; … ; 20 min.
b) Wie lange braucht Tanja für den Weg?
c) Zwei Minuten muss Tanja an einer Ampel warten.
   Nach wie viel km ist das?
d) Denk dir eine Geschichte aus, die zur Grafik passt.
e) Verändere die Geschichte, damit die Zuordnung *Zeit → Weg* proportional wird?

8 Lilly und Ulf haben eine 50 km lange Fahrradtour gemacht. Ihre Fahrt ist dargestellt.

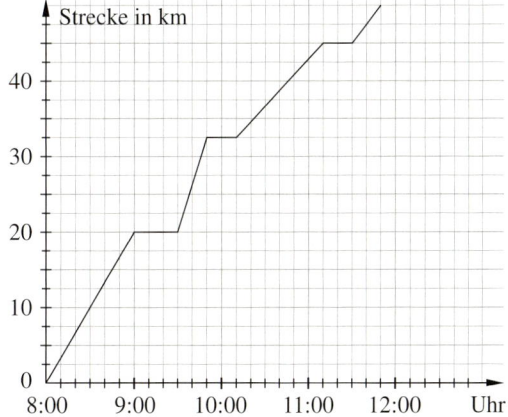

a) Denk dir eine Geschichte aus, die zur Grafik passt.
b) Wie lange brauchen sie für den Weg?
c) Verändere die Geschichte und den Graphen, damit die Zuordnung *Uhrzeit → Weg* proportional wird?

9 Mit einer Kerze, die gleichmäßig Wachs verbrennt, kann man Zeitspannen messen.
Die Kerze wurde jeweils im Abstand von 30 Minuten fotografiert.

a) Miss die Kerzenlängen auf dem Foto. Notiere sie mit der Brenndauer in einer Wertetabelle.
b) Beschreibe die Zuordnung mit deinen eigenen Worten.
c) Stell die Zuordnung im Koordinatensystem dar.

10 Josy hat in den Sommerferien in einer Eisdiele drei Wochen lang gearbeitet und dafür 298,50 € erhalten.
Wie viel Geld bekam sie pro Woche?
Wie viel hätte sie bei gleichem Stundenlohn in sieben Wochen verdient?

11 Eine Fabrik stellt in drei Stunden 105 Volleybälle her.
a) Wie viele Bälle werden in fünf Stunden hergestellt?
b) Wie viele Bälle entstehen in acht Stunden?
c) Wie viele in zehn Stunden?
Berechne mit dem Dreisatz.

12 Aus dem Berufsleben
Herr Lenk ist Fliesenleger. Er hat 15 m² Wandfläche im Bad gefliest und dafür 750 Fliesen benötigt. In der Küche möchte er auf einer 2,5 m² großen Wandfläche Fliesen gleicher Größe verwenden.
Wie viele Fliesen benötigt er?

13 2 Eier benötigen 5 Minuten bis sie hartgekocht sind. Wie lange benötigen 5 Eier?

14 In einem Kino kostet der Eintritt 6,50 € pro Person.
Am Freitagabend kommen 70 Besucher, am Samstagnachmittag 45, am darauf folgenden Abend 117 Besucher.
Berechne die Einnahmen bei den einzelnen Veranstaltungen und die Gesamteinnahmen.
Denke auch an einen Antwortsatz.

10 In einer Maßstabszeichnung ist eine Strecke 64 mm lang.
In Wirklichkeit beträgt die Strecke 320 m.
Eine andere Strecke ist in der Zeichnung 175 mm lang.
Wie viel Meter misst sie in Wirklichkeit?

11 Die Entfernung eines Gewitters berechnen:
In der Luft legt der Schall in drei Sekunden eine Strecke von etwa 1 km zurück.
a) Erstelle eine Wertetabelle für die Zuordnung.
b) Wie weit ist ein Gewitter entfernt, wenn man 14 Sekunden nach dem Aufleuchten des Blitzes den Donner hört?

12 Aus dem Berufsleben
In einer Großküche wird für ein Menü für 150 Personen mit einem Bedarf von 11,250 kg Käse gerechnet.
Es soll ein Menü für 350 Personen vorbereitet werden.
Wie viel Käse muss dazu verwendet werden?

13 Der zweijährige Mika ist 85 cm groß.
Wie groß ist er mit 9 Jahren?

14 Familie Becker hat drei Kinder.
Sie kaufen neue Hefte und Stifte. Wie viel Geld hat jedes der Kinder ausgegeben, wenn 3 Hefte 0,57 € und 5 Stifte 2,75 € kosten?

Name	Anzahl der Hefte	Anzahl der Stifte
Lisa	4	3
Tim	2	4
Nico	5	6

15 Welches Angebot ist jeweils günstiger?
a) 2 l Orangensaft für 1,89 €
   oder 1,5 l für 1,49 €
b) 1,5 kg Waschpulver für 4,44 €
   oder 2,5 kg Waschpulver für 8,49 €
c) 100 g Kekse für 0,89 €
   oder 125 g Kekse für 0,99 €
d) 0,7 l Mineralwasser für 0,39 €
   oder 0,75 l Mineralwasser für 0,45 €

16 Aus vier Orangen kann man 0,2 l Orangensaft pressen.
a) Wie viele Orangen benötigt man für 3,5 l?
b) Alina hat insgesamt 2,2 l Saft gepresst.
   Wie viele Orangen hat sie dafür benötigt?

17 Formuliere selbst Aufgaben, die mit dem Dreisatz gelöst werden können. Stellt sie euch gegenseitig.

18 Schuhgrößen
a) Stell die Zuordnung *Fuß-länge → Schuhgröße* in einer Tabelle dar (von 20 bis 30 cm).
b) Berechne deine Schuh-größe. Stimmt sie mit deiner tatsächlichen Schuhgröße überein?

> **Berechnung der Schuhgröße**
> Zur exakten in cm gemessenen Fußlänge werden 1,5 cm addiert. Die Summe wird dann mit 1,5 multipliziert.

19 Ein Schwimmbecken kann in 2 Stunden mit 3 Pumpen geleert werden. Das Becken soll aber in einer Stunde geleert werden. Ist die Zuordnung proportional? Wie viele Pumpen benötigt man dafür?

15 Das Bild zeigt die Fahrpreise für einen Autoscooter auf einer Kirmes.
a) Du erhältst von deinen Eltern 8 € (10 €, 11 €, 12 €). Wie oft kannst du maximal fahren?
b) Bewerte die Preis-gestaltung und entwickle Verbes-serungsvorschläge.

16 Für 20 m³ Wasser verlangt die Stadtverwaltung von Münster ohne Nebenkosten 26,20 €.
a) Wie viel sind für 22 m³ zu zahlen?
b) Herr Huy zahlt 41,92 €.

17 Arbeitet zu zweit.
Gebt Beispiele aus dem Alltag an und ent-scheidet jeweils, ob es sich um eine propor-tionale Zuordnung handelt.
Begründet eure Entscheidung.
a) Je größer …, desto größer …
b) Je größer …, desto kleiner …
c) Verdoppelt sich …, so verdoppelt sich ….
d) Halbiert sich …, so verdoppelt sich ….
e) Finde weitere Beispiele: je höher …; je schneller …; usw.

18 Arbeite mit einer Tabelle.
a) Welche Schuhgröße ent-spricht einer Fußlänge von 25,5 cm?
b) Der Amerikaner Matthew McGrory hält mit Schuh-größe 63 bislang den Weltrekord. Wie lang sind seine Füße?

19 Ein Sandberg kann in 4 Tagen von 3 LKW abtransportiert werden, er soll aber schon in 2 Tagen abtransportiert sein. Ist die Zuordnung proportional? Wie viele LKWs benötigt man dafür?

20 Drei Vasen wurden mit Wasser gefüllt. Ordne den Vasen jeweils das richtige Diagramm zu.

   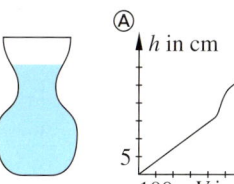 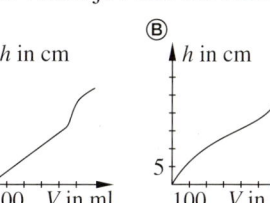 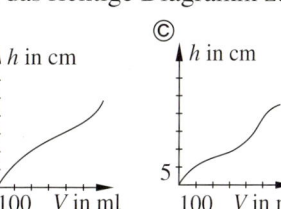

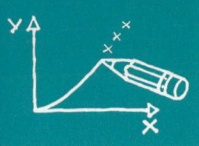

Teste dich!

(12 Punkte)

1 Die Tabelle zeigt die durchschnittlichen Monatstemperaturen in Aachen.
Zeichne ein Temperaturdiagramm.

Monat	Jan	Feb	Mär	Apr	Mai	Jun	Jul	Aug	Sep	Okt	Nov	Dez
Temperatur (in °C)	4,5	7,4	9,7	12,9	20,5	22,7	22,0	23,8	17,6	11,7	4,9	4,4

(8 Punkte)

2 Im Fußballstadion soll neuer Rasen verlegt werden.
Die grafische Darstellung zeigt, wie viele m² Rasenfläche in der Zeit von einer Stunde bis 5 Stunden verlegt werden können.

a) Welche Größen werden einander zugeordnet?

b) Ergänze die Wertetabelle im Heft.
Lies die fehlenden Werte aus dem Koordinatensystem ab.

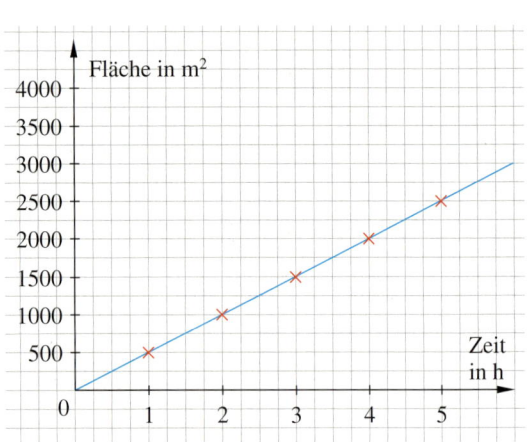

Zeit (in h)	1	2	3	4	5
Fläche (in m²)	500				

(9 Punkte)

3 Welche der Zuordnungen ist proportional?
Begründe deine Entscheidung.

a)

Anzahl der Bagger	1	2	4
Preis (in €)	37 000	74 000	148 000

b)

Gewicht (in kg)	1	5	7
Preis (in €)	0,65	3,90	4,55

c)

Anzahl der Bagger	1	2	4
Zeit (in Stunden)	32	16	8

(12 Punkte)

4 Tee wird zu 1,75 € je 100 g verkauft.

a) Schreibe eine Wertetabelle *Gewicht (in g) → Preis (in €)* für 100 g; 200 g; … ; 1000 g.

b) Stelle die Zuordnung in einem Koordinatensystem dar und verbinde die Punkte.

c) Lies die Preise für 150 g; 250 g; … ; 950 g im Koordinatensystem ab.

d) Was kosten 2,3 kg Tee? Berechne.

(12 Punkte)

5 Die Zuordnungen sind proportional.
Berechne mit dem Dreisatz.

a)

Gewicht (in kg)	Preis (in €)
1	1,80
6	

b)

Anzahl	Preis (in €)
5	7,25
1	

c)

Länge (in m)	Preis (in €)
12	96
1	
7	

d)

Strecke (im km)	Verbrauch (in l)
100	7
50	
450	

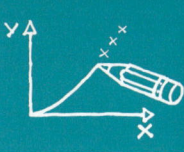

6 Welche der folgenden Sätze beinhalten proportionale Zuordnungen? Begründe. *(12 Punkte)*
a) Für 3 Stifte bezahlt man 1,50 €. 7 Stifte kosten 3,50 €.
b) 2 Arbeiter brauchen für eine bestimmte Arbeit 6 Tage, 1 Arbeiter braucht 12 Tage.
c) 2 kg Äpfel kosten 1,30 €. Für 4 kg möchte der Händler 2,50 € haben.

7 In der belgischen Stadt Malmedy wird jedes Jahr ein Riesenomelett gebacken. Dabei werden 10 000 Eier verbraucht. Wie viele Personen können davon essen, wenn ein Omelett mit acht Eiern für vier Personen reicht? *(8 Punkte)*

8 Der Wert eines Autos sinkt mit zunehmendem Alter und mit zunehmendem Kilometerstand. *(15 Punkte)*
Der Wiederverkaufswert eines Autos (Neuwert 17 500 €) wird dabei oft geschätzt.
a) Nach welcher Zeit ist das Auto nur noch die Hälfte des Kaufpreises wert?
b) Berechne den Wertverlust von Jahr zu Jahr. Schreibe eine Tabelle und stelle die Zuordnung *Alter des Autos → Wertverlust* in einem Koordinatensystem dar.
c) Beschreibe, wie sich der Wertverlust von Jahr zu Jahr ändert.

Alter des Autos	geschätzter Wiederverkaufswert
1 Jahr	13 300 €
2 Jahre	11 375 €
3 Jahre	8 750 €
4 Jahre	6 650 €
5 Jahre	5 075 €
6 Jahre	3 500 €

9 Ordne den Graphen Ⓐ bis Ⓓ einen der Texte ① bis ③ zu. *(12 Punkte)*
Finde für den übrig gebliebenen Graphen selbst eine Geschichte.

① Zunächst kamen wir sehr gut voran. Aber in Hameln gerieten wir in zähfließenden Verkehr.

② Matthias lief den ersten Streckenabschnitt recht langsam, setzte dann aber zu einem Spurt an.

③ Kevin rannte los wie die Feuerwehr, bis ihm die Puste ausging und er stehen blieb.

Ⓐ
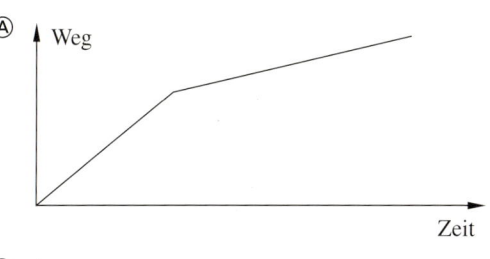

Ⓑ
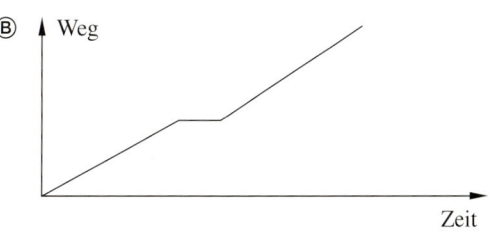

Ⓒ

Ⓓ
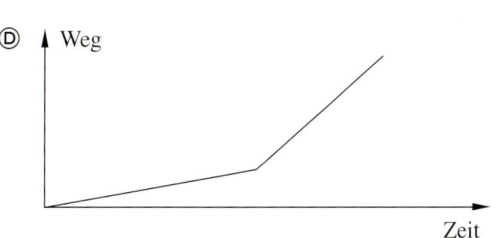

Zusammenfassung

→ Seite 32

Zuordnungen erkennen und beschreiben

Zuordnungen weisen den Wert
aus *einem* Bereich (z.B. Tims Alter)
einen oder mehrere Werte aus einem *anderen*
Bereich zu (z.B. Körpergröße).

Tim hat jedes Jahr seine Körpergröße
aufgeschrieben.
Zuordnung:
Tims Alter in Jahren → Körpergröße in cm

Man kann eine Zuordnung unterschiedlich darstellen.

Text

Tim ist mit 13 Jahren 153 cm groß,
mit 14 Jahren 161 cm,
mit 15 Jahren 170 cm und
mit 16 Jahren 176 cm groß.

Pfeilbild

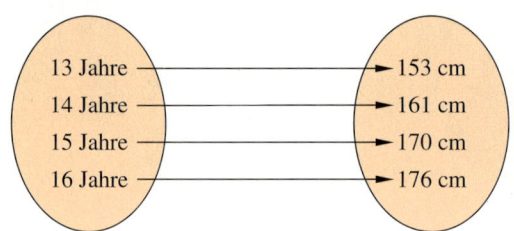

Wertetabelle

Tims Alter (in Jahren)	Körpergröße (in cm)
13	153
14	161
15	170
16	176

Koordinatensystem

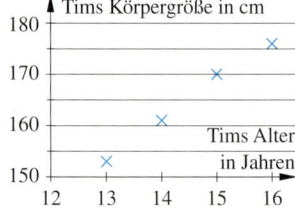

→ Seite 36

Proportionale Zuordnungen erkennen

Eine Zuordnung heißt **proportional**, wenn gilt:
Zum *Doppelten* der einen Größe gehört
   das *Doppelte* der anderen Größe,
zum *Dreifachen* der einen Größe gehört
   das *Dreifache* der anderen Größe,
zur *Hälfte* der einen Größe gehört
   die *Hälfte* der anderen Größe,
usw.

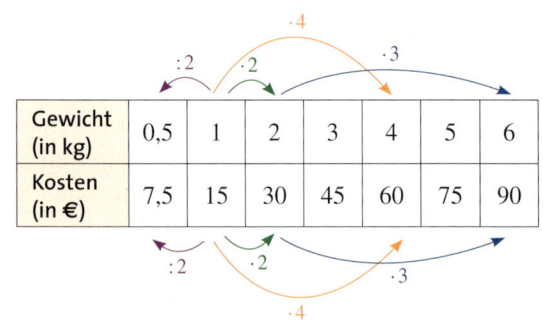

Gewicht (in kg)	0,5	1	2	3	4	5	6
Kosten (in €)	7,5	15	30	45	60	75	90

→ Seite 38

Dreisatz bei proportionalen Zuordnungen

So rechnet man mit dem **Dreisatzverfahren
bei proportionalen Zuordnungen**:
① Die vorgegebenen Größen aufschreiben
 (z.B. 5 CDs kosten 65,50 €),
② Schluss auf die Einheit
 (z.B. 1 CD kostet 13,10 €),
③ Schluss auf das Gesuchte
 (z.B. 6 CDs kosten 78,60 €).

Fünf CDs kosten 65,50 €.
Wie viel kosten sechs CDs?

Anzahl der CDs	Preis (in €)
5	65,50
1	13,10
6	78,60

Sechs CDs kosten 78,60 €.

Brüche addieren und subtrahieren

Rezept für Pfirsichbowle:

$\frac{1}{8}$ Pfirsichsaft

$\frac{1}{4}$ Maracujasaft

$\frac{1}{16}$ Zitronensaft

$\frac{1}{16}$ Orangensaft

Rest Mineralwasser

Wie viel Mineralwasser benötigst du?

Noch fit?

Einstig

1 Im Kopf addieren und subtrahieren
Übertrage ins Heft und berechne.
a) 37 + 40
b) 50 + 46
c) 37 + 28
d) 28 + 39
e) 390 – 80
f) 100 – 18
g) 1000 – 693
h) 342 – 60

Aufstieg

1 Im Kopf addieren und subtrahieren
Übertrage ins Heft und berechne.
a) 47 + 18
b) 39 + 23
c) 250 + 666
d) 350 + 2552
e) 200 – 48
f) 1000 – 256
g) 900 – 213
h) 1190 – 200

2 Vielfache
Schreibe jeweils die ersten acht Vielfachen dieser natürlichen Zahlen auf.

 2 4 6 7 8   12

a) Welche Vielfachen haben 2 und 7 gemeinsam?
b) Welche Vielfache haben 8 und 12 gemeinsam?
c) Nenne das kleinste gemeinsame Vielfache von 4 und 6.

3 Aufgaben erfinden
Stelle eine Frage zum Text und beantworte sie.

> Ömer bringt an seinem Geburtstag jedem Mitschüler eine Brezel (Preis 50 Cent) mit. Beim Bäcker zahlt er 13 Euro.

3 Aufgaben erfinden
Stelle eine Frage zum Text und beantworte sie.

> Tischtennisbälle werden in Packungen zu je drei Stück verkauft.
> 360 Tischtennisbälle werden verpackt.

4 Brüche darstellen
Welche Brüche sind hier farbig dargestellt?

a)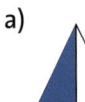
b)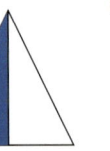
c)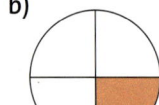
d)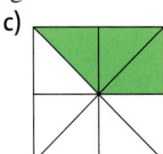
e)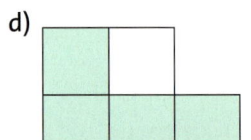
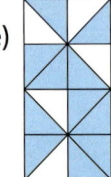

5 Brüche zeichnen
Zeichne ein Quadrat mit der Seitenlänge $a = 2\,\text{cm}$ in dein Heft.

a) Färbe $\frac{1}{2}$ rot.
b) Färbe $\frac{1}{4}$ blau.
c) Färbe $\frac{1}{8}$ gelb.

5 Brüche zeichnen
Zeichne ein Quadrat mit der Seitenlänge $a = 3\,\text{cm}$ in dein Heft.

a) Färbe $\frac{1}{3}$ rot.
b) Färbe $\frac{1}{4}$ blau.
c) Färbe $\frac{1}{6}$ gelb.

6 Brüche und natürliche Zahlen
Wie viele Ganze sind es?

a) $\frac{5}{5}$
b) $\frac{6}{3}$
c) $\frac{70}{10}$
d) $\frac{15}{3}$
e) $\frac{30}{3}$
f) $\frac{8}{2}$
g) $\frac{12}{6}$
h) $\frac{28}{4}$
i) $\frac{110}{10}$

6 Brüche und natürliche Zahlen
Wie viele Ganze sind es?

a) $\frac{15}{5}$
b) $\frac{36}{6}$
c) $\frac{100}{10}$
d) $\frac{7}{7}$
e) $\frac{45}{9}$
f) $\frac{20}{2}$
g) $\frac{27}{3}$
h) $\frac{56}{8}$
i) $\frac{121}{11}$

ERINNERE DICH
Ein Ganzes kann man zum Beispiel darstellen als $1 = \frac{1}{1} = \frac{2}{2} = \frac{3}{3}$ usw.

7 Gemischte Zahlen
Gib den dargestellten Bruch als Bruch und als gemischte Zahl an.

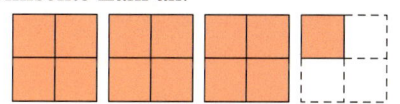

8 In gemischte Zahlen umschreiben
Zeichne folgende Brüche und schreibe sie als gemischte Zahl.

a) $\frac{4}{3}$ b) $\frac{7}{6}$ c) $\frac{11}{10}$ d) $\frac{9}{8}$

e) $\frac{8}{6}$ f) $\frac{8}{5}$ g) $\frac{9}{6}$ h) $\frac{7}{2}$

9 Brüche mit gleichem Wert
Welche Bruchteile sind hier eingefärbt?
Was fällt dir auf?

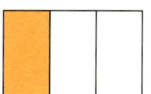 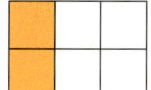 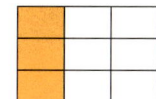

10 Brüche kürzen
Welcher Bruch wurde hier gekürzt?
Durch welche Zahl wurde hier gekürzt?
Wie lautet das Ergebnis?

a) 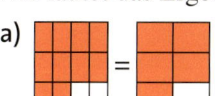   b)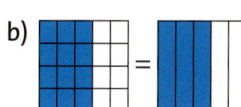

7 Gemischte Zahlen
Gib den dargestellten Bruch als Bruch und als gemischte Zahl an.

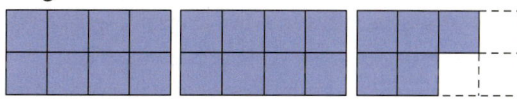

8 In gemischte Zahlen umschreiben
Schreibe die Brüche in dein Heft und schreibe sie in gemischte Zahlen um.

a) $\frac{7}{5}$ b) $\frac{17}{12}$ c) $\frac{20}{12}$ d) $\frac{7}{3}$

e) $\frac{10}{5}$ f) $\frac{11}{4}$ g) $\frac{9}{2}$ h) $\frac{21}{5}$

9 Brüche mit gleichem Wert
Schreibe zu jedem Bruch drei weitere Brüche mit demselben Wert.

a) $\frac{1}{8}$ b) $\frac{1}{5}$ c) $\frac{1}{10}$ d) $\frac{1}{4}$ e) $\frac{3}{4}$

f) $\frac{3}{10}$ g) $\frac{2}{15}$ h) $\frac{5}{6}$ i) $\frac{3}{5}$ j) $\frac{7}{8}$

10 Brüche kürzen
Kürze jeden Bruch duch 2 (3; 6).

a) $\frac{18}{24}$ b) $\frac{24}{42}$

c) $\frac{12}{30}$ d) $\frac{48}{60}$

e) $\frac{36}{72}$ f) $\frac{66}{78}$

11 Brüche erweitern
Suche immer drei Brüche, die den gleichen Wert haben.
Erkläre, mit welcher Zahl erweitert wurde.

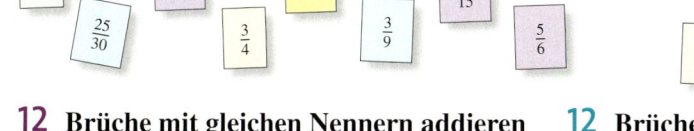

12 Brüche mit gleichen Nennern addieren und subtrahieren
Welche Aufgabe ist hier dargestellt?

a)
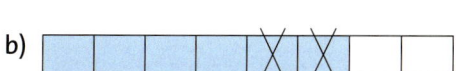

b)

12 Brüche mit gleichen Nennern addieren und subtrahieren
Berechne im Heft.

a) $\frac{1}{4} + \frac{1}{4}$ b) $\frac{1}{8} + \frac{3}{8}$

c) $\frac{7}{15} + \frac{4}{15}$ d) $\frac{1}{5} + \frac{4}{5}$

e) $\frac{6}{10} - \frac{2}{10}$ f) $\frac{4}{5} - \frac{2}{5}$

g) $\frac{11}{12} - \frac{7}{12}$ h) $\frac{7}{8} - \frac{5}{8}$

Brüche erweitern und kürzen

Entdecken

1 Zeichne in dein Heft zwei Streifen A und B, die 1 cm hoch und 12 cm lang sind.

a) Unterteile Streifen A in 12 gleich große Abschnitte.
Male davon zwei Abschnitte rot.

b) Unterteile Streifen B in 6 gleich große Abschnitte.
Male davon einen Abschnitt rot.

c) Gib die Abschnitte als Brüche an und
vergleiche sie.
Was stellst du fest?

2 Tim hat für seine Geburtstagsfeier einen
Kuchen gebacken.
Er teilt ihn in 12 Stücke und isst selbst
davon zwei.
Seine Schwester meint: „Du hättest den
Kuchen auch in sechs Stücke teilen und
davon ein Stück essen können."
Warum meint sie das?

Verstehen

In einer Konditorei sind verschiedene Kuchen im Angebot.
Ein Apfelkuchen ist in sechs gleich große Teile geschnitten.
Eine Kundin bestellt: „Den halben Apfelkuchen bitte zum Mitnehmen!"
Der Auszubildende Kai packt drei der sechs Teile ein.

Brüche können verschieden aussehen, aber trotzdem den gleichen Wert haben.

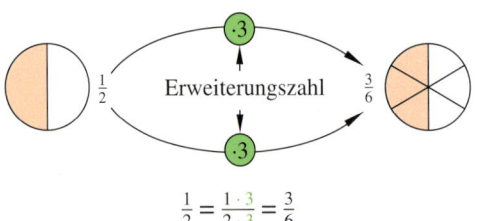

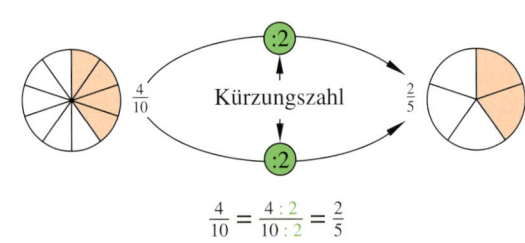

$$\frac{1}{2} = \frac{1 \cdot 3}{2 \cdot 3} = \frac{3}{6}$$

$$\frac{4}{10} = \frac{4 : 2}{10 : 2} = \frac{2}{5}$$

> **Merke** Beim **Erweitern eines Bruchs** multipliziert man Zähler und Nenner des Bruchs mit der gleichen natürlichen Zahl.
>
> Beim Erweitern ändert sich der Wert des Bruchs nicht.

> **Merke** Beim **Kürzen eines Bruchs** dividiert man Zähler und Nenner des Bruchs durch die gleiche natürliche Zahl.
>
> Auch beim Kürzen ändert sich der Wert des Bruchs nicht.

Beispiel 1

a) $\frac{2}{5} = \frac{2 \cdot 4}{5 \cdot 4} = \frac{8}{20}$

b) $1\frac{3}{4} = 1\frac{3 \cdot 2}{4 \cdot 2} = 1\frac{6}{8}$

Beispiel 2

a) $\frac{36}{42} = \frac{36 : 6}{42 : 6} = \frac{6}{7}$

b) $3\frac{15}{25} = 3\frac{15 : 5}{25 : 5} = 3\frac{3}{5}$

Üben und anwenden

1 Erkläre an der Zeichnung, wie erweitert wurde. Notiere auch die zugehörigen Brüche.

a) 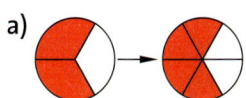 b) c)

2 Eine Pizza wird in 16 Teile geteilt. Lea isst $\frac{8}{16}$ der Pizza. Wie kann man ihren Anteil noch benennen?

2 Eine Pizza wird in 16 Teile geteilt. Lars isst 4 Stücke. Mit welchen Brüchen kann man seinen Anteil benennen?

3 Kürze die Brüche durch 2.

a) $\frac{4}{8}$ b) $\frac{6}{14}$ c) $\frac{12}{18}$

d) $\frac{8}{10}$ e) $\frac{4}{30}$ f) $\frac{18}{22}$

3 Kürze die Brüche durch 4.

a) $\frac{12}{20}$ b) $\frac{4}{24}$ c) $\frac{8}{36}$

d) $\frac{4}{44}$ e) $\frac{12}{32}$ f) $\frac{16}{28}$

4 Erweitere die Brüche mit 3.

a) $\frac{3}{5}$ b) $\frac{9}{15}$ c) $\frac{6}{18}$

d) $\frac{21}{30}$ e) $\frac{12}{27}$ f) $\frac{18}{21}$

4 Bestimme jeweils den fehlenden Zähler.

a) $\frac{2}{5}=\frac{\blacksquare}{10}$ b) $\frac{2}{5}=\frac{\blacksquare}{15}$ c) $\frac{3}{10}=\frac{\blacksquare}{40}$

d) $\frac{1}{3}=\frac{\blacksquare}{18}$ e) $\frac{2}{5}=\frac{\blacksquare}{20}$ f) $\frac{3}{7}=\frac{\blacksquare}{14}$

5 Kürze die Brüche, so weit es geht.

$\frac{12}{40}$ $\frac{6}{9}$ $\frac{4}{10}$ $\frac{10}{25}$ $\frac{8}{14}$ $\frac{4}{20}$ $\frac{18}{24}$ $\frac{27}{45}$ $\frac{8}{28}$ $\frac{15}{30}$

6 In der Klasse 7a wurden in einem Monat 12-mal Hausaufgaben in Mathematik aufgegeben. Niklas hat die Hausaufgaben drei Mal vergessen. Seine Lehrerin seufzt: „Du hast $\frac{1}{4}$ deiner Hausaufgaben vergessen!" Wie kommt sie darauf?

7 Erweitere jeden Bruch mit 3.

Beispiel $\frac{3}{4}\stackrel{\cdot3}{=}\frac{9}{12}$

a) $\frac{1}{2}$ b) $\frac{2}{5}$ c) $\frac{3}{7}$

d) $\frac{6}{11}$ e) $\frac{1}{6}$ f) $\frac{2}{9}$

7 Erweitere jeden Bruch mit 3 und mit 5.

Beispiel $\frac{3}{4}\stackrel{\cdot3}{=}\frac{9}{12}$ und $\frac{3}{4}\stackrel{\cdot5}{=}\frac{15}{20}$

a) $\frac{5}{9}$ b) $\frac{3}{8}$ c) $\frac{4}{7}$

d) $\frac{5}{13}$ e) $\frac{7}{10}$ f) $\frac{8}{12}$

8 Zeige durch Kürzen oder Erweitern, dass das Gleichheitszeichen stimmt.

a) $\frac{1}{2}=\frac{2}{4}$ b) $\frac{1}{3}=\frac{2}{6}$ c) $\frac{1}{4}=\frac{2}{8}$

d) $\frac{3}{4}=\frac{6}{8}$ e) $\frac{2}{5}=\frac{4}{10}$ f) $\frac{1}{7}=\frac{3}{21}$

g) $\frac{8}{12}=\frac{2}{3}$ h) $\frac{9}{12}=\frac{3}{4}$ i) $\frac{5}{15}=\frac{1}{3}$

8 Zeige durch Kürzen oder Erweitern, dass das Gleichheitszeichen stimmt.

a) $\frac{2}{6}=\frac{1}{3}$ b) $\frac{12}{36}=\frac{2}{6}$ c) $\frac{12}{36}=\frac{1}{3}$

d) $\frac{4}{12}=\frac{12}{36}$ e) $\frac{2}{6}=\frac{4}{12}$ f) $\frac{1}{3}=\frac{4}{12}$

g) $\frac{24}{48}=\frac{1}{2}$ h) $\frac{28}{35}=\frac{4}{5}$ i) $\frac{7}{8}=\frac{28}{32}$

9 Erweitere oder kürze, wenn möglich, die Brüche jeweils auf die Nenner 10; 12; 15 und 60.

$\frac{1}{2}$ $\frac{2}{3}$ $\frac{3}{7}$ $\frac{4}{5}$ $\frac{9}{36}$ $\frac{48}{120}$

HINWEIS
↻ 053-1
Unter dem Webcode findest du eine interaktive Übung zu gleichwertigen Brüchen.

Brüche am Zahlenstrahl

Entdecken

1 Falte eine Schnur zur Hälfte und mache dort mit einem Filzstift einen Strich.
Falte die Schnur noch einmal zur Hälfte und markiere auch die neuen Enden mit einem
Filzstiftstrich. Falte die Schnur wieder auf.
Welcher von den Strichen gehört zu den Brüchen $\frac{1}{4}$; $\frac{1}{2}$ oder $\frac{3}{4}$?

2 Übertrage den Zahlenstrahl in dein Heft.

a) Ergänze die fehlenden Brüche am Zahlenstrahl.

b) Kürze alle Brüche, bei denen dies möglich ist.
Schreibe den gekürzten Bruch an die gleiche Stelle unter den Zahlenstrahl.

c) Warum befinden sich $\frac{6}{6}$ und 1 an der gleichen Stelle des Zahlenstrahls?

d) Florian möchte lieber $1\frac{1}{6}$ statt $\frac{7}{6}$ schreiben. Darf er das? Begründe.

Verstehen

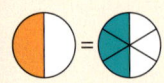

Tom und Pia haben durch Teilen einer Pizza herausgefunden, dass $\frac{1}{2}$ das Gleiche wie $\frac{3}{6}$ ist.
Das kann man auch am Zahlenstrahl verdeutlichen:

Ein Ganzes wird geteilt in 6 gleiche Teile,
also in Sechstel:

Ein Ganzes wird geteilt in 2 gleiche Teile,
also in Halbe:

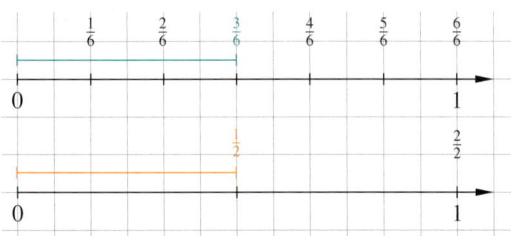

> **Merke** Zu jedem Bruch gibt es einen zugehörigen Punkt auf dem **Zahlenstrahl**.
> Manche Brüche ergeben denselben Punkt, z. B. $\frac{1}{2} = \frac{2}{4} = \frac{3}{6} = \frac{4}{8} = \ldots$
> Solche Brüche sind **gleichwertig**.

Beispiel 1

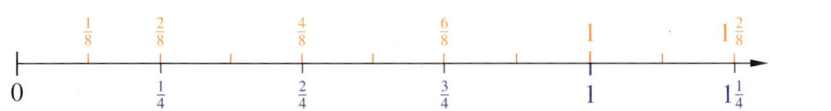

$\frac{2}{8} = \frac{1}{4}$

$\frac{4}{8} = \frac{2}{4}$

Von zwei Brüchen ist der größer, der auf dem Zahlenstrahl weiter rechts liegt.

Beispiel 2

$\frac{2}{5} > \frac{1}{3}$

$\frac{2}{5} < \frac{2}{3}$

Üben und anwenden

1 Übertrage den Zahlenstrahl ins Heft. Welche Brüche sind hier markiert?

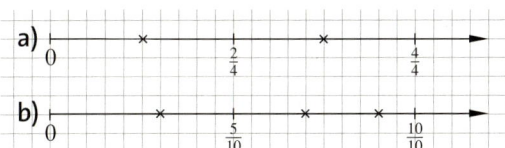

1 Welche Brüche sind am Zahlenstrahl markiert?

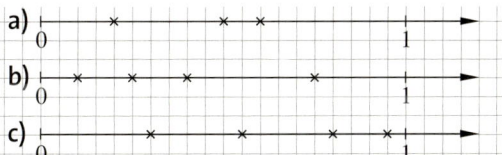

2 Betrachte den Zahlenstrahl. Finde mit seiner Hilfe heraus, welche der angegebenen Brüche größer ist. Übertrage ins Heft und setze das richtige Zeichen ein (> oder <).

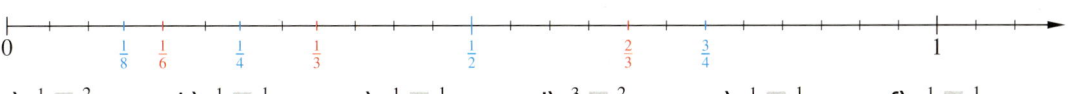

a) $\frac{1}{3}$ ▨ $\frac{2}{3}$ b) $\frac{1}{2}$ ▨ $\frac{1}{4}$ c) $\frac{1}{6}$ ▨ $\frac{1}{2}$ d) $\frac{3}{4}$ ▨ $\frac{2}{3}$ e) $\frac{1}{8}$ ▨ $\frac{1}{6}$ f) $\frac{1}{4}$ ▨ $\frac{1}{3}$

3 Übertrage den Zahlenstrahl in dein Heft. Markiere die Buchstaben an die richtigen Stellen am Zahlenstrahl. Welches Lösungswort ergibt sich?

$E = \frac{4}{15}$ $E = \frac{12}{15}$ $I = \frac{8}{15}$ $R = \frac{5}{15}$ $F = \frac{2}{15}$ $N = \frac{15}{15}$

4 Zeichne einen Zahlenstrahl in dein Heft. Er soll von 0 bis 1 in 20 gleich große Abschnitte eingeteilt sein. Wähle selbst Brüche aus und trage sie an den richtigen Stellen ein.

5 Zeichne einen Zahlenstrahl mit 12 Kästchen zwischen 0 und 1 in dein Heft. Trage die Brüche ein.

a) $\frac{1}{12}$; $\frac{3}{12}$; $\frac{5}{12}$; $\frac{6}{12}$; $\frac{7}{12}$; $\frac{11}{12}$; $\frac{12}{12}$

b) $\frac{1}{6}$; $\frac{2}{6}$; $\frac{3}{6}$; $\frac{4}{6}$; $\frac{5}{6}$; $\frac{6}{6}$

c) $\frac{1}{2}$; $\frac{1}{4}$; $\frac{3}{4}$; $\frac{1}{3}$; $\frac{2}{3}$; $\frac{3}{3}$

5 Zeichne einen passenden Zahlenstrahl und trage die Brüche ein.

a) 12 cm Abstand zwischen 0 und 1

$\frac{5}{12}$; $\frac{7}{12}$; $\frac{1}{6}$; $\frac{5}{6}$; $\frac{2}{3}$; $\frac{1}{4}$; $\frac{3}{4}$; $\frac{1}{2}$; $\frac{11}{24}$

b) 3 cm Abstand zwischen 0 und 1

$\frac{1}{3}$; $\frac{5}{6}$; $\frac{1}{2}$; $3\frac{2}{3}$; $\frac{1}{12}$; $\frac{12}{6}$; $\frac{9}{3}$; $1\frac{1}{6}$

6 Übertrage ins Heft und markiere die Brüche am Zahlenstrahl. Welcher Bruch ist größer?

a) $2\frac{1}{4}$ und $\frac{11}{4}$ b) $1\frac{5}{6}$ und $1\frac{5}{12}$ c) $\frac{10}{3}$ und $3\frac{2}{3}$

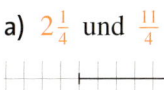

HINWEIS
↻ 055-1
Hier findest du zwei Arbeitsblätter zu Brüchen am Zahlenstrahl.

7 Zeichne einen Zahlenstrahl mit 6 Kästchen zwischen 0 und 1.

a) Trage in blauer Farbe die Brüche $\frac{1}{2}$ und $\frac{1}{3}$ ein. Welcher Bruch ist größer? Erkläre, woran du das erkennst.

b) Trage die Brüche $\frac{1}{2}$ und $\frac{2}{4}$ ein. Was passiert? Erkläre deine Beobachtung.

7 Zeichne einen Zahlenstrahl mit 9 cm zwischen 0 und 1.

a) Trage in blauer Farbe die Brüche $\frac{1}{2}$ und $\frac{2}{3}$ ein. Welcher Bruch ist größer? Erkläre, woran du das erkennst.

b) Trage die Brüche $\frac{6}{18}$ und $\frac{1}{3}$ ein. Was passiert? Erkläre deine Beobachtung.

Brüche vergleichen

Entdecken

1 Du siehst die Brüche $\frac{2}{8}$ und $\frac{1}{8}$ am Rechteck dargestellt.
Erkläre, wie man auch ohne Rechteckmodell sieht,
dass $\frac{2}{8}$ größer ist als $\frac{1}{8}$.

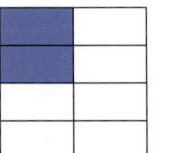 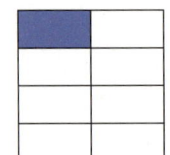

2 Jasmina und Alina vergleichen die Brüche $\frac{1}{2}$ und $\frac{4}{8}$. Vergleiche beide Rechnungen.

Jasmina rechnet so:

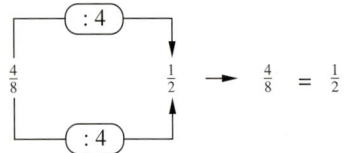

Alina rechnet so:

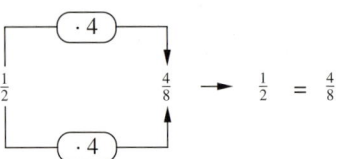

3 Vergleiche die Brüche $\frac{3}{4}$ und $\frac{4}{6}$. Beschreibe, wie du vorgehst.
Du kannst dazu rechnen, den Zahlenstrahl oder ein Rechteckmodell benutzen.

Verstehen

Burcu vergleicht die Brüche $\frac{3}{4}$ und $\frac{2}{3}$ am Zahlenstrahl.

$\frac{2}{3} < \frac{3}{4}$

Auch ohne Zahlenstrahl kann man ermitteln, welcher von zwei Brüchen der größere ist.

Beispiel 1

Vergleiche die Brüche $\frac{3}{4}$ und $\frac{2}{4}$.
Da der Zähler 3 bei $\frac{3}{4}$ größer
ist als der Zähler 2 bei $\frac{2}{4}$
gilt: $\frac{3}{4} > \frac{2}{4}$

Beispiel 2

Vergleiche die Brüche $\frac{2}{3}$ und $\frac{3}{4}$.

① Beide Brüche müssen so erweitert werden,
dass sie den gleichen Nenner 12 haben.

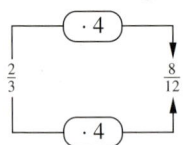 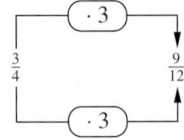

② Dann vergleichen wir wieder die Zähler: $\frac{8}{12} < \frac{9}{12}$

Also gilt: $\frac{2}{3} < \frac{3}{4}$

> **Merke** Brüche können den gleichen Nenner haben (**gleichnamige Brüche**) oder
> verschiedene Nenner haben (**ungleichnamige Brüche**).
>
> **Vergleichen von Brüchen:**
> ① Erweitere oder kürze die Brüche so, dass sie den gleichen Nenner haben, also gleich-
> namig sind.
> ② Dann entscheidet man, welcher Bruch den größeren Zähler hat:
> Es ist bei gleichnamigen Brüchen derjenige Bruch größer, der den größeren Zähler hat.

Besonders einfach ist es, Brüche mithilfe des kleinsten gemeinsamen Nenners gleichnamig zu machen. Dieser Nenner heißt **Hauptnenner**.

Beispiel 3

Vergleiche die Brüche $\frac{3}{4}$ und $\frac{5}{6}$.

Hauptnenner bestimmen: Hierzu schreibt man die Vielfachen von 4 und 6 auf.

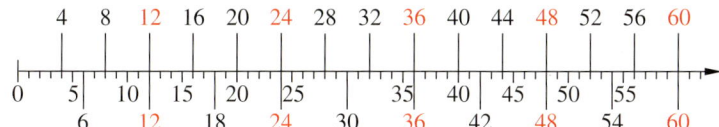

gemeinsame Vielfache von 4 *und* 6:
12; 24; 36; 48; 60; …

Der Hauptnenner ist das kleinste gemeinsame Vielfache von 4 und 6, also 12.

auf den Hauptnenner erweitern: $\frac{3}{4} = \frac{3 \cdot 3}{4 \cdot 3} = \frac{9}{12}$ $\quad \frac{5}{6} = \frac{5 \cdot 2}{6 \cdot 2} = \frac{10}{12}$ $\quad$ Also gilt: $\frac{3}{4} < \frac{5}{6}$

Üben und Anwenden

1 Gib die Anteile der orangefarbenen und der blauen Fläche als Brüche an. Welcher Bruch ist größer?

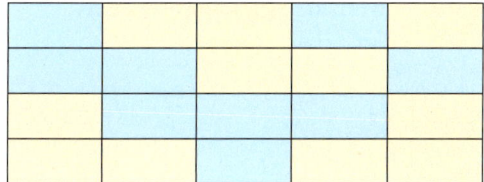

1 Gib beide Anteile als Brüche an. Welcher Bruch ist größer?

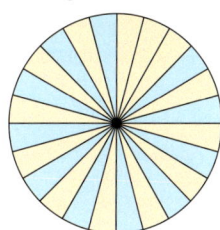

2 Vergleiche die gleichnamigen Brüche. Übertrage ins Heft und setze im Heft < oder > ein.

a) $\frac{2}{3}$ ▨ $\frac{1}{3}$ $\quad$ b) $\frac{3}{5}$ ▨ $\frac{4}{5}$ $\quad$ c) $\frac{3}{8}$ ▨ $\frac{5}{8}$ $\quad$ d) $\frac{7}{12}$ ▨ $\frac{5}{12}$ $\quad$ e) $\frac{9}{20}$ ▨ $\frac{7}{20}$ $\quad$ f) $\frac{5}{9}$ ▨ $\frac{7}{9}$

3 Erweitere die ungleichnamigen Brüche auf den angegebenen Hauptnenner.

a) $\frac{1}{4}$ und $\frac{2}{5}$, Hauptnenner 20

b) $\frac{2}{3}$ und $\frac{3}{4}$, Hauptnenner 12

c) $\frac{3}{8}$ und $\frac{5}{6}$, Hauptnenner 24

3 Bestimme den Hauptnenner und vergleiche die Brüche.

a) $\frac{3}{5}$ und $\frac{7}{10}$ $\qquad$ b) $\frac{2}{9}$ und $\frac{1}{3}$

c) $\frac{5}{6}$ und $\frac{11}{12}$ $\qquad$ d) $\frac{9}{14}$ und $\frac{5}{7}$

e) $\frac{5}{9}$ und $\frac{1}{2}$ $\qquad$ f) $\frac{3}{10}$ und $\frac{1}{4}$

4 Bestimme den Hauptnenner der Brüche und erweitere auf den Hauptnenner.

a) $\frac{5}{12}$ und $\frac{1}{4}$ $\quad$ b) $\frac{7}{15}$ und $\frac{3}{5}$ $\quad$ c) $\frac{4}{5}$ und $\frac{1}{2}$

d) $\frac{1}{3}$ und $\frac{1}{4}$ $\quad$ e) $\frac{1}{4}$ und $\frac{2}{5}$ $\quad$ f) $\frac{5}{6}$ und $\frac{3}{4}$

g) Welcher Bruch ist jeweils der größere?

4 Übertrage ins Heft und setze das richtige Zeichen ein (< oder = oder >).

a) $\frac{2}{3}$ ▨ $\frac{2}{5}$ $\quad$ b) $\frac{3}{4}$ ▨ $\frac{3}{7}$ $\quad$ c) $\frac{5}{6}$ ▨ $\frac{5}{9}$

d) $\frac{1}{2}$ ▨ $\frac{1}{4}$ $\quad$ e) $\frac{1}{8}$ ▨ $\frac{1}{6}$ $\quad$ f) $\frac{5}{6}$ ▨ $\frac{2}{3}$

g) $\frac{3}{4}$ ▨ $\frac{9}{12}$ $\quad$ h) $\frac{2}{3}$ ▨ $\frac{3}{4}$ $\quad$ i) $\frac{7}{5}$ ▨ $\frac{9}{20}$

5 Ordne die ungleichnamigen Brüche der Größe nach. Beginne mit dem kleinsten Bruch.

a) $\quad$ b) $\quad$ c)

Brüche addieren und subtrahieren

Entdecken

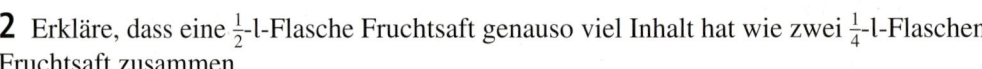

1 Auf dem Schulfest wurde Torte verkauft.
Jede Torte wurde in 12 Stücke geschnitten.
Nach dem Fest räumt Marco auf.
Er will die restlichen Tortenstücke zusammenstellen.
Werden zwei Tortenbleche reichen?

2 Erkläre, dass eine $\frac{1}{2}$-l-Flasche Fruchtsaft genauso viel Inhalt hat wie zwei $\frac{1}{4}$-l-Flaschen
Fruchtsaft zusammen.

a) Jonas trinkt in der Pause eine $\frac{1}{2}$-l-Flasche Fruchtsaft. Zu Hause trinkt er dann noch
eine $\frac{1}{4}$-Flasche. Wie viel Liter Saft trinkt er insgesamt? Erkläre am Bild.

b) Sabine füllt aus einer $\frac{3}{4}$-l-Flasche einen halben Liter ab.
Wie viel ist dann noch in der $\frac{3}{4}$-Flasche?

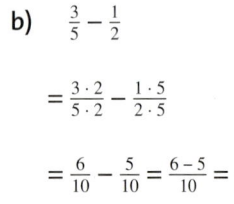

Verstehen

Lukas addiert $\frac{2}{8} + \frac{3}{8}$ und subtrahiert $\frac{7}{8} - \frac{2}{8}$. Die Brüche haben jeweils den **gleichen Nenner**.

Beispiel 1

a) $\frac{2}{8} + \frac{3}{8} = \frac{2+3}{8} = \frac{5}{8}$

b) $\frac{7}{8} - \frac{2}{8} = \frac{7-2}{8} = \frac{5}{8}$

Sollen **Brüche mit verschiedenen Nennern** addiert oder subtrahiert werden, dann müssen
sie zuerst durch Erweitern gleichnamig gemacht werden.

Beispiel 2

a) $\frac{1}{4} + \frac{3}{8}$

$= \frac{1 \cdot 2}{4 \cdot 2} + \frac{3}{8}$

$= \frac{2}{8} + \frac{3}{8} = \frac{2+3}{8} = \frac{5}{8}$

mit 2
erweitern,
um auf den
gleichen
Nenner zu
kommen

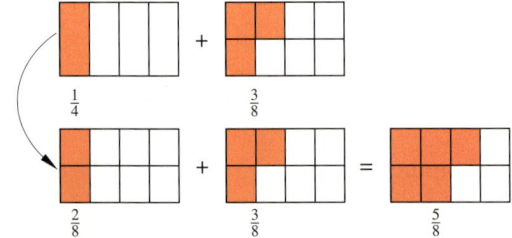

b) $\frac{3}{5} - \frac{1}{2}$

$= \frac{3 \cdot 2}{5 \cdot 2} - \frac{1 \cdot 5}{2 \cdot 5}$

mit 2
erweitern

$= \frac{6}{10} - \frac{5}{10} = \frac{6-5}{10} = \frac{1}{10}$

mit 5
erweitern

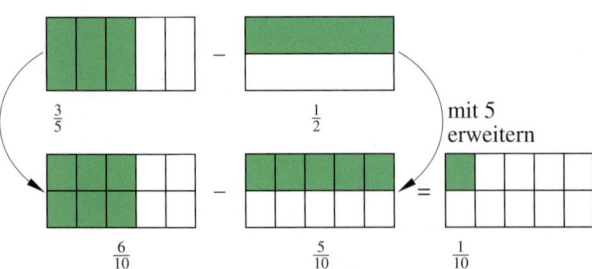

> **Merke** **Brüche mit verschiedenen Nennern** werden **addiert oder subtrahiert,** indem man
> die Brüche zuerst durch Erweitern **gleichnamig** macht.
> Erst dann werden die Zähler addiert oder subtrahiert. Der Nenner bleibt erhalten.

Üben und anwenden

1 Berechne die Lösungen.
Es ergibt sich ein Lösungswort.

a) $\frac{3}{15} + \frac{1}{15}$ b) $\frac{6}{15} + \frac{1}{15}$ c) $\frac{1}{15} + \frac{1}{15}$

d) $\frac{8}{15} - \frac{3}{15}$ e) $\frac{7}{15} - \frac{4}{15}$ f) $\frac{10}{15} - \frac{3}{15}$

$\frac{4}{15}$ B; $\frac{3}{15}$ E; $\frac{7}{15}$ L; $\frac{5}{15}$ M; $\frac{7}{15}$ N; $\frac{2}{15}$ U

1 Berechne die Lösungen.
Es ergibt sich ein Lösungswort.

a) $\frac{2}{21} + \frac{3}{21}$ b) $\frac{5}{21} + \frac{3}{21}$ c) $\frac{10}{21} + \frac{11}{21}$

d) $\frac{10}{13} - \frac{3}{13}$ e) $\frac{9}{13} - \frac{1}{13}$ f) $\frac{8}{13} - \frac{2}{13}$

$\frac{6}{13}$ E; $\frac{8}{21}$ I; $\frac{5}{21}$ M; $\frac{21}{21}$ N; $\frac{8}{13}$ T; $\frac{7}{13}$ U

2 Welche Additionsaufgabe ist hier gezeichnet?
Schreibe sie in dein Heft und erweitere, bevor du addierst.

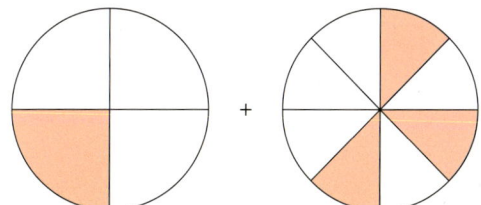

2 Welche Additionsaufgabe ist hier gezeichnet?
Mache die Brüche gleichnamig, bevor du addierst.

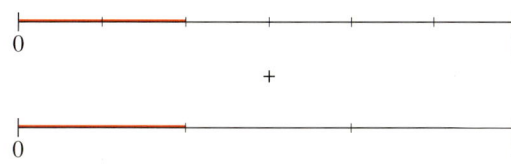

3 Finde den Hauptnenner.

a) $\frac{2}{3}$ und $\frac{1}{2}$ b) $\frac{3}{5}$ und $\frac{1}{2}$ c) $\frac{1}{6}$ und $\frac{3}{4}$

d) $\frac{7}{10}$ und $\frac{3}{4}$ e) $\frac{3}{8}$ und $\frac{1}{3}$ f) $\frac{4}{5}$ und $\frac{1}{4}$

3 Finde den Hauptnenner.

a) $\frac{5}{6}$ und $\frac{3}{8}$ b) $\frac{9}{8}$ und $\frac{7}{10}$ c) $\frac{3}{4}$ und $\frac{11}{6}$

d) $\frac{1}{3}$ und $\frac{2}{7}$ e) $\frac{5}{18}$ und $\frac{1}{3}$ f) $\frac{6}{9}$ und $\frac{3}{18}$

4 Erweitere die Brüche zuerst auf den Hauptnenner und berechne dann.

a) $\frac{1}{3} + \frac{1}{2}$ b) $\frac{1}{5} + \frac{1}{2}$ c) $\frac{1}{6} + \frac{1}{4}$

d) $\frac{5}{8} - \frac{1}{3}$ e) $\frac{7}{10} - \frac{1}{3}$ f) $\frac{3}{5} - \frac{1}{6}$

4 Erweitere die Brüche zuerst auf den Hauptnenner, berechne dann.

a) $\frac{1}{2} + \frac{2}{3}$ b) $\frac{1}{3} + \frac{1}{4}$ c) $\frac{3}{4} + \frac{2}{5}$

d) $\frac{2}{3} - \frac{1}{2}$ e) $\frac{7}{12} - \frac{1}{3}$ f) $\frac{4}{5} - \frac{2}{3}$

5 Überprüfe Sonjas Hausaufgaben. Welche Fehler hat sie gemacht?

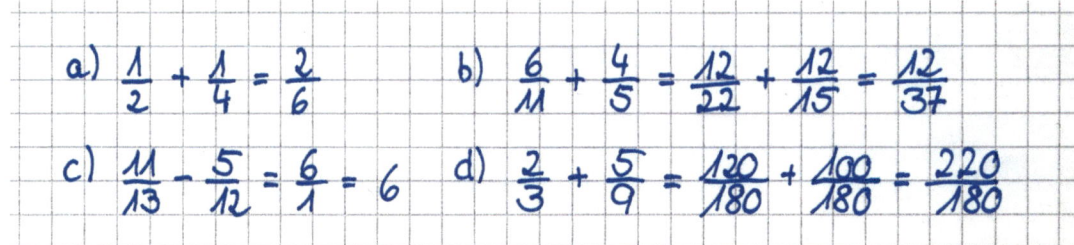

a) $\frac{1}{2} + \frac{1}{4} = \frac{2}{6}$

b) $\frac{6}{11} + \frac{4}{5} = \frac{12}{22} + \frac{12}{15} = \frac{12}{37}$

c) $\frac{11}{13} - \frac{5}{12} = \frac{6}{1} = 6$

d) $\frac{2}{3} + \frac{5}{9} = \frac{120}{180} + \frac{100}{180} = \frac{220}{180}$

6 Aus dem Berufsleben
Larissa lernt den Beruf der Gärtnerin.
Ein Kunde wünscht sich, dass $\frac{1}{3}$ seines Beetes mit Rosen bepflanzt werden und $\frac{1}{2}$ des Beetes mit Tulpen.
Welcher Anteil des Beetes wird mit Blumen bepflanzt?

6 Aus dem Berufsleben
Ein Tischlergeselle soll zwei Leisten fräsen.
Eine Leiste ist $2\frac{1}{2}$ m lang, die andere ist $3\frac{3}{4}$ m lang.
Wie viel m Leiste sind das insgesamt?

Klar so weit?

→ Seite 52

Brüche erweitern und kürzen

1 Gib jeweils den rosa, blauen und gelben Anteil mit einem Bruch an. Finde immer drei verschiedene Möglichkeiten für jeden Anteil.

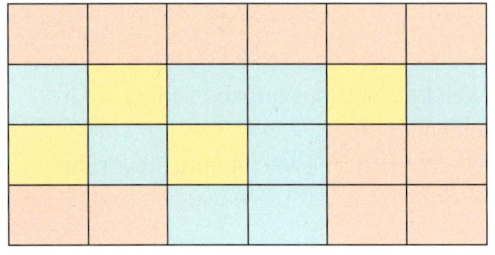

1 Gib jeweils den rosa, blauen und gelben Anteil mit einem Bruch an. Finde immer drei verschiedene Möglichkeiten für jeden Anteil.

a)
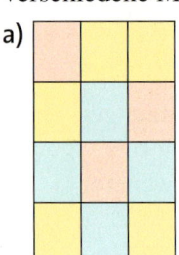

b)

2 Erweitere jeweils.

a) $\frac{1}{6} = \frac{\blacksquare}{12}$; $\frac{1}{3} = \frac{\blacksquare}{12}$; $\frac{1}{4} = \frac{\blacksquare}{12}$; $\frac{3}{4} = \frac{\blacksquare}{12}$

b) $\frac{1}{3} = \frac{\blacksquare}{15}$; $\frac{1}{5} = \frac{\blacksquare}{15}$; $\frac{2}{5} = \frac{\blacksquare}{15}$; $\frac{2}{3} = \frac{\blacksquare}{15}$

c) $\frac{1}{3} = \frac{\blacksquare}{18}$; $\frac{2}{3} = \frac{\blacksquare}{18}$; $\frac{1}{9} = \frac{\blacksquare}{18}$; $\frac{5}{6} = \frac{\blacksquare}{18}$

d) $\frac{1}{4} = \frac{\blacksquare}{20}$; $\frac{1}{2} = \frac{\blacksquare}{20}$; $\frac{3}{5} = \frac{\blacksquare}{20}$; $\frac{3}{10} = \frac{\blacksquare}{20}$

2 Erweitere jeweils.

a) $\frac{1}{2}$; $\frac{4}{5}$; $\frac{2}{3}$; $\frac{5}{6}$; $\frac{14}{15}$ auf den Nenner 30

b) $\frac{1}{4}$; $\frac{1}{6}$; $\frac{2}{3}$; $\frac{3}{8}$; $\frac{5}{6}$; $\frac{7}{12}$ auf den Nenner 24

c) $\frac{1}{2}$; $\frac{1}{3}$; $\frac{1}{4}$; $\frac{1}{6}$; $\frac{1}{12}$ auf den Nenner 36

d) $\frac{3}{4}$; $\frac{2}{3}$; $\frac{5}{6}$; $\frac{3}{8}$; $\frac{4}{9}$; $\frac{11}{18}$ auf den Nenner 72

3 Kürze so weit wie möglich.

a) $\frac{4}{8}$ b) $\frac{5}{15}$ c) $\frac{4}{20}$ d) $\frac{5}{15}$

e) $\frac{6}{12}$ f) $\frac{9}{27}$ g) $\frac{3}{21}$ h) $\frac{6}{18}$

3 Kürze so weit wie möglich.

a) $\frac{3}{9}$ b) $\frac{8}{12}$ c) $\frac{18}{27}$ d) $\frac{18}{16}$

e) $\frac{4}{24}$ f) $\frac{21}{44}$ g) $\frac{3}{8}$ h) $\frac{9}{36}$

4 Welche zwei Brüche haben denselben Wert?

$\frac{6}{8}$; $\frac{7}{14}$; $\frac{10}{12}$; $\frac{3}{12}$; $\frac{5}{15}$; $\frac{6}{9}$; $\frac{15}{20}$

4 Welche Brüche haben denselben Wert?

$\frac{18}{24}$; $\frac{7}{28}$; $\frac{7}{21}$; $\frac{5}{15}$; $\frac{4}{6}$; $\frac{16}{24}$; $\frac{15}{20}$; $\frac{3}{12}$

→ Seite 54

Brüche am Zahlenstrahl

5 Ordne den Buchstaben die Brüche aus der Randspalte zu?

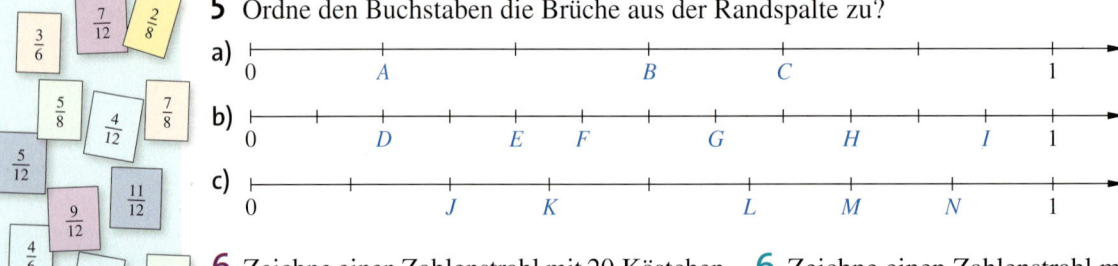

a)

b)

c)

6 Zeichne einen Zahlenstrahl mit 20 Kästchen zwischen 0 und 1 in dein Heft. Trage die Brüche am Zahlenstrahl ein. Welches Lösungswort ergibt sich?

$\frac{3}{20}$ A $\frac{10}{20}$ Ä $\frac{17}{20}$ E $\frac{11}{20}$ F

$\frac{5}{20}$ I $\frac{7}{20}$ K $\frac{1}{20}$ M $\frac{19}{20}$ R

6 Zeichne einen Zahlenstrahl mit 10 cm zwischen 0 und 1 in dein Heft. Trage die Brüche am Zahlenstrahl ein. Welches Lösungswort ergibt sich?

$\frac{19}{20}$ D $\frac{11}{20}$ E $\frac{1}{2}$ F $\frac{3}{20}$ I

$\frac{1}{4}$ L $\frac{1}{20}$ N $\frac{7}{20}$ P $\frac{17}{20}$ R

Brüche vergleichen

→ Seite 56

7 Betrachte die Figuren.

 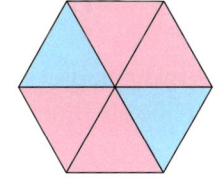

a) Gib für beide Figuren den Anteil der rosa Flächen als Brüche an.
b) Erweitere beide Brüche so, dass sie den Nenner 24 erhalten.
c) Vergleiche die beiden Brüche. In welcher Figur ist der Anteil der rosa Flächen größer?

8 Übertrage ins Heft und setze das richtige Zeichen ein (< oder >).

a) $\frac{3}{8} \; \blacksquare \; \frac{5}{8}$ b) $\frac{2}{13} \; \blacksquare \; \frac{1}{13}$ c) $\frac{7}{20} \; \blacksquare \; \frac{9}{20}$

d) $\frac{7}{10} \; \blacksquare \; \frac{3}{5}$ e) $\frac{7}{15} \; \blacksquare \; \frac{2}{5}$ f) $\frac{11}{20} \; \blacksquare \; \frac{9}{10}$

9 Sortiere die Brüche der Größe nach. Beginne mit dem kleinsten Bruch.

$\frac{1}{5}; \; \frac{1}{3}; \; \frac{1}{8}; \; \frac{1}{7}; \; \frac{1}{2}; \; \frac{1}{4}; \; \frac{1}{6}; \; \frac{1}{9}; \; \frac{1}{10}$

7 Betrachte die Figuren.

 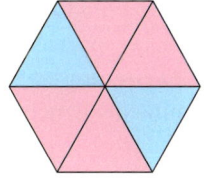

a) Gib für beide Figuren den Anteil der rosa Flächen als Brüche an.
b) Erweitere beide Brüche so, dass sie den Nenner 24 erhalten.
c) Vergleiche die beiden Brüche. In welcher Figur ist der Anteil der rosa Flächen größer?

8 Vergleiche die Brüche. Setze im Heft < oder > ein.

a) $\frac{2}{3} \; \blacksquare \; \frac{4}{7}$ b) $\frac{4}{5} \; \blacksquare \; \frac{7}{9}$ c) $\frac{7}{8} \; \blacksquare \; \frac{9}{10}$

d) $\frac{5}{12} \; \blacksquare \; \frac{3}{8}$ e) $\frac{6}{11} \; \blacksquare \; \frac{7}{10}$ f) $\frac{9}{11} \; \blacksquare \; \frac{7}{9}$

9 Sortiere die Brüche der Größe nach. Beginne mit dem kleinsten Bruch.

$\frac{2}{3}; \; \frac{3}{8}; \; \frac{3}{4}; \; \frac{1}{3}; \; \frac{1}{8}; \; \frac{1}{4}; \; \frac{5}{8}; \; \frac{7}{8}; \; \frac{4}{4}; \; \frac{4}{3}$

Brüche addieren und subtrahieren

→ Seite 58

10 Übertrage die Tabelle in dein Heft und addiere die Brüche.

+	$\frac{1}{4}$	$\frac{2}{3}$	$\frac{1}{6}$	$\frac{1}{12}$
$\frac{1}{2}$				
$\frac{1}{4}$				

10 Übertrage die Tabelle in dein Heft und subtrahiere die Brüche.

−	$\frac{1}{8}$	$\frac{1}{24}$	$\frac{5}{6}$	$\frac{7}{12}$
$\frac{1}{2}$				
$\frac{2}{3}$				

11 Subtrahiere.

a) $\frac{3}{5} - \frac{1}{10}$ b) $\frac{3}{4} - \frac{5}{12}$ c) $\frac{2}{3} - \frac{4}{9}$

d) $\frac{6}{25} - \frac{1}{5}$ e) $\frac{17}{24} - \frac{7}{12}$ f) $\frac{7}{15} - \frac{1}{3}$

11 Subtrahiere.

a) $\frac{3}{5} - \frac{1}{10}$ b) $\frac{3}{4} - \frac{5}{12}$ c) $\frac{2}{3} - \frac{4}{9}$

d) $1\frac{6}{25} - \frac{1}{5}$ e) $2\frac{11}{24} - \frac{7}{12}$ f) $2\frac{7}{15} - 1\frac{1}{3}$

12 Corinna füllt eine Thermoskanne mit Tee. In die Kanne passen $\frac{3}{4}$ l. Wie viel muss sie noch einfüllen, wenn bereits $\frac{1}{2}$ l Tee in der Kanne ist?

12 Maxim hat auf dem Markt eingekauft: $\frac{3}{4}$ kg Apfelsinen, $1\frac{1}{2}$ kg Äpfel, $\frac{5}{8}$ kg Bananen, $\frac{1}{8}$ kg Lauch. Der Einkaufskorb wiegt leer $\frac{1}{4}$ kg.

Vermischte Übungen

1 Kürze die Brüche so weit wie möglich.

a) $\frac{3}{6}$ b) $\frac{4}{8}$ c) $\frac{4}{6}$ d) $\frac{6}{10}$

e) $\frac{7}{21}$ f) $\frac{9}{30}$ g) $\frac{6}{28}$ h) $\frac{12}{60}$

1 Kürze die Brüche vollständig.

a) $\frac{2}{4}$ b) $\frac{5}{10}$ c) $\frac{6}{18}$ d) $\frac{4}{20}$

e) $\frac{25}{30}$ f) $\frac{26}{39}$ g) $\frac{84}{48}$ h) $\frac{92}{76}$

2 Erweiterungszahl gesucht
Schreibe als Bruch mit dem Nenner 24.

a) $\frac{2}{3}$ b) $\frac{7}{12}$ c) $\frac{3}{8}$

d) $\frac{1}{2}$ e) $\frac{11}{3}$ f) $\frac{5}{6}$

2 Erweiterungszahl gesucht
Schreibe als Bruch mit dem Nenner 48.

a) $\frac{1}{2}$ b) $\frac{5}{6}$ c) $\frac{7}{12}$

d) $\frac{23}{24}$ e) $\frac{7}{3}$ f) $1\frac{3}{4}$

3 Welche Brüche sind hier am Zahlenstrahl eingezeichnet?
Gibt es mehrere Lösungen?

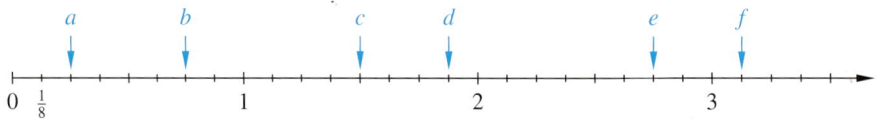

4 Übertrage ins Heft und setze das richtige Zeichen ein (< oder >).

a) $\frac{3}{7}$ ▨ $\frac{3}{8}$ b) $\frac{7}{9}$ ▨ $\frac{7}{10}$ c) $\frac{9}{10}$ ▨ $\frac{9}{11}$

d) $\frac{1}{3}$ ▨ $\frac{1}{4}$ e) $\frac{2}{3}$ ▨ $\frac{2}{5}$ f) $\frac{4}{5}$ ▨ $\frac{4}{7}$

4 Vergleiche die Brüche. Es wird einfacher, wenn du zuerst kürzt.

a) $\frac{10}{14}$ und $\frac{16}{21}$ b) $\frac{13}{26}$ und $\frac{15}{30}$ c) $\frac{8}{18}$ und $\frac{11}{33}$

d) $\frac{8}{40}$ und $\frac{7}{30}$ e) $\frac{9}{64}$ und $\frac{15}{120}$ f) $\frac{48}{16}$ und $\frac{14}{5}$

5 Zeichne in dein Heft ein Rechteck
mit $a = 2\,\text{cm}$ und $b = 2,5\,\text{cm}$.
Es enthält zwanzig Kästchen.
Färbe $\frac{1}{4}$ der Kästchen rot und $\frac{7}{20}$ blau.
Welcher Anteil ist insgesamt gefärbt?

5 Zeichne in dein Heft ein Rechteck
mit $a = 2\,\text{cm}$ und $b = 2,5\,\text{cm}$.
Es enthält zwanzig Kästchen.
Färbe $\frac{1}{4}$ der Kästchen rot und $\frac{1}{5}$ blau.
Welcher Anteil ist insgesamt gefärbt?

6 Welcher Zähler kannst du einsetzen?
Manchmal gibt es mehrere Möglichkeiten.

a) $\frac{4}{7} < \frac{▨}{7} < \frac{6}{7}$ b) $\frac{3}{8} < \frac{▨}{8} < \frac{7}{8}$

c) $\frac{11}{17} < \frac{▨}{17} < \frac{13}{17}$ d) $\frac{1}{5} < \frac{▨}{5} < 1$

6 Welcher Bruch liegt genau in der Mitte zwischen den beiden Brüchen?

a) $\frac{3}{7}$ und $\frac{5}{7}$ b) $\frac{1}{9}$ und $\frac{5}{9}$

c) $\frac{2}{5}$ und $\frac{12}{15}$ d) $\frac{1}{3}$ und $\frac{2}{3}$

7 Übertrage die Additionsmauer in dein Heft und ergänze die leeren Felder.

7 Übertrage die Additionsmauer in dein Heft und ergänze die leeren Felder.

HINWEIS
↻ 062-1
Hier gibt es ein Arbeitsblatt zur Addition von Brüchen.

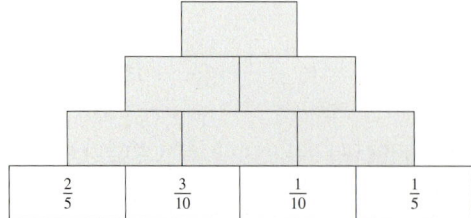

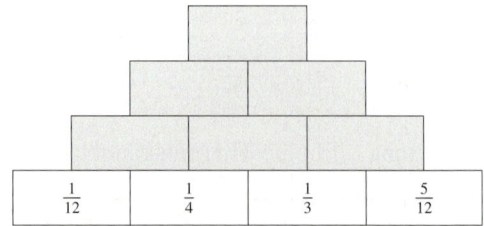

8 Bei welchem der drei Gefäße ist die Chance, eine orange Kugel zu ziehen, am geringsten? Bei welchem Gefäß am höchsten? Gib eine Begründung an.

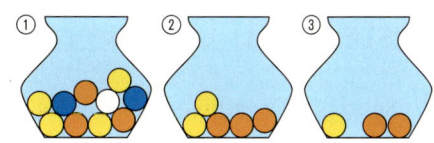

9 Claudia behauptet:
„Zu jeder Subtraktionsaufgabe bei der Bruchrechnung gibt es eine Additionsaufgabe für die Probe."
Finde hierzu Beispiele.

9 Sandra fragt Bert: „Welche Zahl liegt genau in der Mitte zwischen $\frac{1}{2}$ und $\frac{1}{4}$?"
Bert antwortet: „Das ist $\frac{1}{3}$, denn genau in der Mitte zwischen 2 und 4 liegt doch 3."
Stimmt das? Begründe deine Antwort.

10 Gemischte Zahlen addieren und subtrahieren
Rebecca addiert gemischte Zahlen.
Dabei addiert sie immer die Ganzen, bevor sie die Brüche gleichnamig macht:

a) Erkläre Rebeccas Rechenweg.

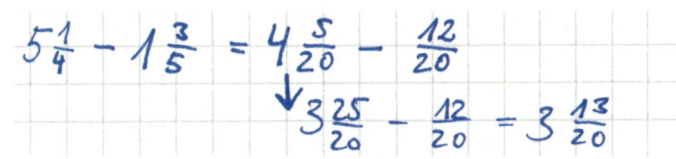

$$2\tfrac{1}{3} + 4\tfrac{3}{4} = 6\tfrac{4}{12} + \tfrac{9}{12} = 6\tfrac{13}{12} = 7\tfrac{1}{12}$$

b) Thorsten sagt: „Das geht aber bei der Subtraktion nicht immer."
Erkläre Thorstens Aussage am Beispiel $7\tfrac{2}{3} - 3\tfrac{3}{5}$.

c) Thorsten rechnet dann so:
Erkläre seinen Rechenweg.

$$5\tfrac{1}{4} - 1\tfrac{3}{5} = 4\tfrac{5}{20} - \tfrac{12}{20}$$
$$\downarrow 3\tfrac{25}{20} - \tfrac{12}{20} = 3\tfrac{13}{20}$$

11 Addiere die gemischten Zahlen.

a) $4\tfrac{5}{6} + 1\tfrac{2}{3}$ b) $3\tfrac{3}{4} + 1\tfrac{1}{3}$ c) $2\tfrac{1}{6} + 1\tfrac{1}{3}$

d) $3\tfrac{2}{3} + 1\tfrac{3}{4}$ e) $2\tfrac{1}{2} + 2\tfrac{1}{8}$ f) $2\tfrac{1}{4} + 2\tfrac{3}{8}$

11 Rechne mit gemischten Zahlen.

a) $2\tfrac{3}{8} + 1\tfrac{3}{4}$ b) $3\tfrac{2}{5} + 2\tfrac{2}{3}$ c) $1\tfrac{1}{2} + 3\tfrac{5}{6}$

d) $5\tfrac{2}{3} + 3\tfrac{1}{2}$ e) $4\tfrac{3}{5} - 2\tfrac{2}{7}$ f) $2\tfrac{2}{3} - 1\tfrac{3}{4}$

HINWEIS
Das sind die Ergebnisse zu Aufgabe 11 (lila):

$3\tfrac{1}{2}$; $4\tfrac{5}{8}$; $4\tfrac{5}{8}$,
$5\tfrac{1}{12}$; $5\tfrac{5}{12}$; $6\tfrac{1}{2}$

12 Subtrahiere die gemischten Zahlen.

a) $2\tfrac{1}{3} - \tfrac{1}{6}$ b) $3\tfrac{2}{5} - \tfrac{3}{10}$ c) $5\tfrac{5}{6} - \tfrac{3}{12}$

d) $4\tfrac{2}{3} - \tfrac{5}{12}$ e) $3\tfrac{3}{4} - 2\tfrac{3}{8}$ f) $4\tfrac{4}{5} - 2\tfrac{4}{10}$

12 Berechne und erkläre deine Rechnung.

a) $4\tfrac{11}{12} - 2\tfrac{5}{8} + \tfrac{3}{4}$ b) $12\tfrac{3}{10} + \tfrac{13}{15} - 6$

c) $8\tfrac{5}{21} - \tfrac{4}{9} - 5\tfrac{6}{7}$ d) $6\tfrac{3}{9} - 4\tfrac{7}{15} - \tfrac{4}{5}$

13 Aus dem Berufsleben
Das Verkehrsschild bedeutet „Durchfahrt für Lkw verboten, wenn das zulässige Gesamtgewicht größer als 5 t ist".
Welche vollbeladenen Lkws dürfen weiterfahren?

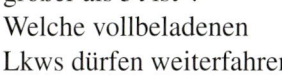
5t

	A	B	C	D
Leergewicht (in t)	$2\tfrac{3}{4}$	$1\tfrac{3}{4}$	$2\tfrac{1}{4}$	$3\tfrac{1}{2}$
zul. Ladegewicht (in t)	$3\tfrac{1}{4}$	$2\tfrac{1}{4}$	$2\tfrac{3}{4}$	$1\tfrac{3}{4}$

13 Aus dem Berufsleben
Maschinenteile mit folgendem Gewicht müssen transportiert werden:
$2\tfrac{1}{4}$ t; $3\tfrac{3}{4}$ t; $3\tfrac{1}{4}$ t;
$4\tfrac{2}{5}$ t; $5\tfrac{1}{5}$ t.
Ein Lkw darf höchstens $7\tfrac{1}{2}$ Tonnen befördern.
Behauptung: „Mit drei Fahrten kommt man aus."

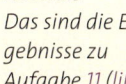

Checkliste
↻ 064-1

Teste dich!

(3 Punkte) **1** Schreibe die farbigen Anteile als vollständig gekürzten Bruch.

a) 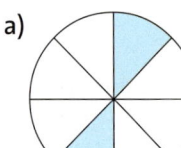 b) 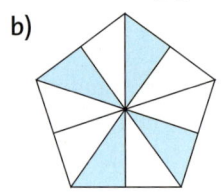 c)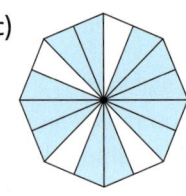

(6 Punkte) **2** Kürze die Brüche so weit wie möglich.

a) $\frac{10}{30}$ b) $\frac{8}{20}$ c) $\frac{12}{20}$

d) $\frac{20}{100}$ e) $\frac{10}{35}$ f) $\frac{6}{36}$

(6 Punkte) **3** Erweitere die Brüche jeweils auf den angegebenen Nenner.

a) $\frac{3}{4} = \frac{\blacksquare}{12}$ b) $\frac{1}{2} = \frac{\blacksquare}{12}$ c) $\frac{4}{9} = \frac{\blacksquare}{27}$

d) $\frac{7}{8} = \frac{\blacksquare}{32}$ e) $\frac{9}{10} = \frac{\blacksquare}{50}$ f) $\frac{4}{7} = \frac{\blacksquare}{35}$

(6 Punkte) **4** Immer zwei Brüche gehören zusammen. Finde die sechs Paare.

Beispiel $\frac{3}{4} = \frac{6}{8}$

 $\frac{1}{2}$  $\frac{8}{13}$ $\frac{70}{100}$ $\frac{7}{9}$ $\frac{3}{5}$ $\frac{2}{4}$ $\frac{7}{10}$ $\frac{14}{18}$ $\frac{32}{52}$ $\frac{5}{12}$ $\frac{15}{25}$ $\frac{25}{60}$

(6 Punkte) **5** Betrachte den Zahlenstrahl. Finde mit seiner Hilfe heraus, welche der angegebenen Zahlen größer ist. Setze im Heft das Zeichen < oder > richtig ein.

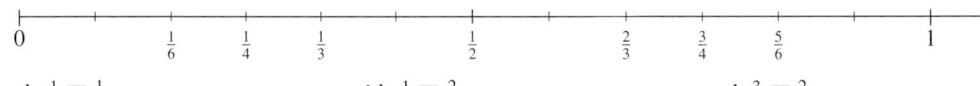

a) $\frac{1}{6} \; \blacksquare \; \frac{1}{4}$ b) $\frac{1}{4} \; \blacksquare \; \frac{2}{3}$ c) $\frac{3}{4} \; \blacksquare \; \frac{2}{3}$

d) $\frac{1}{2} \; \blacksquare \; \frac{1}{3}$ e) $\frac{2}{3} \; \blacksquare \; \frac{5}{6}$ f) $\frac{5}{6} \; \blacksquare \; \frac{1}{4}$

(3 Punkte) **6** Niclas und Dimitri sind Torhüter. Niclas hat 2 von 5 Elfmetern gehalten. Dimitri hat 3 von 8 Elfmetern gehalten. Welcher Torhüter war erfolgreicher beim Elfmeterhalten?

(6 Punkte) **7** Übertrage ins Heft und setze das richtige Zeichen ein (<, > oder =).

a) $\frac{3}{4} \; \blacksquare \; \frac{1}{4}$ b) $\frac{6}{7} \; \blacksquare \; \frac{4}{7}$ c) $\frac{5}{4} \; \blacksquare \; 1\frac{1}{4}$

d) $\frac{7}{10} \; \blacksquare \; \frac{3}{5}$ e) $\frac{2}{9} \; \blacksquare \; \frac{1}{3}$ f) $\frac{9}{16} \; \blacksquare \; \frac{5}{8}$

8 Brüche am Zahlenstrahl *(15 Punkte)*

a) Übertrage den Zahlenstrahl ins Heft und zeichne die folgenden Brüche ein.

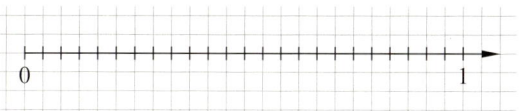

$\frac{1}{2}$ $\frac{3}{4}$ $\frac{1}{3}$ $\frac{5}{8}$ $\frac{7}{12}$ $\frac{17}{24}$

b) Zeichne einen Zahlenstrahl mit 15 Kästchen zwischen 0 und 1.
Zeichne die Brüche ein.

$\frac{2}{5}$ C; $\frac{12}{15}$ E; $\frac{3}{5}$ H; $\frac{15}{15}$ I; $\frac{1}{5}$ I; $\frac{1}{3}$ L; $\frac{1}{15}$ M; $\frac{2}{3}$ R; $\frac{17}{15}$ S

Welches Lösungswort ergibt sich?

9 Ordne die Brüche nach der Größe. Beginne mit dem kleinsten Bruch. *(12 Punkte)*

a) $1\frac{5}{8}$ $1\frac{1}{8}$ $\frac{3}{4}$ $\frac{3}{8}$ $\frac{5}{4}$ $2\frac{1}{4}$

b) $\frac{1}{10}$ $\frac{1}{4}$ $3\frac{1}{5}$ $\frac{2}{3}$ $\frac{1}{2}$ $\frac{1}{100}$

10 Berechne. *(6 Punkte)*

a) $\frac{1}{2}+\frac{3}{4}$ b) $\frac{1}{4}+\frac{5}{8}$ c) $\frac{1}{2}+\frac{7}{8}$ d) $\frac{3}{4}-\frac{1}{2}$ e) $\frac{7}{8}-\frac{3}{4}$ f) $\frac{5}{5}-\frac{1}{2}$

11 Berechne die Additionsmauern im Heft. *(9 Punkte)*

a)
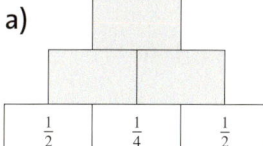

b)
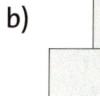
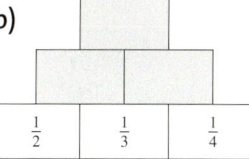

c)
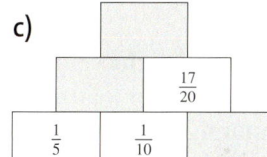

12 Rechne mit gemischten Zahlen. *(6 Punkte)*

a) $1\frac{1}{2}+1\frac{1}{4}$ b) $2\frac{3}{8}+1\frac{1}{2}$ c) $5\frac{3}{4}+3\frac{5}{6}$

d) $3\frac{3}{4}-1\frac{1}{2}$ e) $5\frac{7}{8}-3\frac{3}{4}$ f) $2\frac{5}{6}-1\frac{2}{3}$

13 Größer oder kleiner? *(6 Punkte)*

a) $\frac{2}{3}+\frac{1}{6}$ ▨ $\frac{3}{4}-\frac{3}{8}$ b) $\frac{1}{2}-\frac{1}{8}$ ▨ $\frac{2}{5}+\frac{3}{10}$ c) $\frac{4}{9}+\frac{3}{18}$ ▨ $\frac{17}{18}-\frac{2}{3}$

d) $\frac{1}{5}+\frac{2}{10}$ ▨ $\frac{2}{7}+\frac{1}{14}$ e) $\frac{2}{3}-\frac{1}{6}$ ▨ $\frac{9}{16}-\frac{4}{8}$ f) $\frac{12}{15}-\frac{2}{5}$ ▨ $\frac{1}{4}+\frac{1}{8}$

14 Löse die Textaufgaben. *(10 Punkte)*

a) Familie Friedrich will in neun Tagen von Siegen nach Brilon (228 km) wandern.
Sie wandert:

am 1. Tag $21\frac{1}{2}$ km   am 2. Tag $26\frac{3}{4}$ km   am 3. Tag $25\frac{1}{4}$ km   am 4. Tag $22\frac{1}{2}$ km

Wie viele Kilometer ist sie nach vier Tagen gewandert?
Wie viel Kilometer fehlt der Wandergruppe noch bis zu ihrem Ziel?

b) Sabrina ist $11\frac{3}{4}$ Jahre alt, ihr Bruder Jan ist $2\frac{1}{2}$ Jahre älter. Jans Freund Michael ist $1\frac{1}{4}$ Jahre
jünger als Jan. Wie alt ist Michael?

Gold: 94–100 Punkte, Silber: 77–93 Punkte, Bronze: 60–76 Punkte

Zusammenfassung

→ Seite 52

Brüche erweitern und kürzen

Beim **Erweitern eines Bruchs** multipliziert man Zähler und Nenner des Bruchs mit der gleichen natürlichen Zahl.
Der Wert des Bruchs bleibt dabei gleich.

$$\frac{4}{7} = \frac{4 \cdot 2}{7 \cdot 2} = \frac{8}{14}$$

$$3\frac{1}{2} = 3\frac{1 \cdot 5}{2 \cdot 5} = 3\frac{5}{10}$$

Beim **Kürzen eines Bruchs** dividiert man Zähler und Nenner des Bruchs durch die gleiche natürliche Zahl.
Auch dabei bleibt der Wert des Bruchs gleich.

$$\frac{15}{27} = \frac{15 : 3}{27 : 3} = \frac{5}{9}$$

$$4\frac{12}{16} = 4\frac{12 : 4}{16 : 4} = 4\frac{3}{4}$$

→ Seite 54

Brüche am Zahlenstrahl

Zu jedem Bruch gibt es einen zugehörigen Punkt auf dem **Zahlenstrahl**.
Gleich große Brüche liegen auf dem Zahlenstrahl an derselben Stelle.

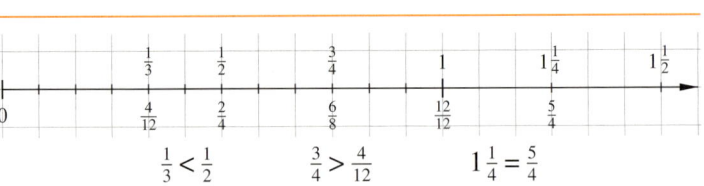

$$\frac{1}{3} < \frac{1}{2} \qquad \frac{3}{4} > \frac{4}{12} \qquad 1\frac{1}{4} = \frac{5}{4}$$

Von zwei Brüchen ist der größer, der auf dem Zahlenstrahl weiter rechts liegt.

→ Seite 56

Brüche vergleichen

Gleichnamige Brüche sind Brüche mit den gleichen Nennern.
Ungleichnamige Brüche sind Brüche mit verschiedenen Nennern.

$\frac{8}{17}$ und $\frac{13}{17}$ sind gleichnamige Brüche.

$\frac{3}{4}$ und $\frac{5}{6}$ sind ungleichnamige Brüche.

Vergleichen von Brüchen:
① Brüche durch Kürzen oder Erweitern gleichnamig machen
② Zähler der beiden gleichnamigen Brüche vergleichen

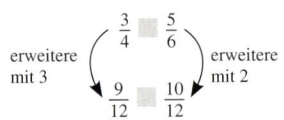

Wir erweitern die Brüche auf den **Hauptnenner** 12.

Da der Zähler 9 kleiner als der Zähler 10 ist, gilt $\frac{9}{12} < \frac{10}{12}$, also $\frac{3}{4} < \frac{5}{6}$.

→ Seite 58

Brüche addieren und subtrahieren

Gleichnamige Brüche werden addiert (oder subtrahiert), indem man die Zähler addiert (oder subtrahiert).
Der Nenner bleibt unverändert.

$$\frac{2}{7} + \frac{3}{7} = \frac{2+3}{7} = \frac{5}{7}$$

$$3\frac{1}{8} - \frac{3}{8} = \frac{25}{8} - \frac{3}{8} = \frac{25-3}{8} = \frac{22}{8} = \frac{11}{4} = 2\frac{3}{4}$$

Brüche mit verschiedenen Nennern werden addiert (oder subtrahiert), indem man die Brüche zuerst durch Erweitern gleichnamig macht.
Erst dann werden die Zähler addiert (oder subtrahiert). Der Nenner bleibt unverändert.

$$\frac{4}{5} + \frac{2}{3} = \frac{4 \cdot 3}{5 \cdot 3} + \frac{2 \cdot 5}{3 \cdot 5} = \frac{12}{15} + \frac{10}{15} = \frac{12+10}{15} = \frac{22}{15}$$

$$2\frac{1}{4} - \frac{5}{6} = \frac{9}{4} - \frac{5}{6} = \frac{27}{12} - \frac{10}{12} = \frac{27-10}{12} = \frac{17}{12} = 1\frac{5}{12}$$

Dreiecke und Vierecke

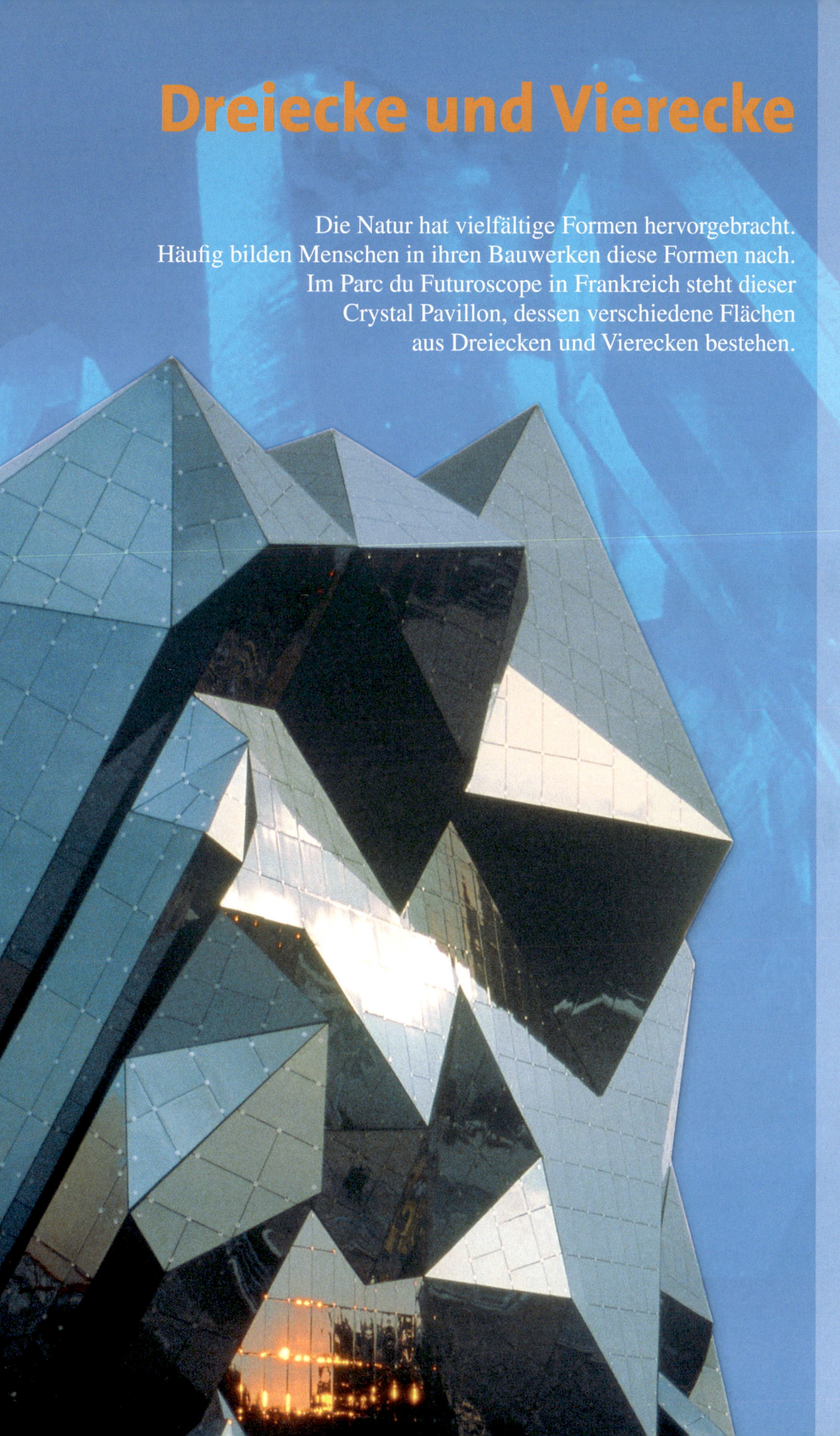

Die Natur hat vielfältige Formen hervorgebracht.
Häufig bilden Menschen in ihren Bauwerken diese Formen nach.
Im Parc du Futuroscope in Frankreich steht dieser
Crystal Pavillon, dessen verschiedene Flächen
aus Dreiecken und Vierecken bestehen.

Noch fit?

Einstieg	Aufstieg

1 Muster ergänzen

Zeichne das Muster in dein Heft und ergänze es zwei Mal.

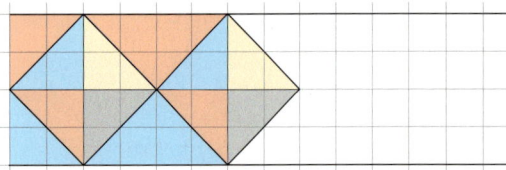

1 Muster ergänzen

Ergänze das Muster im Heft zwei Mal.

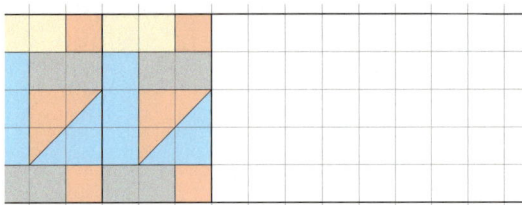

2 Parallel und senkrecht

Welche Seiten der Figuren sind zueinander parallel, welche stehen senkrecht aufeinander?

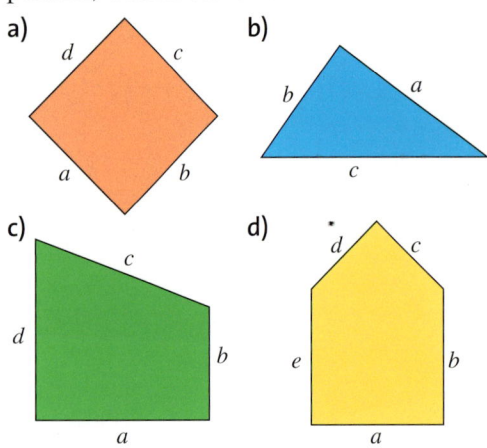

2 Parallel und senkrecht

Übertrage das Dreieck in dein Heft.
Zeichne dann zu jeder Strecke a, b und c die Parallele durch den gegenüber liegenden Eckpunkt.
Welche Figur ist entstanden?

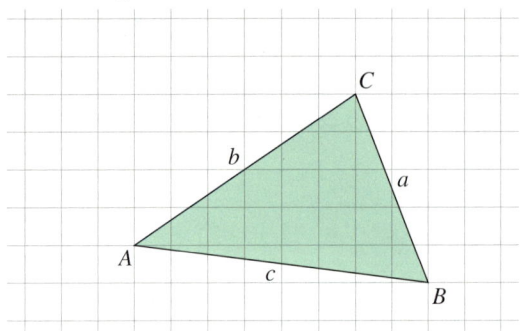

3 Vielecke

Betrachte die Figuren.

a) Welche Figuren sind Dreiecke, welche Figuren sind Vierecke usw.?
     Begründe deine Antwort.

b) Welche Figuren sind keine Vielecke?

c) Finde die rechten Winkel in den Figuren.

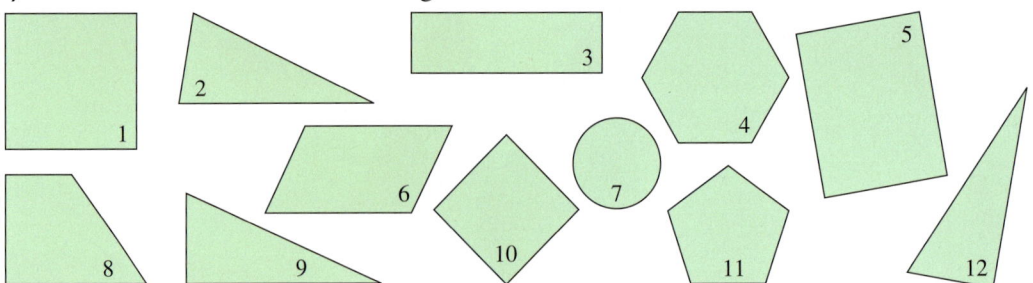

4 Winkel zeichnen

Zeichne zu jeder Winkelart einen Winkel. Gib seine genaue Größe an.

a) spitzer Winkel   b) rechter Winkel   c) stumpfer Winkel

d) überstumpfer Winkel   e) gestreckter Winkel

5 Winkelarten

Erinnere dich an die verschiedenen Winkelarten und ergänze die Lücken im Heft.

a) Ein rechter Winkel hat eine Größe von ▦.
b) Einen Winkel, der kleiner als 90° ist, nennt man ▦ Winkel.
c) Ein Winkel α mit $90° < \alpha < 180°$ heißt ▦ Winkel.
d) Ein überstumpfer Winkel ist größer als ▦.
e) Ein 180°-Winkel heißt ▦ Winkel.

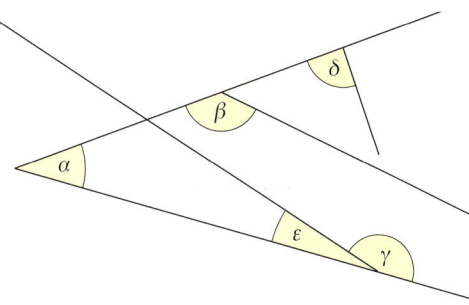

6 Winkel messen

a) Miss die Größe der Winkel α, β und γ.
b) Gib die jeweilige Winkelart an.

6 Winkel messen

a) Miss die Größe aller Winkel.
b) Gib die jeweilige Winkelart an.

7 Zeichnen im Koordinatensystem

Zeichne die Punkte in ein Koordinatensystem. Verbinde sie zu einem Dreieck ABC.
Gib jeweils an, welche Winkelarten innerhalb des Dreiecks vorkommen, ohne zu messen.

a) $A(2|1)$
   $B(6|1)$
   $C(4|5)$
b) $A(1|2)$
   $B(7|1)$
   $C(4|3)$

7 Zeichnen im Koordinatensystem

Zeichne die Geraden in ein Koordinatensystem.

Gerade a durch $A(1|2)$; $B(7|4)$
Gerade c durch $C(3|6)$; $D(4|3)$
Gerade e durch $E(1|5)$; $F(7|7)$
Gerade g durch $G(5|6)$; $H(6|3)$

a) Nenne jeweils die Koordinaten eines weiteren Punktes, der auf der Geraden liegt.
b) Wie liegen die Geraden zueinander? Welche Form hat die eingeschlossene Figur?

8 Achsensymmetrie

Vervollständige jeweils im Heft zu einer achsensymmetrischen Figur.

a)   b)

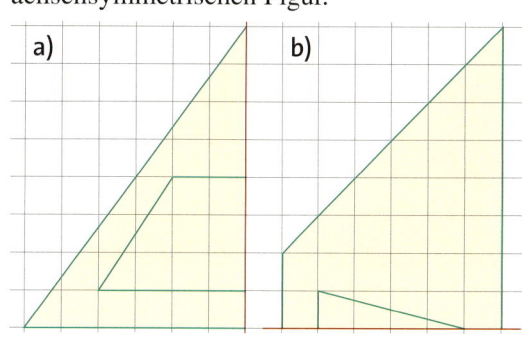

8 Achsensymmetrie

Vervollständige jeweils im Heft zu einer achsensymmetrischen Figur.

a)   b)

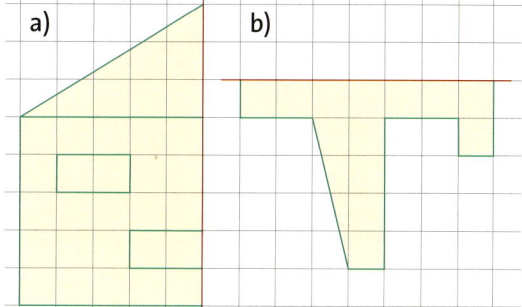

9 Winkelgrößen bestimmen

Gib jeweils die Größe des Winkels α an, ohne zu messen. Begründe.

a)
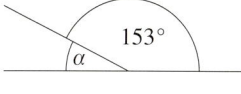

b)
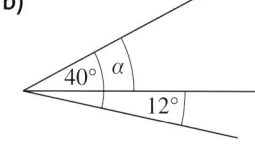

c)
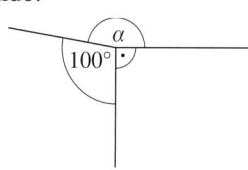

Dreiecke bezeichnen

Entdecken

1 Wie viele Dreiecke siehst du?
a) Zeichne für deinen Nachbarn eine ähnliche Aufgabe.
b) Übertrage diese Figur auf Karton und schneide die Dreiecke aus. Versuche wieder die Ausgangsfigur zu legen.

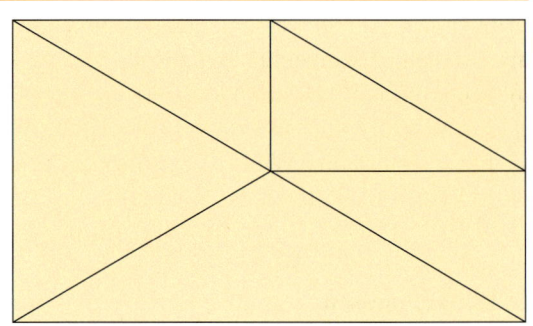

2 Übertrage die Flächen auf Kästchenpapier und zerschneide sie in jeweils zwei gleich große Dreiecke.
Es kann mehrere Möglichkeiten geben.
Überprüfe durch Übereinanderlegen.

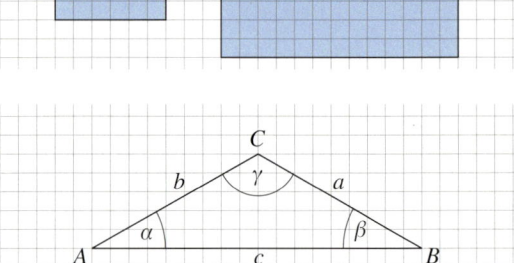

3 Übertrage das Dreieck mit allen Bezeichnungen in dein Heft.
Beschreibe, wie die Punkte und die Seiten benannt wurden.
Miss auch alle Winkel.
Was fällt dir auf?

Verstehen

Obwohl das Dreieck eine der einfachsten geometrischen Flächen ist, gibt es viele unterschiedliche Dreiecke.

In der Mathematik werden die Eckpunkte, die Seiten und die Winkel eines Dreiecks immer gleich bezeichnet.

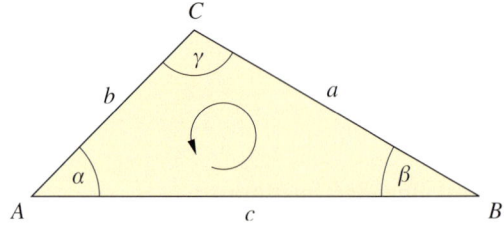

Merke

Die **Eckpunkte** von Dreiecken werden (entgegen dem Uhrzeigersinn) mit Großbuchstaben bezeichnet: A, B und C.

Die **Seiten** von Dreiecken werden mit Kleinbuchstaben bezeichnet: a, b und c. Der Name der Seite richtet sich nach dem gegenüberliegenden Eckpunkt.

Die **Winkel** im Dreieck werden mit kleinen griechischen Buchstaben bezeichnet: α, β, und γ.

Beispiel 1

Üben und anwenden

1 Was ist falsch beschriftet?
Übertrage die Dreiecke in dein Heft und berichtige die Beschriftung.

a)

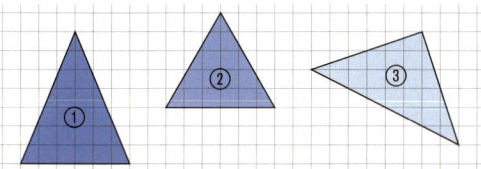

b)

2 Übertrage ins Heft und beschrifte die Eckpunkte, die Seiten und die Winkel.

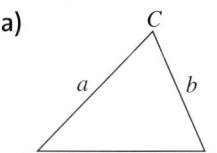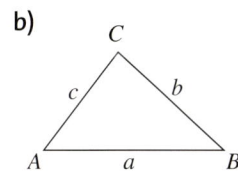

3 Übertrage die Dreiecke in dein Heft.
Miss und beschrifte alle Seitenlängen und Winkel.

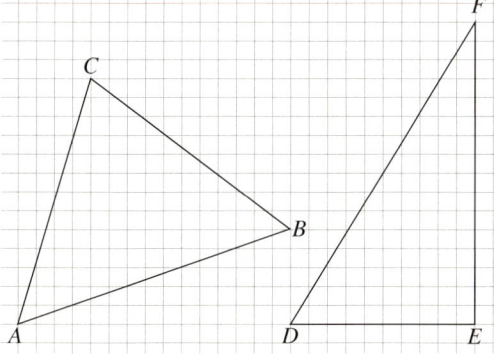

1 Stimmen diese Behauptungen für jedes Dreieck? Begründe.
a) Die Eckpunkte werden stets mit großen Buchstaben beschriftet.
b) Der Winkel γ ist immer der größte Winkel.
c) Die Seite a liegt immer dem Winkel α gegenüber.
d) Der dem Punkt C gegenüber liegende Winkel ist β.

2 Übertrage die Dreiecke in dein Heft und beschrifte die Eckpunkte, die Seiten und die Winkel.

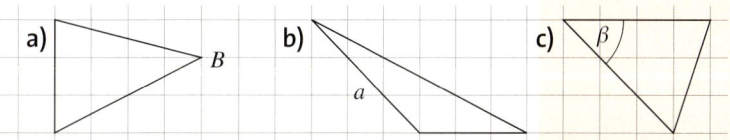

3 Zeichne in ein Koordinatensystem Dreiecke mit folgenden Eckpunkten ein.
a) $A(2|1)$
   $B(15|2,5)$
   $C(8|7,5)$
b) $D(4|2)$
   $E(13|2)$
   $F(4|10)$
c) $G(1|6,5)$
   $H(8|3,5)$
   $I(15|8,5)$
d) Bestimme von den Dreiecken die Längen der Seiten und die Größe der Winkel.

4 Vierecke benennen
Im Bild rechts siehst du, wie Vierecke in der Mathematik bezeichnet werden. Vergleiche mit den Bezeichnungen von Dreiecken.

Lerncheck

1 Rechne im Kopf.
a) $48 + 15$ b) $74 - 29$ c) $17 + 23 + 5$

2 Berechne die Summe.
a) $94\,658 + 96\,697 + 58\,498$ b) $456\,987 + 908\,009$

3 Welche Dezimalzahl ist größer?
a) 3,47; 3,7401   b) 0,1; 0,10   c) 0,36; 0,361   d) 1,5; 1,059
e) 17,4; 174,0   f) 9,3; 9,2   g) 10,10; 11,10   h) 37,6; 36,7

Dreiecke unterscheiden

Entdecken

1 Du benötigst jeweils drei Holzstäbe in den nebenstehenden Längen.

a) Lege Dreiecke mit drei unterschiedlichen Stäben.
b) Lege Dreiecke mit zwei gleichen Stäben.
c) Lege Dreiecke mit nur gleichen Stäben.

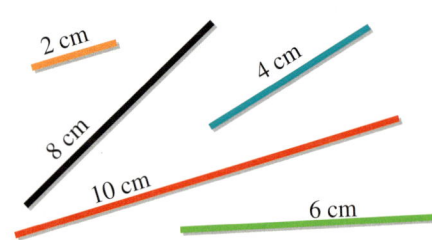

↻ 072-1
HINWEIS
Über den Web-code gelangst du zu einem Arbeitsblatt mit den Dreiecken zum Ausschneiden.

2 Arbeitet zu zweit oder in Kleingruppen.

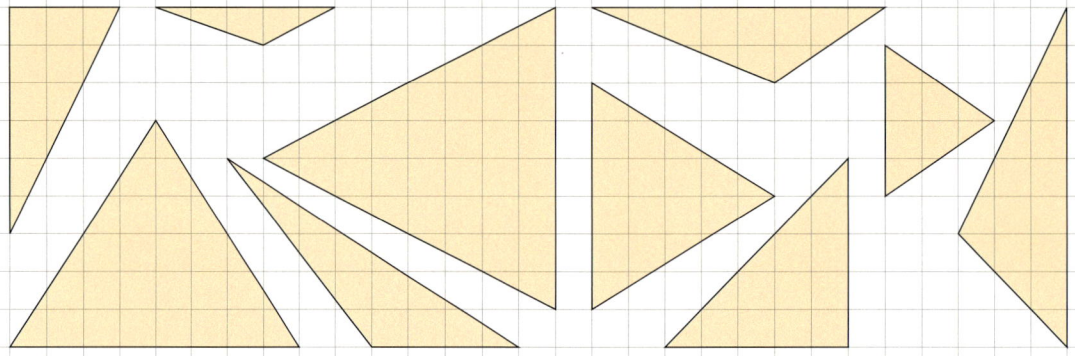

a) Zeichnet die Dreiecke auf Kästchenpapier und schneidet sie aus.
b) Überlegt gemeinsam, nach welchen geometrischen Merkmalen ihr die Dreiecke sortieren könnt. Sortiert die Dreiecke dann nach ihren Eigenschaften.
c) Erstellt ein Plakat, auf das ihr die verschiedenen Dreiecke geordnet aufklebt. Wie könnten eure verschiedenen Dreiecksarten heißen?

Verstehen

Aus den farbigen Holzstäben legen Justin, Celina und Eric verschiedene Dreiecksformen.
Beispiel 1

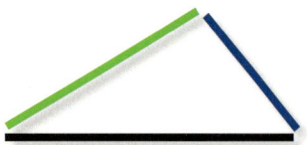  

> **Merke** Dreiecke können nach ihren **Seitenlängen** eingeteilt werden:
>
> **Unregelmäßige Dreiecke** | **Gleichschenklige Dreiecke** | **Gleichseitige Dreiecke**
> Alle Seiten sind verschieden lang. | Das Dreieck hat zwei gleich lange Seiten. | Alle Seiten sind gleich lang.
>
>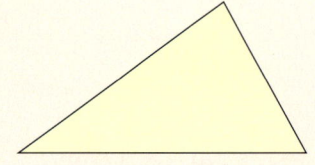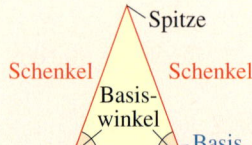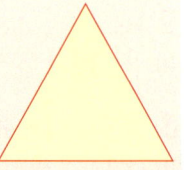

Meine Schenkel sind gleich lang.

Die Länge der Holzstäbchen gibt die Größe der Winkel im Dreieck vor.

Merke Dreiecke können auch nach ihren **Winkelgrößen** eingeteilt werden:

Spitzwinklige Dreiecke	**Rechtwinklige Dreiecke**	**Stumpfwinklige Dreiecke**
Alle Winkel sind kleiner als 90°.	Es gibt einen rechten Winkel.	Ein Winkel ist größer als 90°.

Üben und anwenden

1 Sind die Dreiecke auf den Bildern unregelmäßig, gleichschenklig oder gleichseitig?

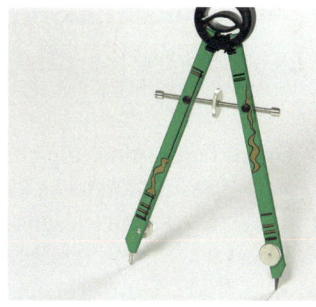

2 Sind die Dreiecke auf den Bildern spitzwinklig, rechtwinklig oder stumpfwinklig?

3 Übertrage die Zeichnungen in dein Heft.

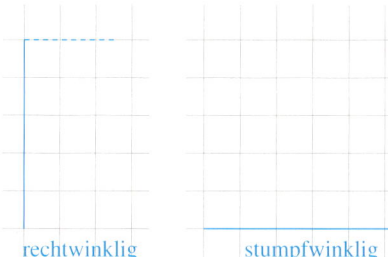
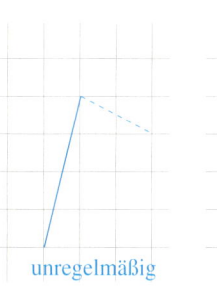
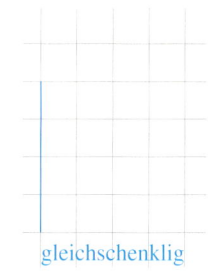

rechtwinklig   stumpfwinklig   spitzwinklig   unregelmäßig   gleichschenklig

a) Ergänze im Heft die fehlenden Seiten zu den angegebenen Dreiecken.
b) Zeichne jeweils zwei weitere Dreiecke der angegebenen Dreiecksarten.

HINWEIS
↻ 073-1
Hier findest du eine interaktive Übung zum Unterscheiden von Dreiecken.

73

4 Gib an, ob die Dreiecke rechtwinklig, stumpfwinklig oder spitzwinklig sind.
Beispiel Dreieck 1: drei spitze Winkel, spitzwinkliges Dreieck

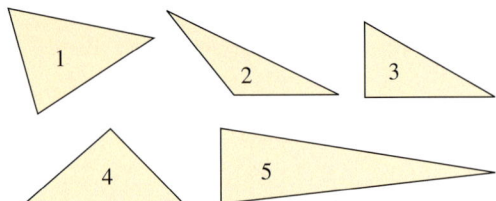

4 Schreibe jeweils die Dreiecksart nach Seiten und nach Winkeln auf.
Beispiel
Dreieck 1: unregelmäßig, rechtwinklig

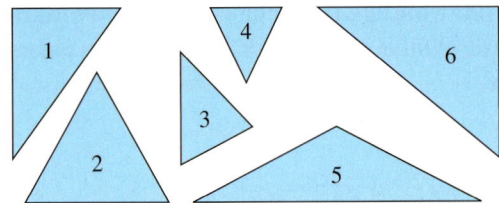

5 Betrachte die Dreiecke. Fülle die Tabelle im Heft aus, ohne zu messen.

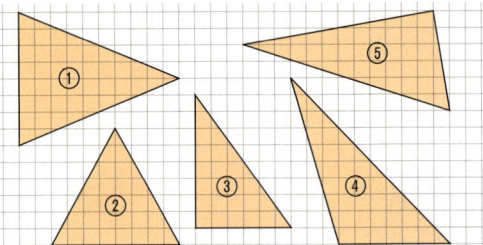

	①	②	③	④	⑤
spitzwinklig	✓				
rechtwinklig	–				
stumpfwinklig	–				
gleichschenklig					
gleichseitig					
unregelmäßig					

6 Durch Falten eines gleichschenkligen Dreiecks kann man die Symmetrieachse finden.
a) Beschreibe deren Verlauf.
b) Zeichne ein beliebiges gleichschenkliges Dreieck, schneide es aus und begründe damit die Aussage: „Bei gleichschenkligen Dreiecken sind die Basiswinkel gleich groß."

Symmetrieachse
Schenkel   Schenkel
Basiswinkel   Basiswinkel
Basis

6 Zeichne ein Koordinatensystem auf Kästchenpapier.
Trage ein Dreieck mit den Eckpunkten $A\,(0|1)$, $B\,(6|1)$ und $C\,(3|6)$ ein.
a) Markiere die Basiswinkel und die Basis farbig.
b) Schneide das Dreieck aus und zeige, dass die beiden Basiswinkel gleich groß sind.
c) Überprüfe die Aussage an verschiedenen Dreiecken.

7 Zeichne die Dreiecke in ein Koordinatensystem.
Schreibe jeweils die Dreiecksart dazu.
a) $A\,(1|1)$; $B\,(5|1)$; $C\,(2|4)$
b) $A\,(2|2)$; $B\,(4|4)$; $C\,(2|6)$
c) $A\,(1|4{,}5)$; $B\,(9|5)$; $C\,(4|3)$
d) $A\,(1|2)$; $B\,(5|2)$; $C\,(3|5{,}5)$
e) $A\,(3|5)$; $B\,(7|4)$; $C\,(4|1)$
f) $A\,(1|3)$; $B\,(6|9)$; $C\,(2{,}5|8{,}5)$

7 Zeichne in ein Koordinatensystem die beiden Punkte $A\,(1|1)$ und $B\,(5|1)$.
Bestimme einen Punkt C so, dass ein …
a) gleichschenkliges
b) spitzwinkliges
c) unregelmäßiges
d) rechtwinkliges
e) stumpfwinkliges
f) gleichseitiges Dreieck entsteht.

8 Arbeitet zu zweit.
Welche Behauptung ist richtig, welche falsch? Prüft jeweils zeichnerisch und begründet.
a) Ein rechtwinkliges Dreieck kann auch zwei rechte Winkel haben.
b) Ein Dreieck mit drei gleich langen Seiten hat auch drei gleich große Winkel.
c) Wenn ein Dreieck zwei gleich große Winkel hat, dann ist es gleichschenklig.
d) Bei einem unregelmäßigen Dreieck können zwei Seiten gleich lang sein.
e) Gleichseitige Dreiecke besitzen alle den gleichen Flächeninhalt.

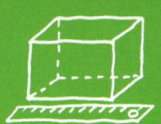

Methode Dreiecke mit dem Computer zeichnen

Mithilfe des Computers kann man wie auf Papier geometrische Figuren zeichnen.
Das Computerprogramm dazu ist eine dynamische Geometrie-Software (abgekürzt DGS).
Die Arbeit mit einer dynamischen Geometrie-Software bietet Vorteile:
Figuren können schnell und genau gezeichnet werden, aber auch bewegt und verändert werden.
Die fertigen Zeichnungen können gespeichert und ausgedruckt werden.

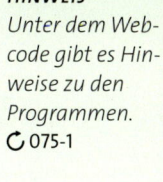

HINWEIS
*Unter dem Web-
code gibt es Hin-
weise zu den
Programmen.*
↻ 075-1

1 Grundwerkzeuge
Öffne das Programm, klicke in der Menü-Leiste auf **Perspektive** und wähle **Geometrie** aus.
Mache dich nun mit den Werkzeugen des Programms vertraut. Zeichne einige Grundelemente
wie Strecke, Kreis oder Dreieck.
Auf den einzelnen Werkzeug-Schaltflächen siehst du kleine Dreiecke. Wenn du auf den unteren
Rand der Schaltfläche klickst, wird das Dreieck rot und du kannst aus weiteren Werkzeugen
wählen. Probiere die einzelnen Werkzeuge aus.

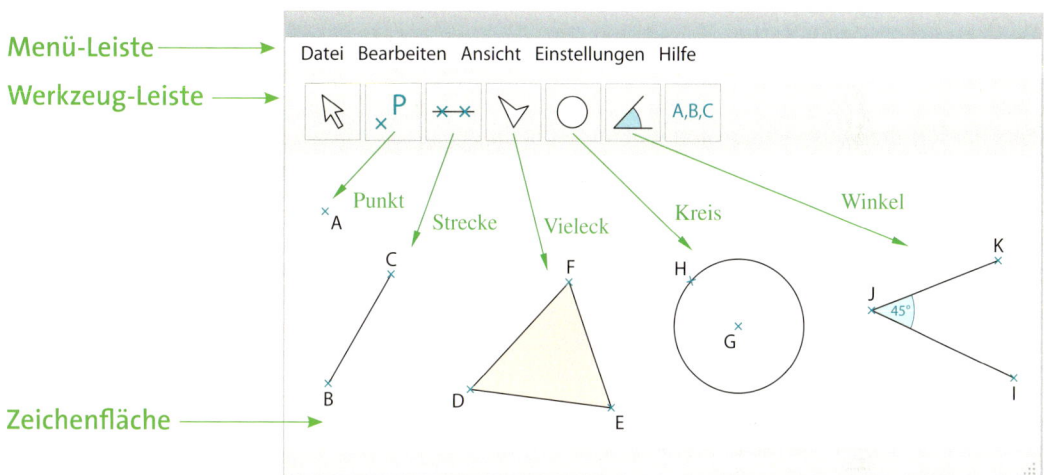

2 Zeichne erste Figuren mithilfe dynamischer Geometrie-Software.
a) Zeichne verschiedene Dreiecke, Vierecke und Kreise.
b) Zeichne das „Haus vom Nikolaus" ohne abzusetzen.
   Es gibt viele Möglichkeiten diese Zeichnung zu beginnen.
   Vergleicht eure Zeichnungen.
c) Zeichne drei sich schneidende Geraden. Bewege diese.
   Wie viele Schnittpunkte sind möglich?

3 Koordinatensystem und Gitterlinien
Auf der Zeichenfläche kann man ein Koordinatensystem und
Gitterlinien einblenden.
a) Zeichne das nebenstehende Dreieck über die Eckpunkte ab.
   Welche Dreiecksform ist entstanden?
b) Zeichne weitere Dreiecke mithilfe ihrer Eckpunkte.
   Beschreibe jeweils ihre Form.
   ① $\triangle ABC$ mit $A(-4|-2)$, $B(1|3)$, $C(-2|6)$
   ② $\triangle DEF$ mit $D(2|3)$, $E(-2|-5)$, $F(6|-5)$
   ③ $\triangle GHI$ mit $G(6|4)$, $H(-6|0)$, $I(-1|-1)$
c) Finde heraus, wir man Winkel mit dem Grundwerkzeug „Winkel" misst.
   Bestimme die Winkelgrößen in den Dreiecken aus b).

Vierecke bezeichnen

Entdecken

1 Welche Vierecksformen erkennst du an diesem ungewöhnlichen Bürogebäude in Hamburg?

2 Lege die Vierecke mit unterschiedlich langen Stäben.
Ordne die Vierecke nach selbstgewählten Merkmalen.

3 Zeichne die unterschiedlichen Vierecke in dein Heft und beschrifte sie.
Beschreibe ihre Form. Achte dabei auf die Seitenlängen und Winkelgrößen.

Verstehen

Meike hat Rahmen aus vier Leisten und vier Nägeln gebaut. Sie benutzt einmal vier gleichlange Leisten und einmal Leisten, bei denen die gegenüberliegenden Seiten gleich lang sind.

Dann zeichnet sie die Vierecke in ihr Heft.

HINWEIS

Wie bei Dreiecken benennt man die Eckpunkte von Vierecken mit großen Buchstaben, die Seiten mit kleinen Buchstaben.

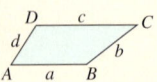

Bei Vierecken sind die Länge der Seiten und ihre Lage zueinander von Bedeutung. Wichtige Eigenschaften von Seiten und Winkeln bestimmen den Namen des Vierecks.

Merke Ein Viereck, bei dem die benachbarten Seiten senkrecht aufeinander stehen, heißt **Rechteck**.
Im Rechteck sind jeweils die gegenüberliegende Seiten parallel und gleich lang.

Ein **Quadrat** ist ein besonderes Rechteck mit vier gleich langen Seiten.

Beispiel 1

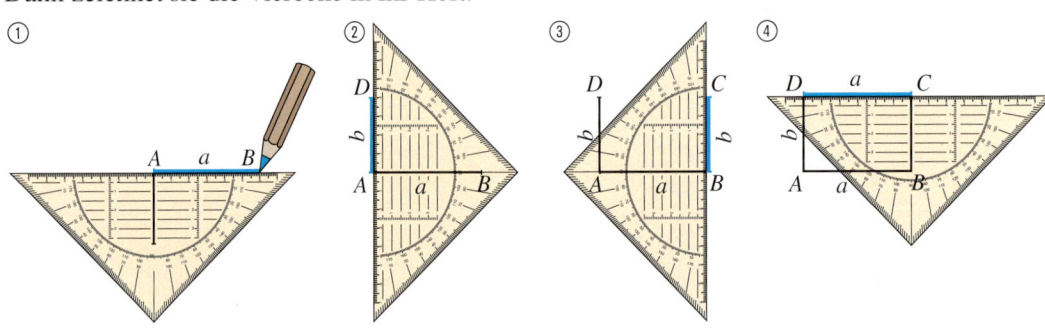

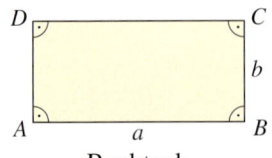

Rechteck

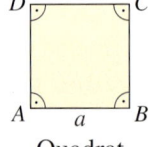

Quadrat

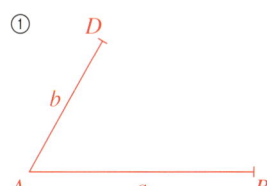 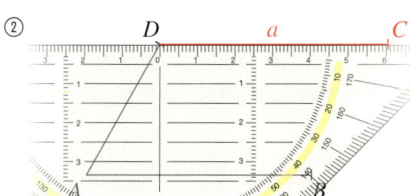 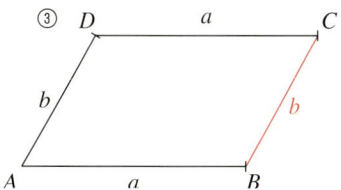

Merke Ein Viereck, bei dem zwei gegenüberliegende Seiten zueinander parallel und gleich lang sind, wird **Parallelogramm** genannt.

Eine **Raute** ist ein besonderes Parallelogramm mit gleich langen Seiten.

Beispiel 2

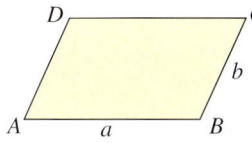 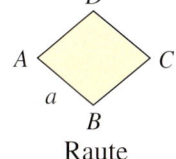

Parallelogramm   Raute

Üben und anwenden

1 Miss nach und gib an, welche der folgenden Vierecke Parallelogramme sind. Findest du auch Quadrate und Rechtecke darunter?

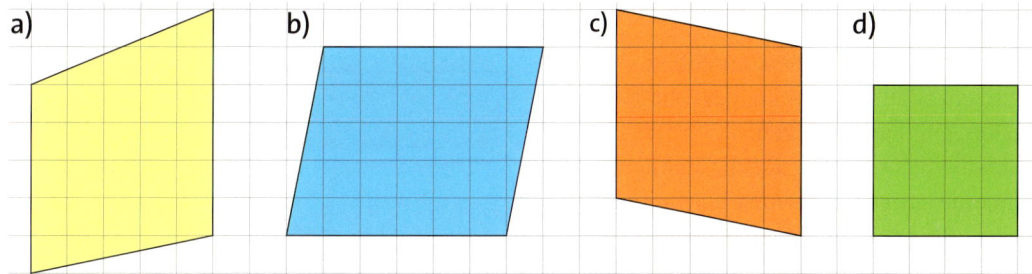

a)   b)   c)   d)

2 Zeichne mit dem Geodreieck jeweils ein Rechteck und ein Parallelogramm in dein Heft, bei dem die Seite b länger als die Seite a ist.

3 Zeichne 4 verschiedene Parallelogramme mit den Seitenlängen 7 cm und 4 cm.

4 Zeichne die Parallelogramme aus Aufgabe 1 und schneide sie aus. Finde durch Falten die Symmetrieachsen.

2 Zeichne Parallelogramme mit folgenden Seitenlängen.
a) $a = 5$ cm, $b = 4$ cm
b) $a = 7$ cm, $b = 3,5$ cm

3 Zeichne Rauten mit den Seitenlängen 3 cm (5 cm, 6 cm).

4 Zeichne ein Rechteck, ein Quadrat, ein Parallelogramm und eine Raute. Zeichne dann jeweils die Symmetrieachsen ein.

5 Welche Vierecke in den Mustern sind Rauten? Begründe deine Antwort.

a) 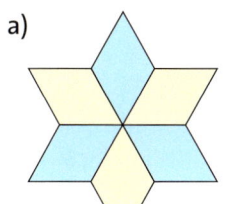   b) 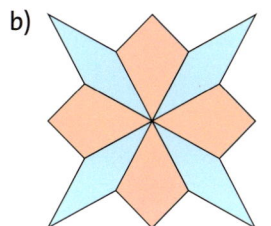   c) 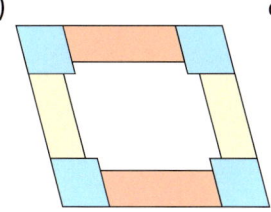   d)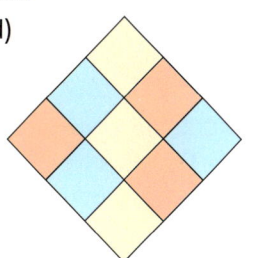

Drachenviereck und Trapez

Entdecken

1 Hannah will sich aus Holzstäben, Schnur und Papier einen Drachen basteln. Beschreibe, worauf Hannah beim Basteln des Drachens zu achten hat.

2 Skizziere einen eigenen Drachen in deinem Heft. Vergiss nicht die Stäbe einzuzeichnen.

3 Zerschneide große Papierdreiecke wie im Bild. Beschreibe deine Beobachtung. Welche Eigenschaft haben alle Vierecke gemeinsam?

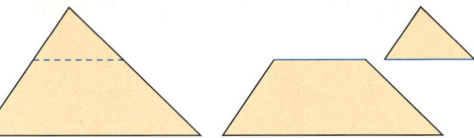

Verstehen

Der Spielzeugdrachen hat die Form eines Vierecks. Dieses besondere Viereck heißt auch in der Mathematik **Drachenviereck**.

So kannst du einen Drachen herstellen:
① Falte ein Blatt DIN A4 so, dass die langen Seiten aufeinander liegen.
② Falte die rechte Kante auf die Faltkante und schneide entlang der neuen Faltlinie ab.
③ Falte so, wie es die blaue Linie zeigt, und schneide entlang dieser Faltlinie ab.
④ Falte auseinander.

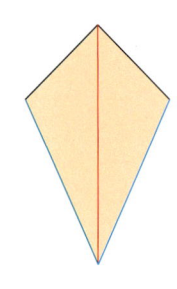

Die beim Falten entstandene Faltlinie ist rot gezeichnet. Es ist die **Symmetrieachse** des Drachenvierecks. Bei einem Drachenviereck sind zwei gegenüberliegende Winkel gleich groß.

> **Merke** Ein Viereck mit zwei Paaren gleich langer benachbarter Seiten ist ein **Drachenviereck**.
>
> Die Diagonalen stehen im Drachenviereck senkrecht aufeinander. Im Drachenviereck ist eine Diagonale Symmetrieachse, die andere Diagonale wird von ihr halbiert.

Beispiel 1

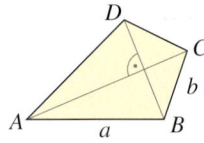

ERINNERE DICH
Die Diagonale verbindet zwei sich gegenüberliegende Eckpunkte.

Auch **Trapeze** kannst du selbst herstellen: Nimm einen überall gleich breiten Papierstreifen. Wenn du ihn mehrfach schräg durchschneidest, erhältst du Vierecke, die eine gemeinsame Eigenschaft haben.

> **Merke** Ein Viereck mit einem Paar paralleler Seiten ist ein **Trapez**.

Beispiel 2

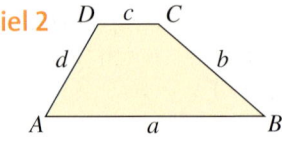

Üben und anwenden

1 Miss nach und gib an, welche der folgenden Vierecke Drachenvierecke sind.

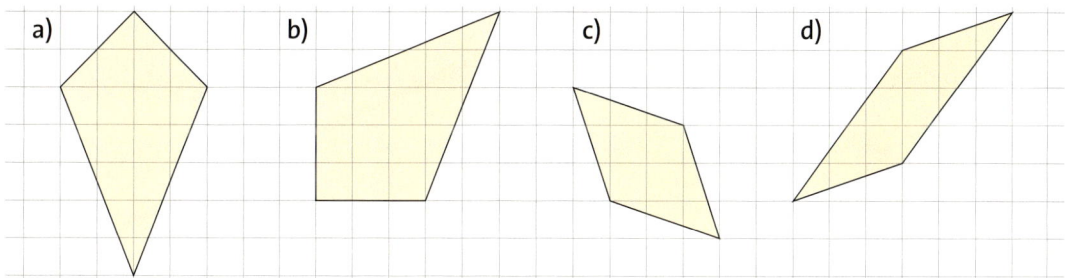

a)   b)   c)   d)

2 Zeichne die Drachenvierecke aus Aufgabe 1 in dein Heft und benenne die Eckpunkte.
a) Zeichne die Diagonalen ein.
b) Welche Diagonale ist die Spiegelachse?
c) Zwei Winkel haben jeweils die gleiche Größe. Kennzeichne gleich große Winkel mit der gleichen Farbe.

2 Zeichne die Drachenvierecke aus Aufgabe 1 in dein Heft und benenne die Eckpunkte.
a) Zeichne die Symmetrieachse rot ein.
b) Benenne gleich große Winkel mit gleichen griechischen Buchstaben.
c) Benenne gleich lange Seiten mit gleichen Buchstaben.

3 Übertrage die Dreiecke ins Heft.
Die rot markierte Seite soll Symmetrieachse in dem Drachen sein, der aus dem Dreieck entsteht.
Ergänze die Dreiecke jeweils zu einem Drachenviereck.

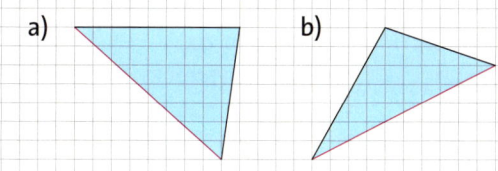

a)   b)

3 Zeichne die Dreiecke zweimal auf Karopapier. Schneide sie aus und füge sie zu einem Drachen zusammen.
Wie viele Möglichkeiten gibt es?

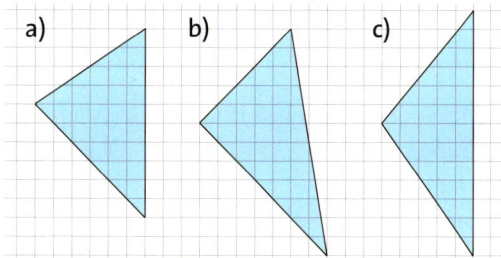

a)   b)   c)

4 Miss nach und gib an, welche der folgenden Vierecke Trapeze sind.

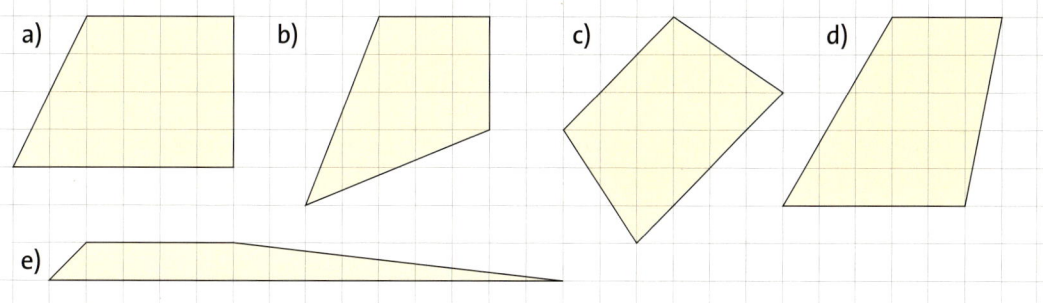

a)   b)   c)   d)

e)

NACHGEDACHT
Das sind besondere Trapeze.

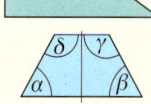

Welche zusätzlichen Eigenschaften haben sie jeweils?

5 Schneide einen 3 cm breiten Streifen von einem Blatt Papier (DIN A4) ab.
Zerschneide den Streifen so, dass verschiedene Trapeze entstehen.

5 Zeichne verschiedene Trapeze, bei denen die zueinander parallelen Seiten einen Abstand von 3 cm haben.
Erkläre, wie du dabei vorgehst.

Thema Das Haus der Vierecke

Im Haus der Vierecke sind alle Viereckarten aufgrund ihrer Eigenschaften angeordnet.

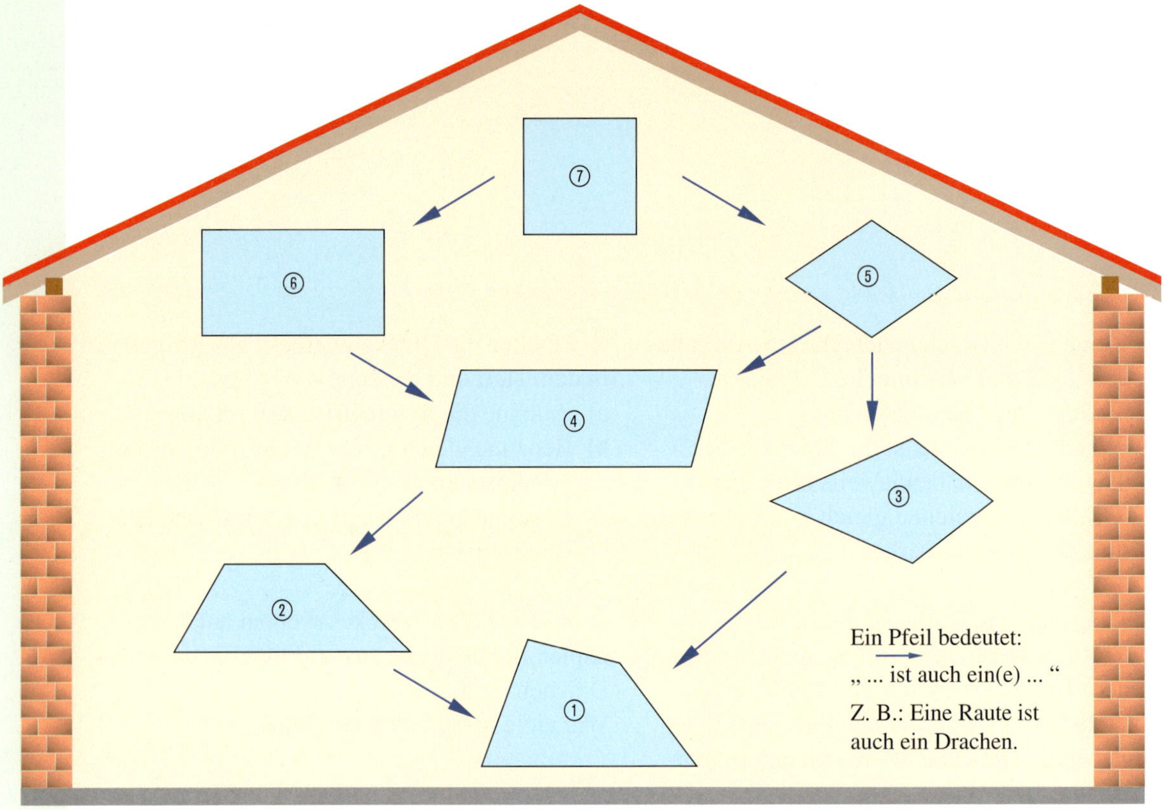

Ein Pfeil bedeutet:
„ ... ist auch ein(e) ... “
Z. B.: Eine Raute ist
auch ein Drachen.

HINWEIS
↻ 080-1
*Hier gibt es eine
interaktive
Übung zum
Erkennen von
Vierecken.*

1 Ordne den Vierecken im Haus der Vierecke jeweils den richtigen Namen zu.
a) Trapez   b) Quadrat   c) Drachenviereck
d) Raute   e) Rechteck   f) Parallelogramm
g) unregelmäßiges Viereck

2 Arbeitet in kleinen Gruppen zusammen.
Formuliert möglichst viele Sätze wie in den Beispielen.
Beispiele „Die Raute ist auch ein Parallelogramm.“
                 „Das Quadrat ist auch ein Rechteck.“
                 „Das Rechteck ist auch ein Trapez.“

3 Könnte man im Haus der Vierecke alle Pfeile auch umdrehen?
Begründe deine Antwort durch Gegenbeispiele.

4 Prüfe an dem Haus der Vierecke:
a) Jedes Parallelogramm ist auch ein Trapez.
b) Jede Raute ist auch ein Drachenviereck.
c) Jedes Quadrat ist sowohl ein Drachenviereck als auch ein Trapez.
d) Jedes Rechteck ist auch ein Quadrat.
e) Jede Raute ist auch ein Trapez.

5 Zeichne ein Viereck mit ...
a) einem rechten Winkel, das aber kein Quadrat oder Rechteck ist,
b) vier gleich langen Seiten, das aber kein Quadrat ist,
c) nur einer Symmetrieachse,
d) vier Symmetrieachsen.

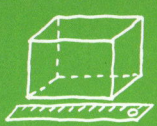

6 Setze die Namen der Viereke im Heft ein. Für welche Viereke gilt die Aussage? Manchmal gibt es mehrere Lösungen.
a) … haben nur 2 parallele Seiten.
b) … hat 4 gleich lange Seiten.
c) … hat 2 Paar parallele Seiten.
d) … hat 4 rechte Winkel.
e) … hat nur 2 gleich große Winkel.
f) … hat 2 Paar gleich großer Winkel.
g) … hat gleich lange Diagonalen.

7 Übertrage die Linien in dein Heft und ergänze sie jeweils zu der angegebenen Figur. Kennzeichne gleich große Winkel, gleich lange Seiten und parallele Seiten farbig. Zeichne die Symmetrieachsen ein.

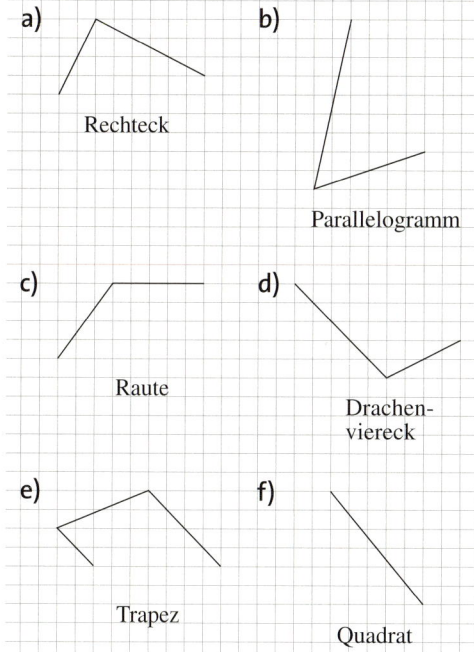

a) Rechteck
b) Parallelogramm
c) Raute
d) Drachenviereck
e) Trapez
f) Quadrat

8 Thomas zeichnet ein Viereck mit nur einem rechten Winkel.
Bettina soll ein Viereck mit zwei rechten Winkeln zeichnen.
Cordula versucht ein Viereck mit nur drei rechten Winkeln zu zeichnen.
Peter zeichnet ein Viereck mit vier rechten Winkeln.
Zeichne Beispiele.
Wem wird es auf keinen Fall gelingen, seine Aufgabe zu lösen?

9 Übertrage die Tabelle in dein Heft und kreuze an, wenn die Eigenschaft zutrifft.

Eigenschaft	□	□	▱	◺
2 Paar gleich lange Seiten				
2 Paar parallele Seiten				
4 gleich große Winkel				
1 Paar gleich große Winkel				
2 Paar gleich große Winkel				
Diagonalen gleich lang				
Diagonalen senkrecht zueinander				
Diagonalen halbieren sich				
1 Symmetrieachse				
2 Symmetrieachsen				
3 Symmetrieachsen				
4 Symmetrieachsen				

HINWEIS
↻ 081-1
Hier kannst du ein Arbeitsblatt mit der Tabelle zu Aufgabe 9 herunterladen und ausdrucken.

10 Maria behauptet: „In der Abbildung sind fünf Trapeze, vier Parallelogramme und drei Drachenvierecke dargestellt."

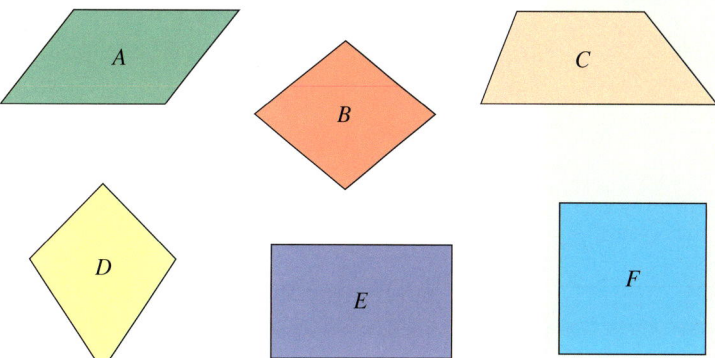

A
B
C
D
E
F

a) Stimmt Marias Aussage?
b) Wie viele Rechtecke und wie viele Rauten sind abgebildet?
c) Zeichne drei Trapeze, zwei Parallelogramme und ein Drachenviereck.
Wie viele Viereke müssen dazu mindestens gezeichnet werden?

Winkelsumme in Dreiecken und Vierecken

Entdecken

1 Zeichne drei verschiedene Dreiecke.
Miss bei jedem Dreieck die drei Winkelgrößen und addiere sie.
Vergleiche dein Ergebnis mit deinen Nachbarn. Was fällt euch auf?

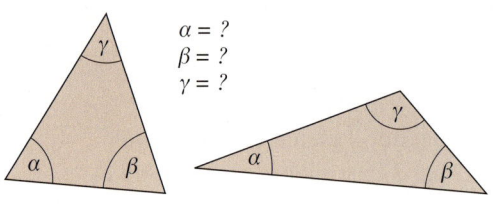

2 Schneide verschiedene Dreiecke aus.
Reiße zwei Ecken vorsichtig ab und lege die
Stücke wie im Bild zusammen.
Was stellst du fest?

3 Schneide aus einem Blatt Papier ein beliebiges Viereck aus.
Dann reiße drei Ecken ab und klebe alle Teile
so auf ein Blatt Papier, dass sich die Spitzen
berühren und die Blätter nicht überlappen.
Was fällt dir auf?

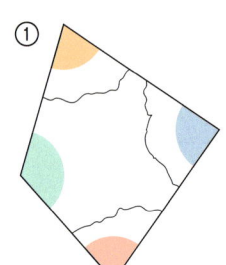
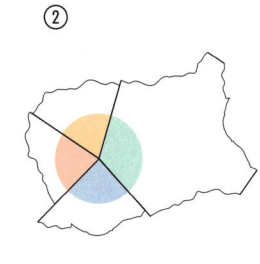

Verstehen

Julian hat verschiedene Dreiecke gezeichnet.
Er misst bei jedem Dreieck die innenliegenden Winkel und addiert sie jeweils (**Winkelsumme**).

Beispiel 1

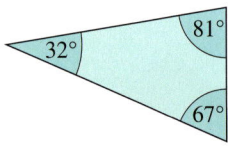

$32° + 67° + 81° = 180°$

Beispiel 2

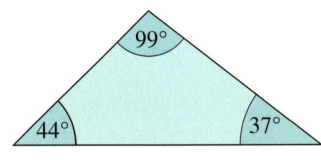

$44° + 37° + 99° = 180°$

Beispiel 3

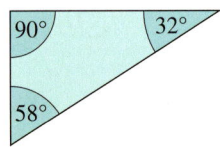

$90° + 58° + 32° = 180°$

> **Merke**
> In jedem Dreieck beträgt die Winkelsumme 180°. $\qquad$ $\boldsymbol{\alpha + \beta + \gamma = 180°}$

Julian untersucht auch die
Winkelsumme von Vierecken:

Beispiel 4

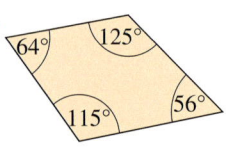

$64° + 115° + 56° + 125° = 360°$

> **Merke**
> In jedem Viereck beträgt die Winkelsumme 360°. $\qquad$ $\boldsymbol{\alpha + \beta + \gamma + \delta = 360°}$

Üben und anwenden

1 Berechne jeweils den dritten Winkel des Dreiecks wie im Beispiel.

Beispiel
$45° + 50° + \gamma = 180°$
$\quad 95° \quad + \gamma = 180°$
also $\gamma = 85°$

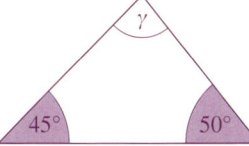

a)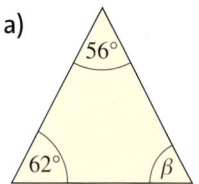

b)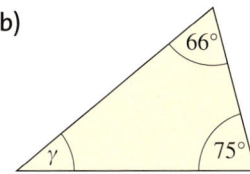

1 Berechne zu den zwei gegebenen Winkeln eines Dreiecks die Größe des dritten Winkels.

Beispiel

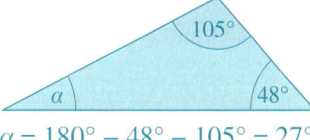

$\alpha = 180° - 48° - 105° = 27°$

a) b) c)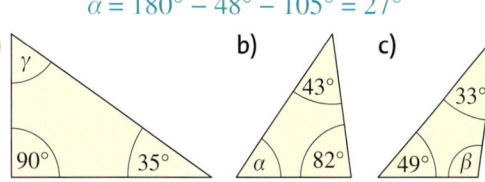

2 Nasrin hat bei Aufgabe 1 anders gerechnet. Was sagst du dazu?

2 Markus hat in zwei Dreiecken jeweils zwei Winkel gemessen. Kann er richtig gemessen haben? Begründe.
a) $\alpha = 65°$; $\beta = 118°$
b) $\beta = 95°$; $\gamma = 88°$

3 Begründe jeweils:
Gibt es ein Dreieck mit …
a) drei rechten Winkeln?
b) zwei rechten Winkeln?

3 Begründe jeweils:
Gibt es ein Dreieck mit …
a) drei Winkeln, jeder kleiner als 60°?
b) drei Winkeln, jeder größer als 60°?

4 Berechne jeweils den fehlenden Winkel wie im Beispiel.

Beispiel
$\alpha = 360° - 80° - 100° - 120°$
$\alpha = 60°$

a)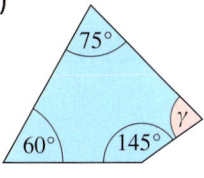

b)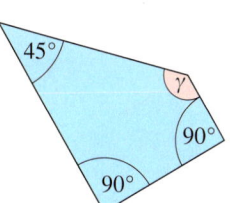

c)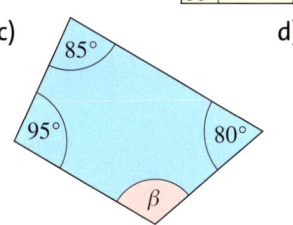

d)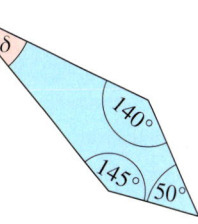

5 Berechne den vierten Winkel des Vierecks.
a) $\alpha = 70°$ $\quad \beta = 120°$ $\quad \gamma = 100°$
b) $\beta = 92°$ $\quad \gamma = 84°$ $\quad \delta = 104°$
c) $\alpha = 56°$ $\quad \gamma = 135°$ $\quad \delta = 78°$

5 Berechne den vierten Winkel im Viereck.
a) $\alpha = 135°$ $\quad \beta = 10°$ $\quad \gamma = 120°$
b) $\beta = 63°$ $\quad \gamma = 58°$ $\quad \delta = 143°$
c) $\alpha = 135,2°$ $\quad \gamma = 44,8°$ $\quad \delta = 135,2°$

6 Arbeitet zu dritt oder viert.
Das Viereck ist durch eine Diagonale in zwei Dreiecke zerlegt worden.
Beweist, dass die Winkelsumme in diesem Viereck 360° ist.
Nutzt euer Wissen über die Winkelsumme in Dreiecken.

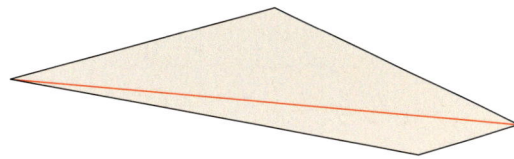

Klar so weit?

→ Seite 70

Dreiecke bezeichnen

1 Zeichne die Dreiecke in dein Heft. Beschrifte die Eckpunkte, die Seiten und die Winkel.

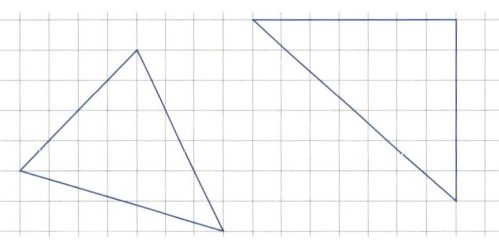

1 Zeichne die Dreiecke in dein Heft. Ergänze dann die Beschriftung der Eckpunkte, der Seiten und der Winkel.

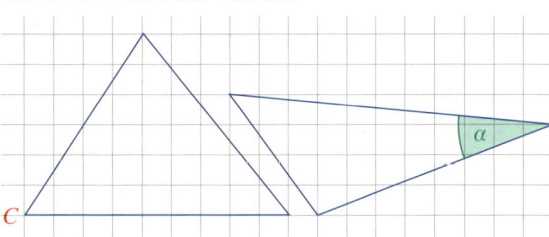

→ Seite 72

Dreiecke unterscheiden

2 Zeichne jeweils ein Beispiel in dein Heft.

3 Betrachte die Dreiecke.
Fülle die Tabelle im Heft aus, ohne zu messen.

	①	②	③	④
spitzwinklig				
rechtwinklig				
stumpfwinklig				
gleichschenklig				
gleichseitig				
unregelmäßig				

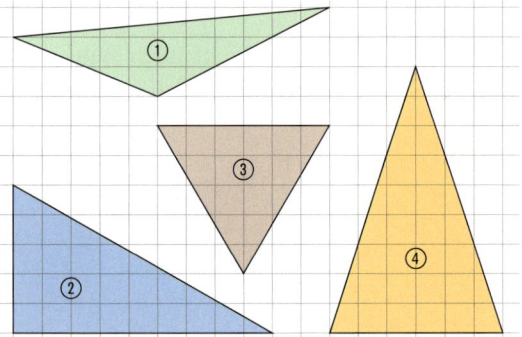

→ Seite 76

Vierecke bezeichnen

4 Welche Vierecke sind Quadrate, welche Rechtecke, Parallelogramme oder Rauten?
Begründe deine Entscheidung.

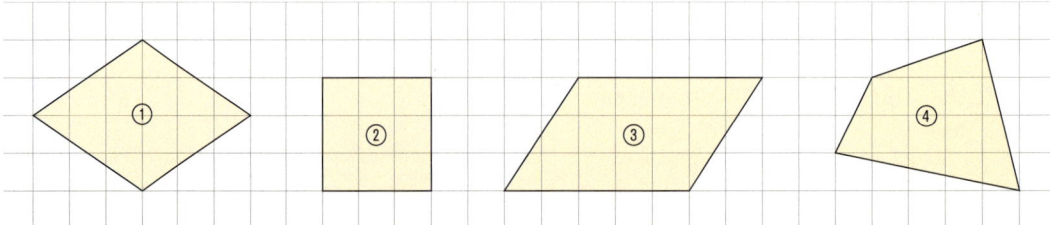

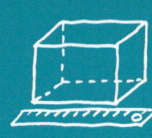

5 Finde die Parallelogramme in dieser Darstellung. Sind auch Rauten dabei?

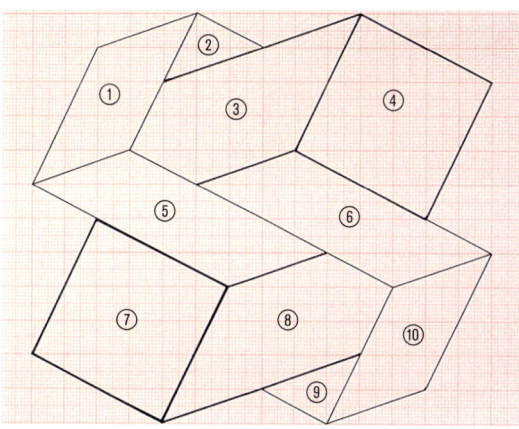

5 Übertrage die Punkte ins Heft.
Ergänze einen vierten Punkt so, dass du jeweils ein Parallelogramm zeichnen kannst.

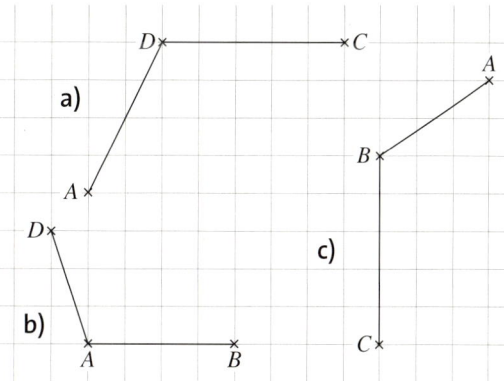

Drachenviereck und Trapez

→ Seite 78

6 Welche Vierecke sind Drachenvierecke? Welche Vierecke sind Trapeze?
Begründe deine Entscheidung.

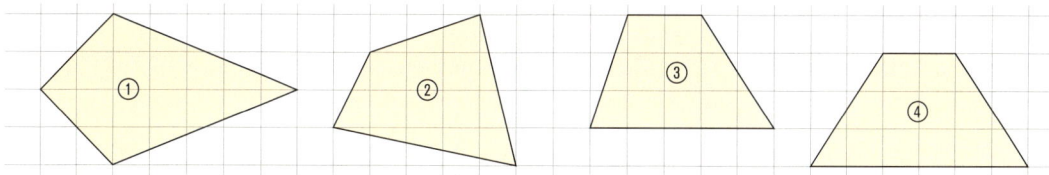

7 Übertrage das Drachenviereck aus Aufgabe 6 in dein Heft.
Zeichne die Diagonalen ein.
Welche Diagonale ist die Spiegelachse?

7 Zeichen drei verschiedene Drachenvierecke in dein Heft.
Zeichne jeweils die Diagonalen ein.
Welche Diagonale ist die Spiegelachse?

Winkelsumme in Dreiecken und Vierecken

→ Seite 82

8 Berechne den fehlenden Winkel im Dreieck.

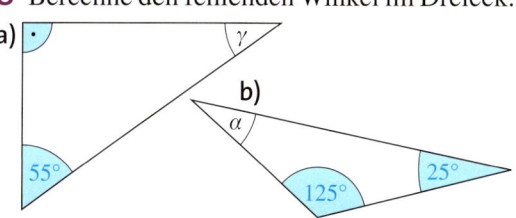

8 Berechne den fehlenden Winkel im Dreieck.

	α	β	γ
a)	50°	70°	
b)	45°		90°
c)		55°	55°
d)	37°		73°

9 Berechne den fehlenden Winkel im Viereck.

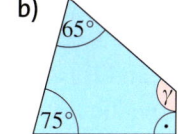

9 Berechne den fehlenden Winkel im Viereck.

	α	β	γ	δ
a)	110°	70°	120°	
b)	85°	65°		110°
c)	90°		90°	74°

Vermischte Übungen

1 Ordne den Zahlen die richtigen Buchstaben zu. Finde das Lösungswort.

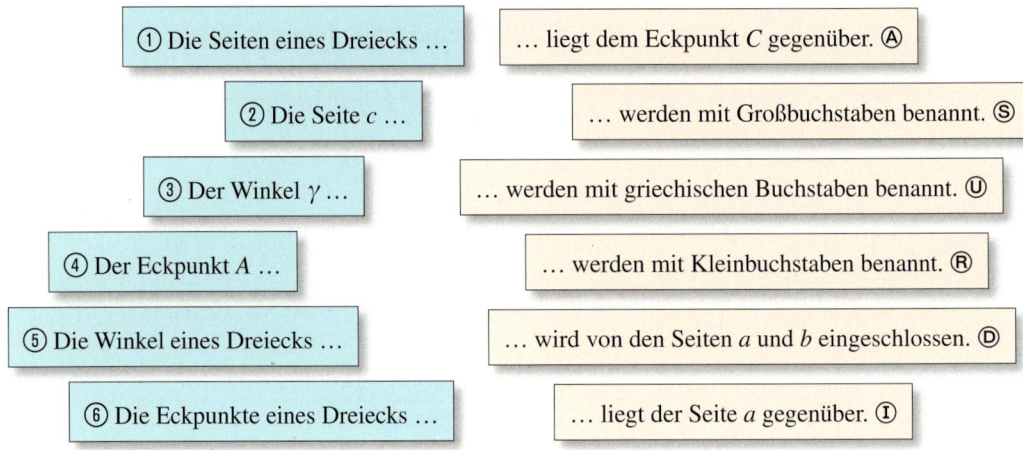

① Die Seiten eines Dreiecks …

… liegt dem Eckpunkt C gegenüber. Ⓐ

② Die Seite c …

… werden mit Großbuchstaben benannt. Ⓢ

③ Der Winkel γ …

… werden mit griechischen Buchstaben benannt. Ⓤ

④ Der Eckpunkt A …

… werden mit Kleinbuchstaben benannt. Ⓡ

⑤ Die Winkel eines Dreiecks …

… wird von den Seiten a und b eingeschlossen. Ⓓ

⑥ Die Eckpunkte eines Dreiecks …

… liegt der Seite a gegenüber. Ⓘ

HINWEIS
↻ 086-1
Hier gibt es ein Kreuzworträtsel zu Vierecken.

2 Trage in ein Koordinatensystem ein:
a) Das Dreieck ABC mit den Punkten $A(1|1)$, $B(4|1)$ und $C(3|3)$.
b) Das Viereck $ABCD$ mit den Punkten $A(2|2)$, $B(5|1)$, $C(4|5)$ und $D(2|4)$.

3 Gib jeweils alle Drachenvierecke, alle Quadrate, alle Rechtecke und alle Trapeze an. Begründe deine Auswahl.

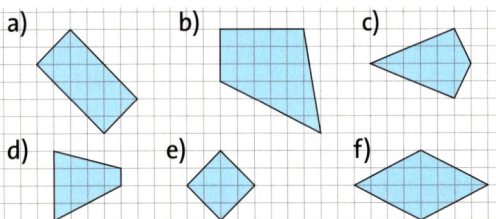

a)   b)   c)
d)   e)   f)

4 Übertrage die gleichschenkligen Dreiecke in dein Heft.

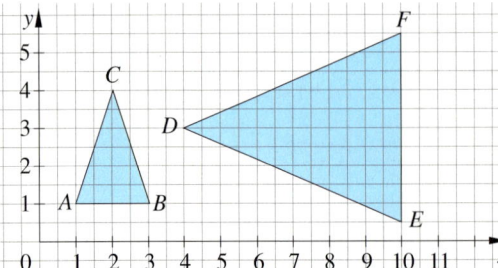

a) Zeichne jeweils die Symmetrieachse ein.
b) Welche Seiten sind Schenkel, welche Seiten sind Basis?
   Färbe die Basis und die Basiswinkel rot.

2 Trage das Dreieck ABC mit den Punkten $A(2|2)$, $B(4|3)$ und $C(4|6)$ in ein Koordinatensystem ein.
Welche Koordinaten muss der Punkt D haben, damit ein Parallelogramm $ABCD$ entsteht?

3 Übertrage die Zeichnungen ins Heft und ergänze sie zu besonderen Vierecken.
Welche Vierecke kannst mit den vorgegebenen Winkeln darstellen?

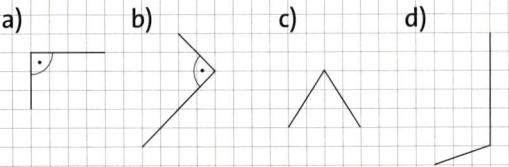

a)   b)   c)   d)

4 Übertrage die gleichschenkligen Dreiecke in dein Heft.

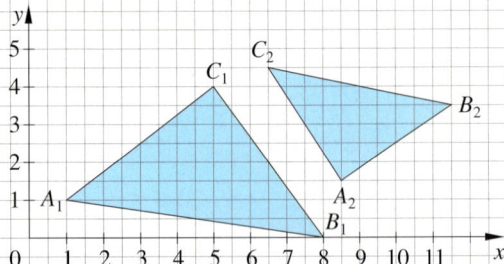

a) Zeichne jeweils die Symmetrieachse ein.
b) Welche Seiten sind Schenkel, welche Seiten sind Basis?
   Färbe die Basis und die Basiswinkel rot.

5 Berechne in den gleichschenkligen Dreiecken alle Winkel. Beachte, dass Basiswinkel gleich groß sind.

a)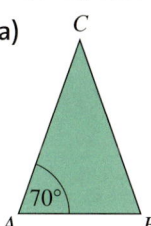

b)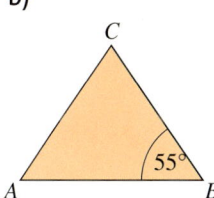

c)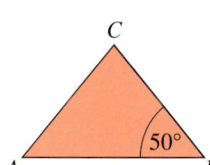

d)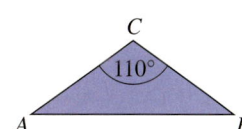

6 Übertrage die Strecken ins Heft. Ergänze einen vierten Punkt so, dass jeweils ein symmetrisches Trapez entsteht.

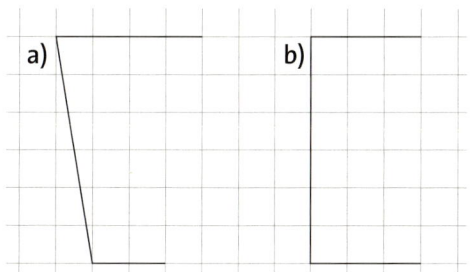

6 Übertrage die Punkte ins Heft. Ergänze einen vierten Punkt so, dass ein Trapez entsteht. Findest du verschiedene Möglichkeiten?

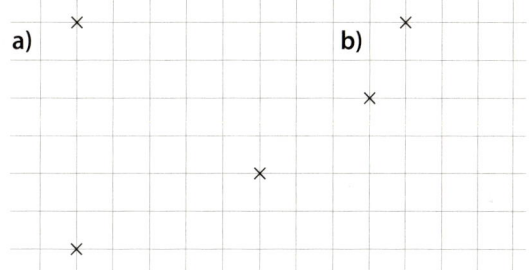

7 Zeichne ein Parallelogramm nach folgender Beschreibung.
① Zeichne zunächst die Seite $a = 6$ cm.
② Dann zeichne vom Punkt B aus die Seite $b = 3$ cm.
③ Nun zeichne die Parallele zur Seite a durch den Punkt C und die Parallele zur Seite b durch den Punkt A.
Man erhält nicht immer gleiche Parallelogramme. Finde eine Begründung.

7 Zeichne dieses Trapez:
① Zeichne die Strecke $\overline{AB} = 4$ cm.
② Zeichne die Parallele zu $\overline{AB}$ in 1,5 cm Abstand oberhalb der Strecke.
③ Trage auf der Parallelen die Strecke $\overline{CD} = 2$ cm ab.
④ Verbinde A mit D und B mit C.
a) Vergleicht eure Trapeze. Sind alle gleich?
b) Beschreibt zu zweit die Gemeinsamkeiten und Unterschiede.

8 Berechne im Heft die fehlenden Winkel des Dreiecks.

	α	β	γ
a)	82°	46°	
b)	45°		7°
c)	90,6°	15,2°	
d)	6,2°		3,9°
e)		7,4°	160°

8 Berechne im Heft die fehlenden Winkel des Vierecks.

	α	β	γ	δ
a)	90°	90°		70°
b)		45°	45°	125°
c)	83,3°	107,5°	90,1°	
d)	90°	90°	90°	
e)	68,6°		87,8°	138,3°

9 Axel behauptet: „Ich habe ein Dreieck gezeichnet. Wenn ich ein Dreieck mit halb so langen Seiten zeichne, beträgt natürlich auch die Winkelsumme den halben Wert, nämlich 90°." Kann das stimmen?

9 Richtig oder falsch?
„Je größer ein Dreieck ist, desto größer ist auch die Winkelsumme."
Begründe deine Antwort.

NACHGEDACHT
Beträgt auch bei diesem Viereck die Winkelsumme 360°?

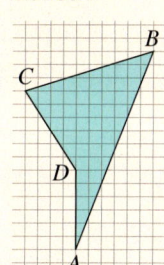

10 Haben Melanie und Shihan recht? Begründe deine Antwort.
a) Melanie behauptet: „Jedes Rechteck ist auch ein Parallelogramm."
b) Shihan behauptet: „Jedes Parallelogramm ist auch ein Rechteck."

10 Was hältst du von folgenden Aussagen? Begründe deine Antwort.
a) Aus zwei gleichen Dreiecken, kann man immer einen Drachen zusammensetzen.
b) Im Drachenviereck sind alle Winkel gleich groß.

11 Übertrage die Vierecke in dein Heft und verbinde zwei gegenüberliegende Eckpunkte durch eine Diagonale.
Zeichne jedes Viereck ein zweites Mal mit der anderen Diagonale.
Welche Dreiecksarten entstehen?

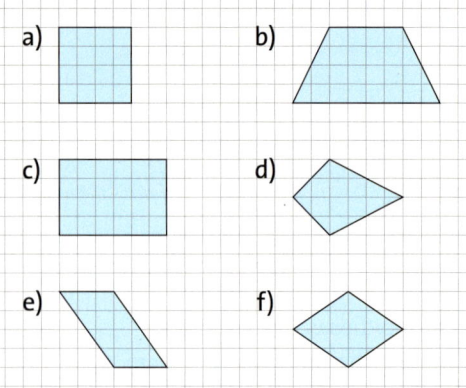

11 Um was für ein Dreieck handelt es sich jeweils? Übertrage die Dreiecke in dein Heft und spiegle sie an der roten Linie.
Was für eine Figur ist nach der Spiegelung entstanden?

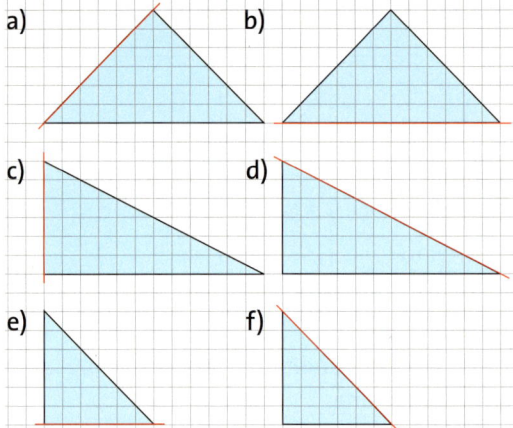

ZUM
WEITERARBEITEN
Ist das ein Drachenviereck? Begründe.

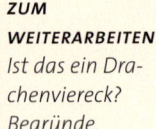
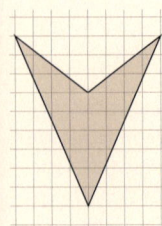

12 Zeichne die Vierecke ① und ② in dein Heft und verbinde gegenüberliegende Eckpunkte durch eine Diagonale.
① ein Quadrat mit 7 cm Seitenlänge
② ein beliebiges Rechteck
Welche Dreiecksformen entstehen jeweils?

12 Zeichne zwei sich in der Mitte schneidende Strecken mit einer Länge von 5 cm. Verbinde die Eckpunkte zu einem Viereck.
a) Was für ein Viereck ist entstanden?
b) Wie müssen sich die Strecken schneiden, damit ein Quadrat entsteht?

13 Welche Winkel sind in den verschiedenen besonderen Vierecken gleich groß?
Benenne die Vierecke und beschreibe jeweils die Lage der gleich großen Winkel.

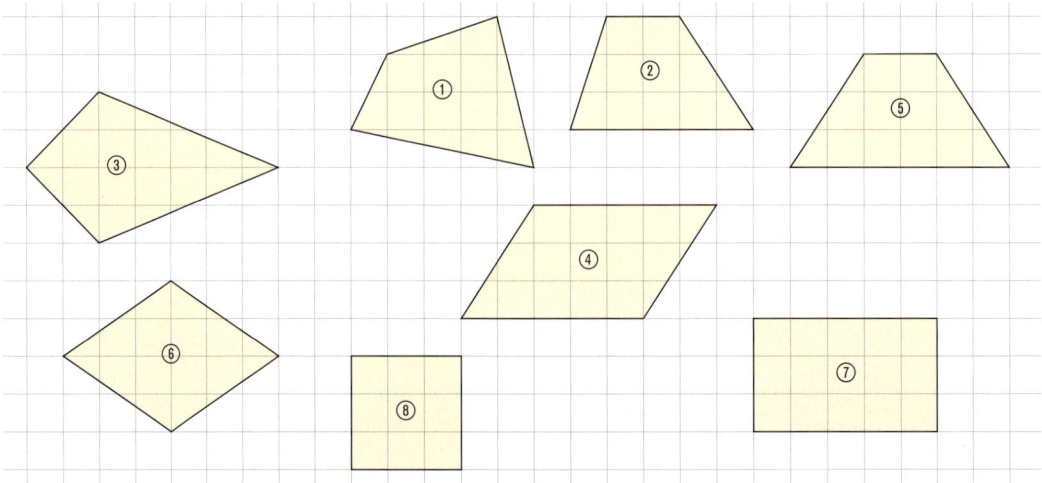

14 Übertrage die Drachen ins Heft.
Zeichne die Symmetrieachsen rot ein.
Benenne gleich große Winkel mit gleichen
griechischen Buchstaben.
Welche Seiten sind gleich lang?

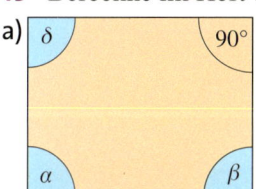

a)

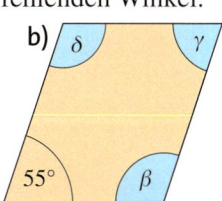

b)

14 Bestimme im Heft die fehlenden Größen
für die Drachenvierecke.

	a)	b)	c)	d)
$\overline{AB}$	10 cm		6,5 cm	
$\overline{BC}$		13 mm		7,8 cm
$\overline{CD}$	5 cm	52 mm		39 mm
$\overline{AD}$			4,3 cm	
α	150°			105°
β	20°	45°	105°	60°
γ		110°	95°	
δ	40°	95°	65°	90°

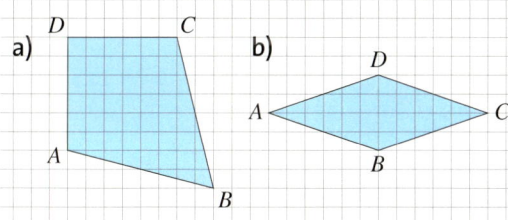

15 Berechne im Heft die fehlenden Winkel.

a)

b)

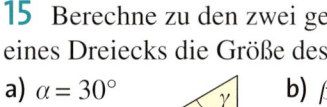

15 Berechne zu den zwei gegebenen Winkeln
eines Dreiecks die Größe des dritten Winkels.

a) $\alpha = 30°$

b) $\beta = 100°$

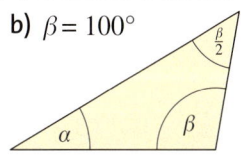

16 Zeichne ein Viereck mit zwei (bzw. drei)
stumpfen Winkeln.
Gibt es ein Viereck mit vier stumpfen Winkeln?
Begründe deine Antwort.

16 Bei welchen Vierecken gibt es …
a) vier gleich große Winkel?
b) zwei Paar gleich große Winkel?
c) vier gleich große Winkel am Schnittpunkt
der Diagonalen?

17 Winkelsumme im Viereck
a) Zeige an selbstgezeichneten Vierecken, dass sich jedes Viereck in
zwei Dreiecke zerlegen lässt.
b) Erkläre an der Zeichnung, dass
die Winkelsumme in Vierecken
360° beträgt. Benutze dabei die
Winkelsumme in Dreiecken.

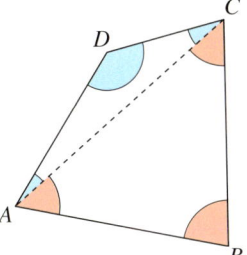

17 Winkelsumme im Viereck
a) Beschreibe, wie man jedes
Viereck in zwei Dreiecke
zerlegen kann.
b) Erkläre an der Zeichnung
den Merksatz zur Winkel-
summe in Vierecken.
Begründe den Merksatz.

18 Zeichne das Fünfeck in dein Heft.

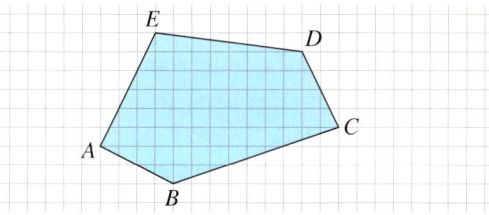

a) Wie kannst du, ohne Winkel zu messen,
nachweisen, dass die Summe seiner Winkel 540° beträgt?
Beachte den Hinweis in der Randspalte.
b) Begründe, dass die Winkelsumme in belie-
bigen Fünfecken 540° beträgt.

18 Übertrage das Achteck in dein Heft.

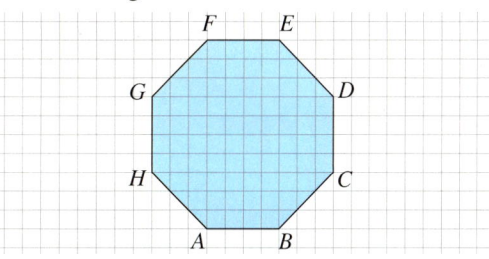

a) Zerlege das Achteck in Vierecke und bestimme, ohne nachzumessen, die Winkelsumme dieser Figur.
b) Begründe, dass die Winkelsumme in allen
Achtecken gleich groß ist.

HINWEIS
*zu Aufgabe 18
(lila):
Das Fünfeck lässt
sich durch Dia-
gonalen günstig
zerlegen. Es gibt
mehrere günsti-
ge Möglichkei-
ten.*

Teste dich!

(12 Punkte) **1** Zeichne die Dreiecke in dein Heft. Ergänze dann die Beschriftung der Eckpunkte, der Seiten und der Winkel.

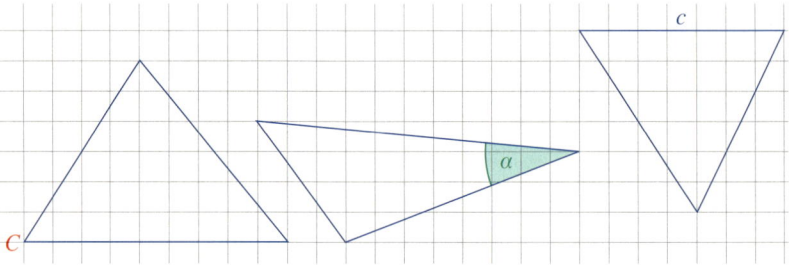

(6 Punkte) **2** Betrachte die Dreiecke.
a) Benenne die Dreiecksart nach Seiten.
b) Benenne die Dreiecksart nach Winkeln.

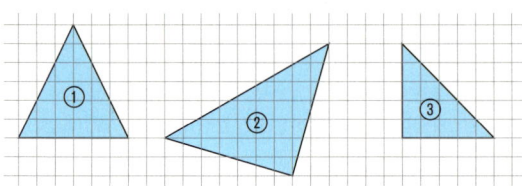

(6 Punkte) **3** Übertrage die Zeichnungen in dein Heft und ergänze sie zu den angegebenen Vierecken.

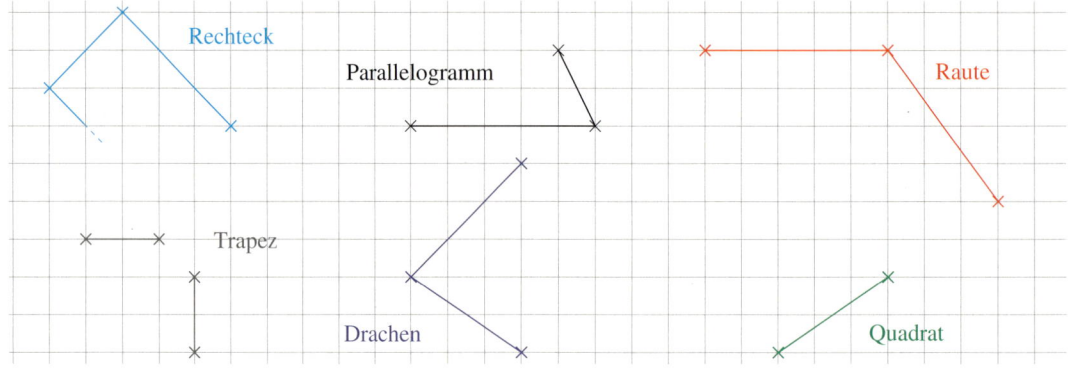

(10 Punkte) **4** Für welche Vierecke sind die Aussagen richtig? Manchmal gibt es mehrere Möglichkeiten.
a) … hat genau zwei zueinander parallele Seiten.
b) … hat zwei zueinander senkrechte Seiten.
c) … hat vier gleich lange Seiten.
d) … hat genau ein Paar gleich langer Seiten.
e) … hat zwei Paare zueinander paralleler Seiten.

(4 Punkte)

5 Aus dem Berufsleben
Alex macht eine Ausbildung zum Tischler. Er soll ein 40 cm breites Brett so zersägen, dass vier verschiedene Trapeze entstehen. Dabei soll kein Verschnitt entstehen. Zeichne für Alex eine Skizze, wie er das machen kann.

6 Zeichne die beschriebenen Figuren in dein Heft. *(6 Punkte)*
a) ein stumpfwinkliges Dreieck, bei dem eine Seite 6 cm lang ist
b) die Raute, bei der die Diagonale $\overline{AC}$ 3 cm und die andere Diagonale $\overline{BD}$ 4 cm lang ist

7 Welche der folgenden Sätze sind richtig? *(8 Punkte)*
a) Jedes spitzwinklige Dreieck ist auch gleichseitig.
b) Ein Dreieck mit drei gleich langen Seiten ist gleichschenklig.
c) Jedes Viereck ist auch ein Rechteck.
d) Jedes Quadrat ist auch ein Trapez.

8 Übertrage die Vierecke in dein Heft und überprüfe, ob die Vierecke Drachen sind. *(8 Punkte)*
Begründe deine Antwort.

a) 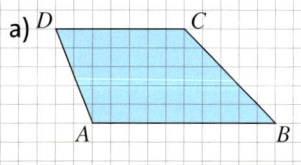 b) 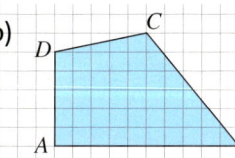 c) d)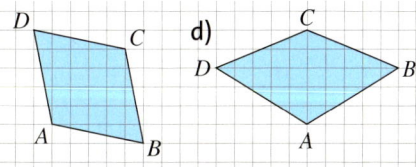

9 Berechne die fehlenden Winkel. *(6 Punkte)*

a) 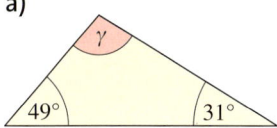 b) 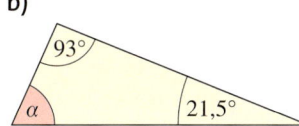 c)

10 Berechne die fehlenden Winkel in den Vierecken. *(12 Punkte)*
a) $\alpha = 60°$; $\beta = 100°$; $\gamma = 120°$
b) $\beta = 30°$; $\gamma = 105°$; $\delta = 120°$
c) $\alpha = 140°$; $\gamma = 99°$; $\delta = 31°$
d) $\alpha = 90°$; $\beta = 72°$; $\delta = 90°$
e) $\beta = 39°$; $\gamma = 99°$; $\beta = \delta$
f) $\alpha = 70°$; $\beta = \delta$; $\alpha = \gamma$

11 Berechne in den gleichschenk-ligen Dreiecken die fehlenden Winkel. *(8 Punkte)*

a) b) 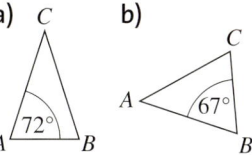 c) d)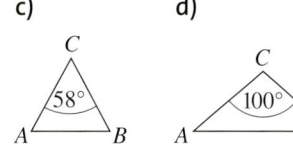

12 Entsprechend der Skizze sind $\alpha = 68°$, $\beta = 74°$ und $\gamma = 106°$. *(6 Punkte)*
a) Berechne den Winkel δ.
b) Berechne die fehlenden Winkel im Parallelogramm *ABCD*.

13 Berechne γ und δ für das gleichschenklige Trapez. *(8 Punkte)*
a) $\alpha = \beta = 47°$
b) $\alpha = \beta = 58°$
c) $\alpha = \beta = 39,6°$
d) $\alpha = \beta = 53,2°$

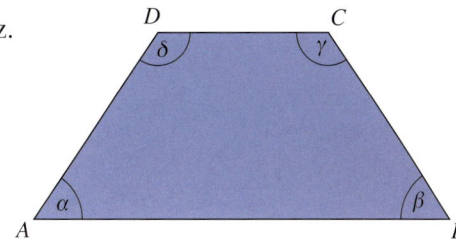

Gold: 94–100 Punkte, Silber: 77–93 Punkte, Bronze: 60–76 Punkte

Zusammenfassung

→ Seite 70

Dreiecke bezeichnen

So bezeichnet man Dreiecke:

    Eckpunkte mit Großbuchstaben: *A*, *B* und *C*
    Seiten mit Kleinbuchstaben: *a*, *b* und *c*
    Winkel mit griechischen Buchstaben: α, β, und γ

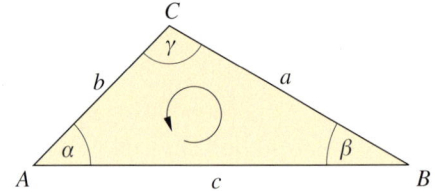

→ Seite 72

Dreiecke unterscheiden

Dreiecke können nach ihren **Seiten** oder **Winkeln** unterschieden werden.

Eigenschaften nach Seiten			Eigenschaften nach Winkeln		
gleichseitig: drei gleich lange Seiten	**gleichschenklig**: zwei gleich lange Seiten	**unregelmäßig**: drei verschieden lange Seiten	**spitzwinklig**: drei spitze Winkel	**rechtwinklig**: ein rechter Winkel	**stumpfwinklig**: ein stumpfer Winkel

→ Seite 76

Vierecke bezeichnen

Beim **Rechteck** stehen benachbarte Seiten senkrecht aufeinander.
Gegenüberliegende Seiten sind jeweils parallel und gleich lang.

Ein **Quadrat** ist ein Rechteck mit vier gleich langen Seiten.

Beim **Parallelogramm** sind zwei gegenüberliegende Seiten zueinander parallel und gleich lang.

Eine **Raute** ist ein Parallelogramm mit gleich langen Seiten.

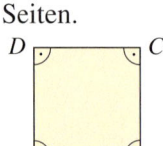
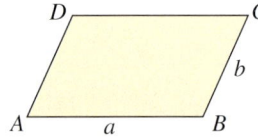
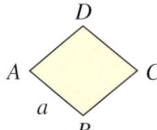

→ Seite 78

Drachenvierecke und Trapeze

Ein Viereck mit zwei Paaren gleich langer benachbarter Seiten ist ein **Drachenviereck**.
Die Diagonalen stehen im Drachenviereck senkrecht aufeinander.
Im Drachenviereck ist eine Diagonale Symmetrieachse.

Ein Viereck mit einem Paar paralleler Seiten ist ein **Trapez**.

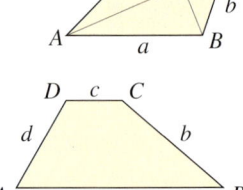

→ Seite 82

Winkelsumme in Dreiecken und Vierecken

In jedem Dreieck beträgt die Winkelsumme 180°: $\alpha + \beta + \gamma = \mathbf{180°}$

In jedem Viereck beträgt die Winkelsumme 360°: $\alpha + \beta + \gamma + \delta = \mathbf{360°}$

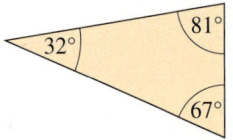

$32° + 67° + 81° = 180°$

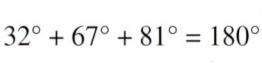

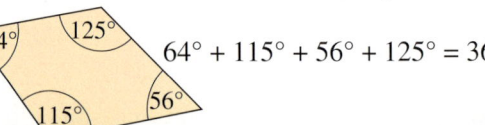

$64° + 115° + 56° + 125° = 360°$

Brüche und Dezimalzahlen multiplizieren und dividieren

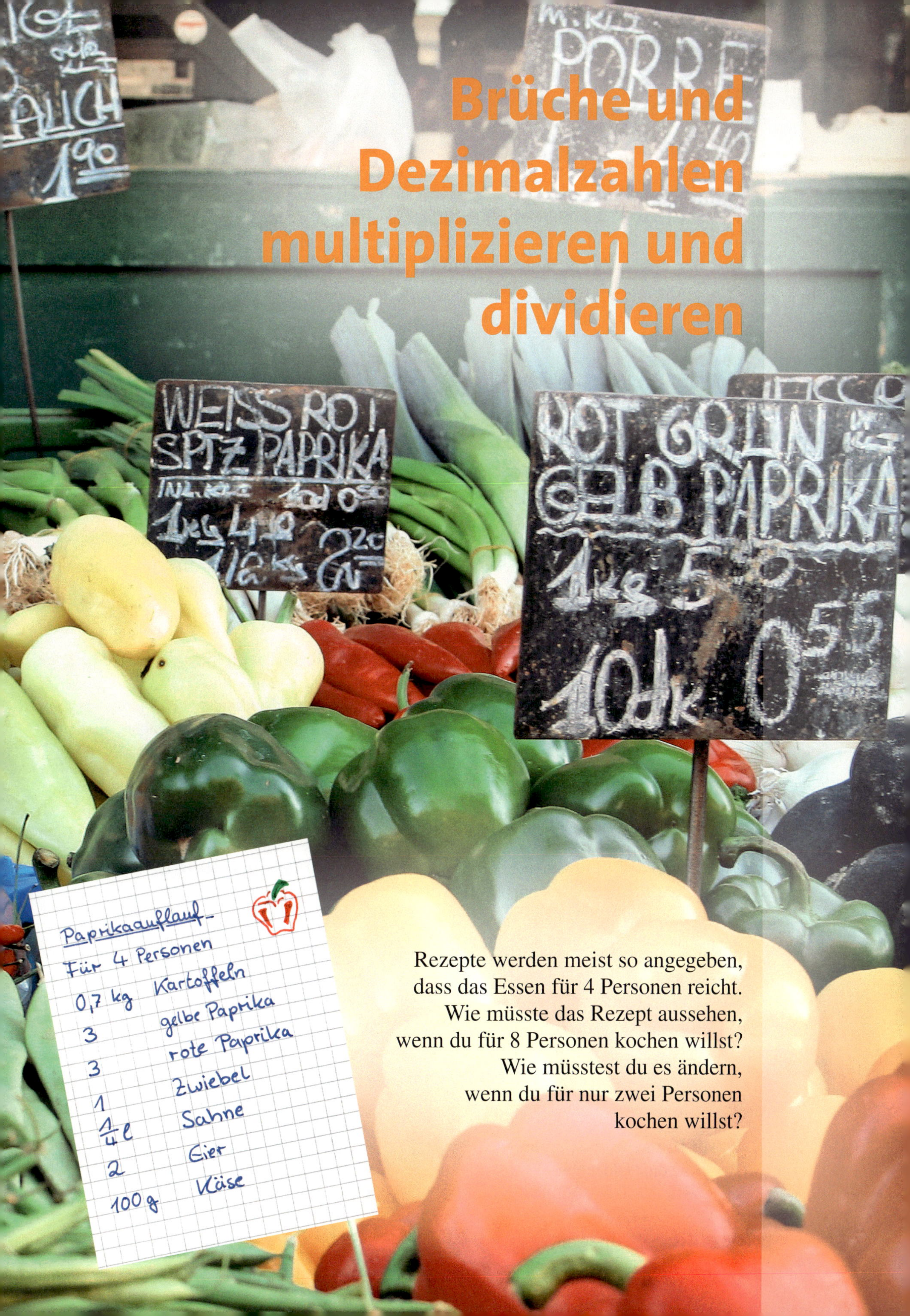
PORRE
WEISS ROT
SPTZ PAPRIKA
PAPRIKA
Paprikaauflauf
Für 4 Personen
0,7 kg Kartoffeln
3 gelbe Paprika
3 rote Paprika
1 Zwiebel
$\frac{1}{4}$ l Sahne
2 Eier
100 g Käse

Rezepte werden meist so angegeben, dass das Essen für 4 Personen reicht. Wie müsste das Rezept aussehen, wenn du für 8 Personen kochen willst? Wie müsstest du es ändern, wenn du für nur zwei Personen kochen willst?

Noch fit?

Einstieg

Aufstieg

1 Das kleine Einmaleins

Wiederhole das kleine Einmaleins. Die Buchstaben ergeben ein Lösungswort.

a) 3 · 6 b) 5 · 8 c) 9 · 4 d) 10 · 3 e) 5 · 9

f) 7 · 4 g) 6 · 2 h) 7 · 8 i) 4 · 4

36 E   28 E   56 E   18 A   12 U   45 T   16 R   40 B   30 N

2 Aufgaben aus Texten erstellen

Schreibe als Aufgabe und berechne.

a) Das Dreifache von 6.

b) Teile 18 durch 3.

c) Multipliziere 5 mit 6.

d) Dividiere 20 durch 4.

2 Aufgaben aus Texten erstellen

Schreibe als Aufgabe und berechne.

a) Berechne das Elffache von 12.

b) Dividiere 49 durch 7.

c) Multipliziere 13 mit 8.

d) Der dritte Teil von 45.

3 Im Kopf multiplizieren

Löse die Aufgaben und setze die Reihen um zwei Aufgaben fort.

a) 0,3 · 10 b) 4 · 2000

   3 · 10   4 · 200

   30 · 10   4 · 20

3 Im Kopf multiplizieren

Löse die Aufgaben und setze die Reihen um drei weitere Aufgaben fort.

a) 180 · 10 b) 1500 · 0,2

   18 · 10   150 · 2

   1,8 · 10   15 · 20

4 Im Kopf dividieren

Übertrage die Aufgaben. Rechne im Kopf.

a) 12 : 4 b) 21 : 7

c) 32 : 8 d) 36 : 6

e) 42 : 7 f) 121 : 11

g) 60 : 5 h) 72 : 6

4 Im Kopf dividieren

Bilde vier verschiedene Aufgaben, die keine Dezimalzahl als Ergebnis haben.

56   16   108   9   143   8   48   11

5 Schriftlich multiplizieren

Schreibe Aufgabe und Ergebnis ins Heft.

a) 314 · 2 b) 216 · 3

   314 · 20   216 · 31

   314 · 200   216 · 315

5 Schriftlich multiplizieren

Was fällt dir auf? Rechne weiter.

a) 142 857 · 1 b) 12 345 679 · 9

   142 857 · 2   12 345 679 · 18

   142 857 · 3   12 345 679 · 27

6 Schriftlich dividieren

Schreibe Aufgabe und Ergebnis ins Heft.

a) 615 : 5 b) 1276 : 2

c) 453 : 3 d) 5012 : 4

e) 176 : 11 f) 2520 : 12

6 Schriftlich dividieren

Rechne nur die Aufgaben schriftlich, deren Ergebnisse größer als 100 sind.

a) 1020 : 12 b) 8692 : 82 c) 2352 : 21

d) 5253 : 51 e) 3198 : 39 f) 4896 : 51

7 Mit Dezimalzahlen rechnen

Berechne die Geldbeträge.

a) 6,40 € + 2,70 €

b) 12,80 € − 4,60 €

7 Mit Dezimalzahlen rechnen

Wandle in Meter um und berechne.

a) 3,76 m + 71 cm

b) 4,66 m − 83 cm

8 Zusammenhänge zwischen Dezimalzahlen, Brüchen und der Division erkennen

Welche Kärtchen gehören zusammen? Erkläre deinem Sitznachbarn deine Lösung.

 $\frac{1}{2}$ 0,5   3 : 4 $\frac{9}{12}$ $\frac{3}{4}$ $\frac{16}{32}$ 6 : 8 9 : 12

0,4

 0,75 $\frac{2}{5}$ $\frac{3}{6}$ $\frac{4}{10}$ 1 : 2 2 : 5 $\frac{14}{35}$ $\frac{75}{100}$

9 Anteile bestimmen

Rechne in Zentimeter um.

a) $\frac{1}{10}$ m   b) $\frac{1}{5}$ m   c) $\frac{1}{4}$ m

9 Anteile bestimmen

Rechne in Meter um.

a) $\frac{1}{5}$ von 5 km   b) $\frac{3}{4}$ von 60 km

10 Gemischte Zahlen

Wandle in Brüche um.

a) $1\frac{2}{3}$ b) $2\frac{1}{3}$

10 Gemischte Zahlen

Welcher Fehler wurde hier gemacht?

a) $2\frac{4}{5} = \frac{8}{10}$ b) $\frac{27}{5} = 2\frac{7}{5}$

11 Brüche kürzen

Beschreibe, wie jeweils gekürzt wurde.

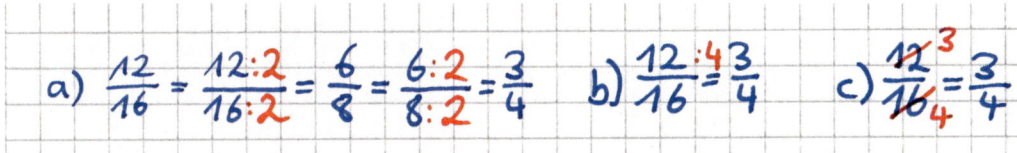

a) $\frac{12}{16} = \frac{12:2}{16:2} = \frac{6}{8} = \frac{6:2}{8:2} = \frac{3}{4}$ b) $\frac{12:4}{16} = \frac{3}{4}$ c) $\frac{12}{16} = \frac{3}{4}$

12 Erweitern und Kürzen

Schreibe die Tabelle ins Heft und ergänze sie.

	erweitert mit:	gekürzt durch:
$\frac{3}{5} = \frac{6}{10}$	2	–
$\frac{6}{10} = \frac{30}{50}$		
$\frac{15}{18} = \frac{5}{6}$		
$\frac{5}{8} = \frac{10}{16}$		
$\frac{14}{21} = \frac{2}{3}$		

12 Erweitern und Kürzen

Schreibe die Tabelle ins Heft und ergänze sie.

	erweitert mit:	gekürzt durch:
$\frac{5}{8} = \frac{25}{40}$	5	–
$\frac{3}{10} = \frac{30}{\blacksquare}$		
$\frac{24}{36} = \frac{\blacksquare}{3}$		
$\frac{45}{60} = \frac{3}{\blacksquare}$		
$\frac{42}{56} = \frac{\blacksquare}{8} = \frac{\blacksquare}{\blacksquare}$		

13 Gleichwertige Brüche

Welche der Brüche haben den Wert $\frac{1}{2}$?

a) $\frac{3}{6}$ b) $\frac{8}{15}$ c) $\frac{9}{18}$

d) $\frac{2}{20}$ e) $\frac{32}{64}$ f) $\frac{8}{4}$

13 Gleichwertige Brüche

Welche der Brüche haben den Wert $\frac{1}{5}$?

a) $\frac{3}{5}$ b) $\frac{3}{15}$ c) $\frac{1}{15}$

d) $\frac{5}{25}$ e) $\frac{7}{35}$ f) $\frac{10}{500}$

14 Gleichnamige Brüche addieren

Addiere die Brüche.

a) $\frac{1}{2} + \frac{1}{2} + \frac{1}{2}$ b) $\frac{1}{4} + \frac{1}{4} + \frac{1}{4} + \frac{1}{4}$

14 Gleichnamige Brüche addieren

Addiere die Brüche.

a) $\frac{2}{3} + \frac{2}{3} + \frac{2}{3}$ b) $\frac{5}{30} + \frac{5}{30} + \frac{5}{30} + \frac{5}{30}$

Brüche mit natürlichen Zahlen multiplizieren

Entdecken

1 Jannik übt dreimal in der Woche Gitarre spielen.
Er spielt jeweils eine halbe Stunde.
Wie lange spielt er in einer Woche insgesamt?
Stelle eine Additionsaufgabe und eine Multiplikationsaufgabe auf und löse beide.

2 Halbiere vier DIN-A4-Blätter so, dass du acht gleich große Papierstücke hast.
Erklärt euch gegenseitig mit diesen Papierstücken die Aufgabe $7 \cdot \frac{1}{2}$.

3 Ein Sportler trainiert an sieben Tagen in der Woche täglich eine $\frac{3}{4}$ Stunde.
Wie viele Stunden trainiert er in der Woche?
Rechne und erkläre mithilfe der Grafik.

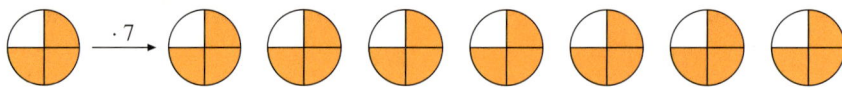

4 Finde je eine Additionsaufgabe- und eine Multiplikationsaufgabe, die zu dieser Zeichnung passen.

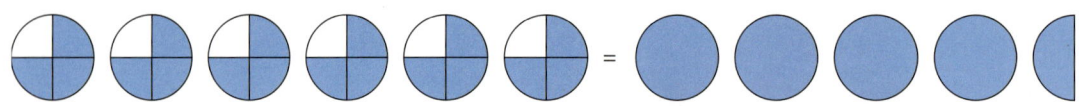

Verstehen

Jan kauft 5 Packungen Tomatensaft.
Jede Packung enthält einen $\frac{3}{4}$ Liter.
Wie viel Liter sind das insgesamt?

Beispiel 1

$$5 \cdot \frac{3}{4} = \frac{3}{4} + \frac{3}{4} + \frac{3}{4} + \frac{3}{4} + \frac{3}{4} = \frac{15}{4}$$

$$5 \cdot \frac{3}{4} = \frac{5 \cdot 3}{4} = \frac{15}{4}$$

> **Merke** Brüche werden mit natürlichen Zahlen multipliziert, indem man nur **den Zähler mit der natürlichen Zahl** multipliziert.
>
> Der Nenner bleibt unverändert.

Beispiel 2

a) Bei der Multiplikation gilt das **Vertauschungsgesetz**.

$$\frac{2}{5} \cdot 6 = 6 \cdot \frac{2}{5} = \frac{6 \cdot 2}{5} = \frac{12}{5} = 2\frac{2}{5}$$

b) Wenn es möglich ist, wird immer **vor** dem Multiplizieren gekürzt.

$$\frac{8}{15} \cdot 3 = \frac{8 \cdot \overset{1}{3}}{\underset{5}{15}} = \frac{8 \cdot 1}{5} = \frac{8}{5} = 1\frac{3}{5}$$

c) **Gemischte Zahlen** multipliziert man, indem man sie zuerst in Brüche umwandelt.

$$4 \cdot 2\frac{2}{3} = 4 \cdot \frac{8}{3} = \frac{4 \cdot 8}{3} = \frac{32}{3} = 10\frac{2}{3}$$

Üben und anwenden

1 Schreibe als Produkt und berechne.

Beispiel $\frac{1}{5} + \frac{1}{5} + \frac{1}{5} = 3 \cdot \frac{1}{5} = \frac{3}{5}$

a) $\frac{1}{2} + \frac{1}{2} + \frac{1}{2}$

b) $\frac{1}{3} + \frac{1}{3} + \frac{1}{3} + \frac{1}{3}$

1 Schreibe als Produkt und berechne.

a) $\frac{1}{7} + \frac{1}{7} + \frac{1}{7} + \frac{1}{7} + \frac{1}{7}$

b) $\frac{1}{4} + \frac{1}{4} + \frac{1}{4}$

c) $\frac{2}{5} + \frac{2}{5} + \frac{2}{5}$

2 Löse die Aufgaben zeichnerisch.

Beispiel $3 \cdot \frac{5}{8}$

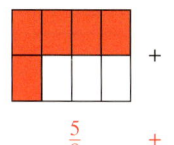 + 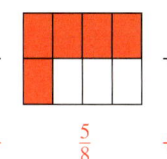 + 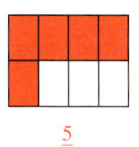 =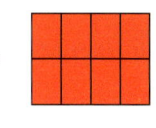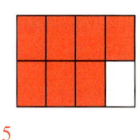

$\frac{5}{8}$ + $\frac{5}{8}$ + $\frac{5}{8}$ = $\frac{15}{8}$ = $1\frac{7}{8}$

a) $3 \cdot \frac{1}{8}$

b) $4 \cdot \frac{2}{5}$

c) $7 \cdot \frac{2}{3}$

d) $4 \cdot \frac{4}{3}$

e) $3 \cdot 1\frac{1}{5}$

3 Ordne die passenden Lösungen zu.

a) $2 \cdot \frac{2}{3}$

b) $7 \cdot \frac{2}{3}$

c) $6 \cdot \frac{2}{5}$

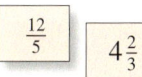 $4\frac{2}{3}$ $2\frac{2}{5}$ $1\frac{1}{3}$

3 Berechne im Kopf. Wandle das Ergebnis in eine gemischte Zahl um, wenn möglich.

a) $5 \cdot \frac{2}{7}$

b) $4 \cdot \frac{2}{9}$

c) $\frac{1}{5} \cdot 6$

d) $7 \cdot \frac{4}{5}$

e) $\frac{7}{9} \cdot 2$

f) $\frac{2}{7} \cdot 9$

4 Kürze vor dem Multiplizieren.

Beispiel $4 \cdot \frac{5}{6} = \frac{4 \cdot 5}{6} = \frac{\overset{2}{\cancel{4}} \cdot 5}{\cancel{6}_3} = \frac{2 \cdot 5}{3} = \frac{10}{3} = 3\frac{1}{3}$

a) $4 \cdot \frac{7}{10}$

b) $5 \cdot \frac{7}{15}$

c) $2 \cdot \frac{3}{8}$

d) $12 \cdot \frac{5}{6}$

e) $7 \cdot \frac{17}{21}$

f) $2 \cdot \frac{4}{10}$

4 Wo steckt jeweils der Fehler?

a) $\frac{3}{25} \cdot 15 = \frac{3 \cdot 15}{25} = \frac{3 \cdot \cancel{15}^{5}}{\cancel{25}_5} = \frac{3 \cdot \cancel{5}^{5}}{\cancel{5}_5} = \frac{3 \cdot 1}{1} = 3$

b) $7 \cdot \frac{7}{5} = \frac{\cancel{7}^{1}}{\cancel{7} \cdot 5} = \frac{1}{5}$

c) $4 \cdot 3\frac{1}{5} = \frac{\cancel{4} \cdot 3}{\cancel{4} \cdot 5} = \frac{3}{5}$

5 Wandle die gemischten Zahlen in Brüche um und berechne.

Beispiel $3 \cdot 2\frac{3}{4} = 3 \cdot \frac{11}{4} = \frac{3 \cdot 11}{4} = \frac{33}{4} = 8\frac{1}{4}$

a) $2 \cdot 1\frac{1}{2}$

b) $2 \cdot 2\frac{1}{2}$

c) $2 \cdot 3\frac{1}{2}$

d) $3 \cdot 2\frac{2}{5}$

e) $3 \cdot 2\frac{3}{5}$

f) $3 \cdot 2\frac{2}{6}$

5 Wandle die gemischten Zahlen in Brüche um und berechne. Gib das Ergebnis wieder als gemischte Zahl an.

a) $3 \cdot 1\frac{1}{2}$

b) $3 \cdot 2\frac{1}{2}$

c) $3 \cdot 3\frac{1}{2}$

d) $1\frac{1}{2} \cdot 6$

e) $4 \cdot 2\frac{2}{3}$

f) $2\frac{1}{8} \cdot 4$

6 Berechne den Bruchteil.

a) die Hälfte von 24 Schülern

b) ein Viertel von 100 g

c) $\frac{1}{8}$ von 40 m

d) $\frac{3}{8}$ von 40 m

6 Berechne den Bruchteil.

a) $\frac{1}{6}$ von 24 km

b) $\frac{1}{9}$ von 72 t

c) $\frac{4}{5}$ von 60 kg

d) $\frac{5}{8}$ von 96 km

7 Eine Flasche Mineralwasser enthält $\frac{7}{10}$ l. Wie viel Liter Mineralwasser enthalten

a) 5 Flaschen,

b) 10 Flaschen,

c) 20 Flaschen,

d) 30 Flaschen?

7 Eine Schulstunde dauert eine Dreiviertelstunde. Wie viele Zeitstunden (h) dauert der Unterricht an den einzelnen Tagen?
Mo.: 4 Schulstunden; Di.: 6 Schulstunden;
Mi.: 5 Schulstunden; Do.: 8 Schulstunden;
Fr.: 7 Schulstunden

ERINNERE DICH
„$\frac{2}{5}$ von 15 m"
bedeutet:
„$\frac{2}{5} \cdot 15$ m"

Brüche mit Brüchen multiplizieren

Entdecken

1 Die Aufgabe $\frac{1}{2} \cdot \frac{1}{4}$ kann man auf zwei verschiedene Weisen lesen:
„Ein Halbes mal ein Viertel." oder „Die Hälfte von einem Viertel."
Verwende beide Sprechweisen für die Aufgaben $\frac{1}{2} \cdot 8$ und $\frac{1}{2} \cdot \frac{1}{8}$ und rechne.

2 Welche „Bruch-mal-Bruch-Aufgabe"
ist hier dargestellt?
Erkläre, wie man mit einer Multiplikationsaufgabe
das Ergebnis erhält.

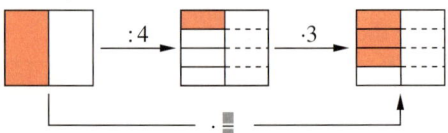

3 Lukas soll ein Viertel Stück Kuchen
auf drei Freunde aufteilen.
Jeder bekommt also $\frac{1}{3}$ von $\frac{1}{4}$.
a) Erkläre mithilfe der Zeichnungen oder der Rechnung,
warum die Lösung $\frac{1}{12}$ sein muss.
b) Löse folgende Aufgaben mithilfe von Skizzen:

    ① $\frac{1}{2}$ von $\frac{1}{4}$ ② $\frac{2}{3}$ von $\frac{4}{5}$ ③ $\frac{2}{5}$ von $\frac{3}{4}$

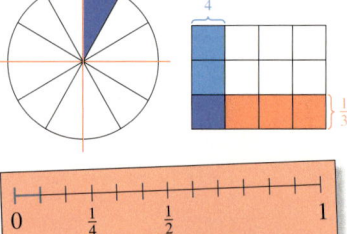

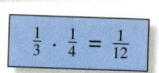

$$\frac{1}{3} \cdot \frac{1}{4} = \frac{1}{12}$$

Verstehen

$\frac{3}{5}$ von den Schülerinnen und Schülern
der 7a sind Mädchen.
$\frac{2}{3}$ von diesen Mädchen haben ein Handy.

Welcher Anteil von allen Kindern der 7a
sind Mädchen mit Handy?

Beispiel 1
„$\frac{2}{3}$ von $\frac{3}{5}$" bedeutet: $\frac{2}{3} \cdot \frac{3}{5}$
$\frac{2}{3} \cdot \frac{3}{5} = \frac{2 \cdot \cancel{3}^{1}}{_{1}\cancel{3} \cdot 5} = \frac{2 \cdot 1}{1 \cdot 5} = \frac{2}{5}$
$\frac{2}{5}$ der Klasse 7a sind Mädchen mit Handy.

> **Merke** Brüche werden multipliziert,
> indem man **Zähler mit Zähler** und
> **Nenner mit Nenner** multipliziert.
> Kürze, wenn möglich.

Beispiel 2
a) $\frac{3}{4} \cdot \frac{5}{7} = \frac{3 \cdot 5}{4 \cdot 7} = \frac{15}{28}$

b) Wenn es möglich ist, wird immer **vor** dem Multiplizieren gekürzt.
$\frac{5}{6} \cdot \frac{9}{10} = \frac{\cancel{5}^{1} \cdot \cancel{9}^{3}}{\cancel{6}_{2} \cdot \cancel{10}_{2}} = \frac{1 \cdot 3}{2 \cdot 2} = \frac{3}{4}$

c) **Gemischte Zahlen** multipliziert man, indem man sie zuerst in Brüche umwandelt.
$\frac{1}{2} \cdot 1\frac{1}{4} = \frac{1}{2} \cdot \frac{5}{4} = \frac{1 \cdot 5}{2 \cdot 4} = \frac{5}{8}$

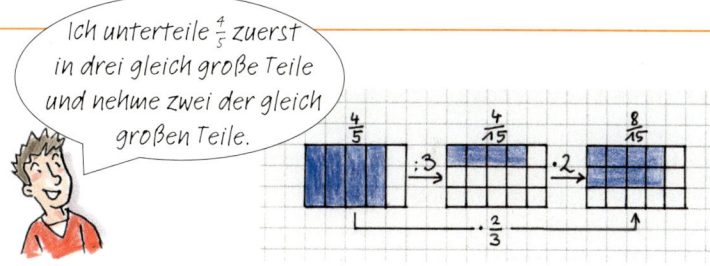

Üben und anwenden

1 Beschreibe, wie Niclas die Aufgabe $\frac{4}{5} \cdot \frac{2}{3}$ gezeichnet und gelöst hat.

Ich unterteile $\frac{4}{5}$ zuerst in drei gleich große Teile und nehme zwei der gleich großen Teile.

Löse zeichnerisch wie Niclas.
Wähle jeweils eine passende Größe für das Rechteck.

① $\frac{2}{5}$ von $\frac{3}{4}$ ② $\frac{1}{2}$ von $\frac{3}{4}$ ③ $\frac{2}{5}$ von $\frac{1}{2}$ ④ $\frac{1}{4} \cdot \frac{2}{3}$

2 Ordne den Aufgaben die richtigen Ergebnisse zu.

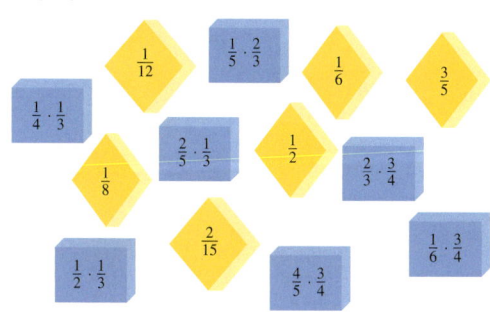

2 Fülle im Heft die Multiplikationstabelle aus. Welches Ergebnis kommt am häufigsten vor? Welches am wenigsten?

·	$\frac{1}{5}$	$\frac{2}{5}$	$\frac{3}{5}$	$\frac{4}{5}$	$\frac{5}{5}$	$\frac{6}{5}$
$\frac{1}{4}$						
$\frac{2}{4}$						
$\frac{3}{4}$						
$\frac{4}{4}$						
$\frac{5}{4}$						

3 Multipliziere.
Kürze, wenn möglich, vor dem Ausrechnen.

Beispiel $\frac{9}{10} \cdot \frac{15}{18} = \frac{\cancel{9} \cdot \cancel{15}^{3}}{\cancel{10} \cdot \cancel{18}_{2}} = \frac{1 \cdot 3}{2 \cdot 2} = \frac{3}{4}$

a) $\frac{2}{3} \cdot \frac{4}{7}$ **b)** $\frac{4}{5} \cdot \frac{3}{8}$

c) $\frac{2}{7} \cdot \frac{3}{4}$ **d)** $\frac{3}{4} \cdot \frac{2}{9}$

e) $\frac{6}{7} \cdot \frac{2}{9}$ **f)** $\frac{3}{6} \cdot \frac{5}{4}$

3 Multipliziere.
Kürze, wenn möglich, vor dem Ausrechnen.

a) $\frac{2}{5} \cdot \frac{3}{7}$ **b)** $\frac{5}{2} \cdot \frac{3}{5}$

c) $\frac{5}{2} \cdot \frac{5}{3}$ **d)** $\frac{3}{7} \cdot \frac{5}{6}$

e) $\frac{3}{7} \cdot \frac{6}{5}$ **f)** $\frac{2}{6} \cdot \frac{8}{9}$

g) $\frac{8}{12} \cdot \frac{3}{4}$ **h)** $\frac{6}{21} \cdot \frac{12}{18}$

4 Berechne. Schreibe die gemischte Zahl zuerst als Bruch.

Beispiel $1\frac{1}{2} \cdot 4 = \frac{3}{2} \cdot 4 = \frac{3 \cdot \cancel{4}^{2}}{1\cancel{2}} = \frac{6}{1} = 6$

a) $2\frac{1}{2} \cdot 5$ **b)** $3\frac{1}{4} \cdot 8$

c) $5\frac{1}{6} \cdot 3$ **d)** $5 \cdot 2\frac{2}{3}$

e) $8 \cdot 1\frac{7}{10}$ **f)** $9 \cdot 3\frac{3}{4}$

4 Berechne. Schreibe die gemischte Zahl zuerst als Bruch.

Beispiel $2\frac{3}{8} \cdot 3\frac{1}{5} = \frac{19}{8} \cdot \frac{16}{5} = \frac{19 \cdot \cancel{16}^{2}}{1\cancel{8} \cdot 5} = \frac{38}{5} = 7\frac{3}{5}$

a) $2\frac{1}{2} \cdot \frac{1}{2}$ **b)** $\frac{4}{9} \cdot 5\frac{1}{5}$

c) $4\frac{1}{3} \cdot 1\frac{3}{4}$ **d)** $1\frac{1}{5} \cdot 2\frac{2}{3}$

e) $1\frac{4}{9} \cdot 1\frac{3}{4}$ **f)** $1\frac{3}{8} \cdot 1\frac{3}{10}$

5 Arbeitet zu zweit.
Denkt euch Multiplikationsaufgaben aus, die das Ergebnis $\frac{1}{4}$ $\left(\frac{2}{5}; \frac{7}{10}\right)$ haben.

6 Berechne die Bruchteile der Größen.

Beispiel $\frac{1}{2}$ von $\frac{3}{4}$ m $= \frac{1}{2} \cdot \frac{3}{4}$ m $= \frac{1 \cdot 3}{2 \cdot 4}$ m $= \frac{3}{8}$ m

a) $\frac{1}{2}$ von $\frac{1}{4}$ m   **b)** $\frac{1}{2}$ von $\frac{3}{4}$ m

c) $\frac{2}{3}$ von $\frac{1}{4}$ kg   **d)** $\frac{2}{3}$ von $\frac{3}{4}$ kg

6 Berechne die Bruchteile der Größen.

a) $\frac{1}{2}$ von $\frac{1}{2}$ m   **b)** $\frac{1}{3}$ von $\frac{1}{4}$ kg

c) $\frac{1}{4}$ von $\frac{3}{8}$ cm   **d)** $\frac{2}{3}$ von $\frac{3}{4}$ mm

e) $\frac{3}{10}$ von $\frac{1}{2}$ km   **f)** $\frac{3}{5}$ von $\frac{1}{2}$ t

HINWEIS
*Beim Multiplizieren gilt:
Jede Zahl aus dem Zähler kann mit jeder Zahl aus dem Nenner gekürzt werden.*

$\frac{9}{10} \cdot \frac{15}{18}$
$= \frac{\cancel{9} \cdot \cancel{15}^{3}}{_{2}\cancel{10} \cdot \cancel{18}_{2}}$
$= \frac{1 \cdot 3}{2 \cdot 2} = \frac{3}{4}$

HINWEIS
↻ 099-1
Hier findest du eine interaktive Übung zum Multiplizieren von Brüchen.

Brüche durch natürliche Zahlen dividieren

Entdecken

1 Im Zoo soll insgesamt $1\frac{1}{2}$ l Milch an drei kleine Affenbabys verteilt werden.
Tierpflegerin Manuela rechnet so:
$$1\frac{1}{2} : 3 = \frac{3}{2} : 3 = \frac{3 : 3}{2} = \frac{1}{2}$$
Erkläre die Rechnung von Manuela.

2 Alina sagt: „Das rechne ich anders."
$$1\frac{1}{2} : 3 = \frac{3}{2} : 3 = \frac{\cancel{3}^{1}}{2 \cdot \cancel{3}_{1}} = \frac{1}{2}$$
Vergleiche mit der Rechnung von Manuela.

3 Wie viel Milch würde jedes Affenbaby bekommen, wenn die $1\frac{1}{2}$ l insgesamt an sechs Affenbabys verteilt werden müssten?

4 Arbeitet zu zweit. Betrachtet die Aufgabe am Zahlenstrahl rechts. Löst mithilfe der Zeichnung.

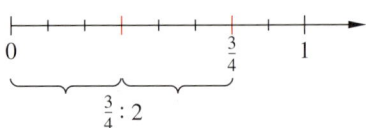

Verstehen

Maja, Birte und Nele essen gemeinsam drei Viertel einer Torte.
Wie viel hat jede von ihnen gegessen?

Beispiel 1
$$\frac{3}{4} : 3 = \frac{3 : 3}{4} = \frac{1}{4}$$
Jede hat $\frac{1}{4}$ der Torte gegessen.

Häufig kann man den Zähler des Bruches *nicht ohne Rest* durch die natürliche Zahl teilen. Dann muss man den Nenner mit der natürlichen Zahl multiplizieren und den Zähler beibehalten.

Beispiel 2
Am nächsten Tag teilen sich die drei Freundinnen das letzte Viertel der Torte.
Wie viel bekommt jede von ihnen?
$$\frac{1}{4} : 3 = \frac{1}{4 \cdot 3} = \frac{1}{12}$$

> **Merke** Es gibt zwei Möglichkeiten, einen Bruch durch eine natürliche Zahl (außer durch Null) zu dividieren:
> 1. Man **dividiert** den **Zähler durch die natürliche Zahl**. Der Nenner wird beibehalten.
> 2. Man **multipliziert** den **Nenner mit der natürlichen Zahl**. Der Zähler wird beibehalten.

Es ist in den meisten Fällen leichter, vor dem Ausrechnen zu kürzen.
Gemischte Zahlen schreibt man als Brüche. Danach kann man wie gewohnt rechnen.
Beispiel 3

a) $7\frac{1}{2} : 6 = \frac{15}{2} : 6 = \frac{\cancel{15}^{5}}{2 \cdot \cancel{6}_{2}} = \frac{5}{2 \cdot 2} = \frac{5}{4} = 1\frac{1}{4}$

b) $4\frac{4}{9} : 12 = \frac{40}{9} : 12 = \frac{\cancel{40}^{10}}{9 \cdot \cancel{12}_{3}} = \frac{10}{9 \cdot 3} = \frac{10}{27}$

Üben und anwenden

1 Berechne im Kopf.

a) $\frac{1}{3} : 1$ b) $\frac{1}{3} : 2$ c) $\frac{1}{3} : 3$

d) $\frac{1}{2} : 1$ e) $\frac{1}{4} : 2$ f) $\frac{1}{6} : 3$

2 Welche Divisionsaufgabe ist hier dargestellt?

a)
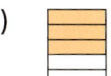

b)
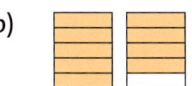

1 Berechne im Kopf.

a) Dividiere $\frac{1}{4}$ durch 1; 2; 3; 4; 5; 6; 7; 8; 9.

b) Dividiere $\frac{1}{5}$ durch 10; 100; 1000; 10000.

2 Welche Divisionsaufgabe ist hier dargestellt?

a)

b)

NACHGEDACHT
Berechne und setze die Reihe um fünf Aufgaben fort:
$4 : 3 = \frac{4}{3}$
$2 : 3 = \ldots$
$1 : 3 = \ldots$
$\frac{1}{2} : 3 = \ldots$

3 Löse die Aufgaben zeichnerisch und schreibe die dazugehörige Rechnung dazu.

Beispiel $\frac{1}{4} : 3$

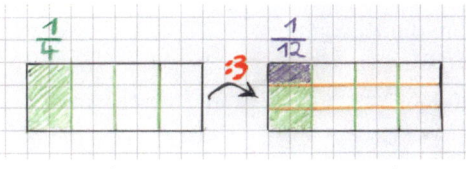

$$\frac{1}{4} : 3 = \frac{1}{4 \cdot 3} = \frac{1}{12}$$

a) $\frac{1}{2} : 4$ b) $\frac{1}{8} : 2$ c) $\frac{1}{6} : 4$ d) $\frac{3}{8} : 3$

4 Versuche, im Kopf zu berechnen.

a) $\frac{3}{4} : 3$; $\frac{6}{7} : 3$; $\frac{9}{10} : 3$; $\frac{12}{13} : 3$

b) $\frac{3}{5} : 2$; $\frac{3}{7} : 2$; $\frac{5}{9} : 2$; $\frac{7}{11} : 2$

4 Versuche, im Kopf zu berechnen.

a) $\frac{2}{3} : 3$; $\frac{2}{5} : 3$; $\frac{4}{5} : 3$; $\frac{5}{12} : 3$

b) $\frac{3}{4} : 4$; $\frac{5}{6} : 4$; $\frac{7}{9} : 4$; $\frac{9}{13} : 4$

5 Dividiere. Kürze, wenn möglich.

a) $\frac{2}{3} : 2$ b) $\frac{2}{3} : 3$ c) $\frac{2}{3} : 4$

d) $\frac{1}{4} : 3$ e) $\frac{2}{4} : 3$ f) $\frac{3}{4} : 3$

5 Dividiere. Kürze, wenn möglich.

a) $\frac{4}{5} : 8$ b) $\frac{6}{7} : 4$ c) $\frac{5}{9} : 15$

d) $\frac{5}{12} : 20$ e) $\frac{2}{7} : 3$ f) $\frac{3}{10} : 12$

6 Dividiere.

Beispiel $1\frac{2}{3} : 2 = \frac{5}{3} : 2 = \frac{5}{3 \cdot 2} = \frac{5}{6}$

a) $1\frac{1}{3} : 2$ b) $1\frac{3}{5} : 8$ c) $2\frac{1}{4} : 2$

6 Dividiere.

a) $2\frac{1}{2} : 3$ b) $1\frac{3}{4} : 7$ c) $10\frac{1}{5} : 17$

d) $2\frac{5}{6} : 3$ e) $5\frac{1}{2} : 10$ f) $5\frac{5}{8} : 4$

7 Erstelle mithilfe der Kärtchen drei verschiedene Aufgaben und berechne.

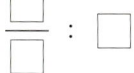 : 

7 Setze die Zahlen so ein, dass das Ergebnis möglichst groß (möglichst klein) wird.

 :

8 Prüfe die Lösungen und berichtige die Fehler im Heft.

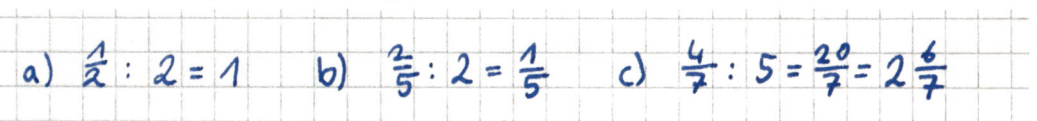

a) $\frac{1}{2} : 2 = 1$ b) $\frac{2}{5} : 2 = \frac{1}{5}$ c) $\frac{4}{7} : 5 = \frac{20}{7} = 2\frac{6}{7}$

+ Brüche durch Brüche dividieren

Entdecken

1 Beantworte die Fragen anhand der Zeichnungen.

a) Wie oft passt $\frac{1}{2}$ in 2?

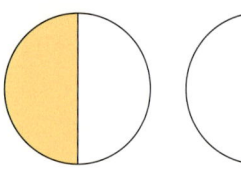

b) Wie oft passt $\frac{1}{3}$ in 2?

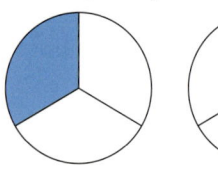

c) Wie oft passt $\frac{1}{3}$ in $2\frac{1}{3}$?

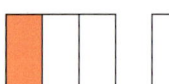 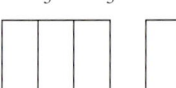

d) Wie oft passt $\frac{2}{3}$ in 4?

2 Wie oft passt $\frac{2}{3}$ in $\frac{8}{9}$?
Julia rechnet so: $\frac{8}{9} : \frac{2}{3} = \frac{8:2}{9:3} = \frac{4}{3}$. Erkläre die Rechnung.

3 Simon rechnet die Aufgabe $\frac{3}{4} : \frac{5}{7}$, indem er $\frac{3}{4}$ zunächst mit $7 \cdot 5$ erweitert:

$$\frac{3}{4} : \frac{5}{7} = \frac{3 \cdot 7 \cdot 5}{4 \cdot 7 \cdot 5} : \frac{5}{7} = \frac{3 \cdot 7 \cdot 5 : 5}{4 \cdot 7 \cdot 5 : 7} = \frac{3 \cdot 7}{4 \cdot 5} = \frac{21}{20} = 1\frac{1}{20}$$

Jasmina sagt daraufhin zu ihm: „Dann hättest du ja gleich mit dem *Kehrwert* von $\frac{5}{7}$, also $\frac{7}{5}$, multiplizieren können." Erkläre an eigenen Beispielen, was Jasmina meint.

HINWEIS
Beim Kehrwert werden Zähler und Nenner vertauscht:

$\frac{2}{3} \qquad \frac{3}{2}$

Kehrwert

Verstehen

In einer Flasche sind $1\frac{1}{2}$ Liter Wasser.
In ein Glas passen $\frac{2}{5}$ Liter Wasser.

Wie viele der Gläser kann man mit der Wasserflasche füllen?

Beispiel 1

$1\frac{1}{2} : \frac{2}{5} = \frac{3}{2} : \frac{2}{5}$

$\frac{3}{2} : \frac{2}{5} = \frac{3}{2} \cdot \frac{5}{2} = \frac{15}{4} = 3\frac{3}{4}$

Kehrwert

Probe mithilfe der Umkehrrechnung:

$3\frac{3}{4} \cdot \frac{2}{5} = \frac{15}{4} \cdot \frac{2}{5} = \frac{\overset{3}{\cancel{15}} \cdot \overset{1}{\cancel{2}}}{\underset{2}{\cancel{4}} \cdot \underset{1}{\cancel{5}}} = \frac{3 \cdot 1}{2 \cdot 1} = \frac{3}{2} = 1\frac{1}{2}$

Beispiel 2

$\frac{3}{8} : \frac{5}{4} = \frac{3}{8} \cdot \frac{4}{5} = \frac{3 \cdot \overset{1}{\cancel{4}}}{\underset{2}{\cancel{8}} \cdot 5} = \frac{3 \cdot 1}{2 \cdot 5} = \frac{3}{10}$

·Kehrwert

> **Merke** Man **dividiert durch** einen **Bruch**, indem man mit seinem Kehrwert multipliziert.
> Den **Kehrwert** eines Bruchs bildet man, indem man Zähler und Nenner tauscht.
>
> Prüfe dein Ergebnis mit der **Probe** (Umkehrrechnung).

Probe: $\frac{3}{10} \cdot \frac{5}{4} = \frac{3 \cdot \overset{1}{\cancel{5}}}{\underset{2}{\cancel{10}} \cdot 4} = \frac{3 \cdot 1}{2 \cdot 4} = \frac{3}{8}$

Üben und anwenden

1 Gib den Kehrwert an.
Verwandle gemischte Zahlen zuerst in Brüche.

a) $\frac{23}{25}$ b) $\frac{17}{19}$ c) $\frac{24}{31}$

d) 2 e) $2\frac{2}{3}$ f) $6\frac{1}{7}$

2 Berechne möglichst im Kopf.
Die Ergebnisse sind natürliche Zahlen.

a) $4 : \frac{1}{4}$ b) $3 : \frac{3}{4}$ c) $6 : \frac{2}{3}$

3 Vervollständige die Aufgaben im Heft.
Kontrolliere mit der Probe.

Division	Probe
$\frac{1}{3} : \frac{1}{2} = \frac{2}{3}$	$\frac{2}{3} \cdot \frac{1}{2} = \frac{1}{3}$
$\frac{1}{3} : \frac{1}{4} = $ ▨	▨ $\cdot \frac{1}{4} = \frac{1}{3}$
$\frac{1}{3} : \frac{1}{8} = $ ▨	▨ $\cdot \frac{1}{8} = \frac{1}{3}$
$\frac{1}{3} : \frac{1}{16} = $ ▨	▨ $\cdot \frac{1}{16} = \frac{1}{3}$

4 Dividiere und überprüfe dein Ergebnis
mit der Probe.

a) $\frac{6}{5} : \frac{2}{3}$ b) $\frac{3}{7} : \frac{14}{5}$ c) $\frac{3}{8} : \frac{1}{2}$

d) $\frac{5}{6} : \frac{3}{4}$ e) $\frac{7}{2} : \frac{3}{8}$ f) $\frac{1}{12} : \frac{1}{3}$

5 Schreibe jeweils beide Aufgaben auf und
löse sie. Vergleiche die Ergebnisse.

a) Dividiere $\frac{1}{5}$ durch 4. Berechne $\frac{1}{4}$ von $\frac{1}{5}$.

b) Dividiere $\frac{2}{3}$ durch 5. Berechne $\frac{1}{5}$ von $\frac{2}{3}$.

6 Berechne und vergleiche.
Trage im Heft ein: >, < oder =?

a) $14 : \frac{3}{4}$ ▨ $14 : \frac{4}{3}$ b) $18 : \frac{5}{6}$ ▨ $18 : \frac{6}{5}$

c) $\frac{3}{5} : \frac{12}{10}$ ▨ $\frac{3}{5} : \frac{10}{12}$ d) $\frac{9}{14} : \frac{3}{7}$ ▨ $\frac{9}{14} : \frac{7}{3}$

7 Berechne die Aufgaben.
Was fällt dir auf?
Setze die Reihen um fünf Aufgaben fort.

a) $\frac{1}{2} : 2$; $\frac{1}{2} : 1$; $\frac{1}{2} : \frac{1}{2}$; $\frac{1}{2} : \frac{1}{4}$; $\frac{1}{2} : \frac{1}{8}$;   …

b) $3 : 2$; $3 : 1$; $3 : \frac{1}{2}$;   …

c) $\frac{1}{5} : \frac{1}{16}$; $\frac{1}{5} : \frac{1}{8}$; $\frac{1}{5} : \frac{1}{4}$;   …

8 Eine Divisionsaufgabe kann auch als Messen mit einer Messlatte verstanden werden.
Beispiel Die Leiste hat eine Länge von $2\frac{1}{2}$ m.

Die Messlatte hat eine Länge von $\frac{1}{2}$ m.
Sie passt genau 5-mal auf eine Leiste.
$2\frac{1}{2} : \frac{1}{2} = \frac{5}{2} \cdot \frac{2^{1}}{1} = \frac{5}{1} = 5$

Leistenlänge	Messlatte	Ergebnis
$4\frac{1}{2}$ m	$\frac{1}{2}$ m	
$5\frac{1}{2}$ m	$\frac{1}{4}$ m	
3 m	$\frac{3}{4}$ m	
6 m		12-mal
	$\frac{1}{4}$ m	5-mal

9 Überprüfe die Rechnungen und korrigiere
Fehler.

a) $\frac{3}{4} : \frac{2}{3} = \frac{3}{4} \cdot \frac{2}{3} = \frac{6}{12} = \frac{1}{2}$ b) $\frac{10}{9} : 2 = \frac{5}{9}$

c) $1 : \frac{1}{4} = 1 \cdot \frac{1}{4} = \frac{1}{4}$ d) $2\frac{1}{2} : 2\frac{1}{2} = 1$

10 Aus dem Berufsleben
Uwe Zöller ist Winzer.
Er füllt Traubensaft in $\frac{3}{4}$-l-Flaschen ab.
Bestimme, wie viele Flaschen er für die angegebenen Saftmengen benötigt.

Liter Saft	$\frac{3}{4}$	$1\frac{1}{2}$	3	27	270	2700
Anzahl Flaschen	1					

NACHGEDACHT
Thea rechnet die
Aufgabe $\frac{1}{4} : 3$ so:
$\frac{1}{4} : 3 = \frac{1}{4 \cdot 3} = …$

Paul rechnet so:
$\frac{1}{4} : 3 = \frac{1}{4} \cdot \frac{1}{3} = …$

*Worin unterscheiden sich
die Rechenwege? Welcher
ist richtig?*

Mit Dezimalzahlen rechnen

Entdecken

1 In vielen Situationen des Alltags wird mit Dezimalzahlen gerechnet. Nenne Beispiele dafür.

2 Daniela, Antje und Ole gehen für ihre Eltern einkaufen. Sie haben 20 € von ihren Eltern erhalten. Das restliche Geld dürfen sie unter sich aufteilen. Stelle verschiedene Fragen und beantworte diese.

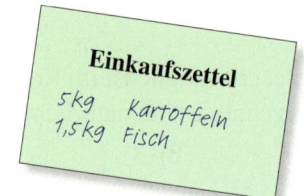

Einkaufszettel
5 kg Kartoffeln
1,5 kg Fisch

 1 kg Kartoffeln
0,79 €

 1 kg Fisch
8,98 €

Verstehen

Beim Einkaufen muss man oft mit Dezimalzahlen rechnen.

> **Merke** Achte beim Rechnen mit Dezimalzahlen auf das Komma.

```
Kassenbon
2·4,95   9,90
1·0,75   0,75
6·0,25   1,50

Summe    12,15
Gegeben  20,00
Rückgeld 7,85
```

Beispiel 1
Bei der schriftlichen **Addition** schreibt man die Zahlen stellengerecht untereinander.

6,2 + 17,542

	Z	E	z	h	t
		6	2	0	0
+	1	7	5	4	2
		1			
	2	3	7	4	2

Kurzform:
$$6,2\underline{00}$$
$$+\ 17,542$$
$$\underline{\hspace{1.5cm}1}$$
$$23,742$$

Beispiel 2
Bei der schriftlichen **Subtraktion** schreibt man die Zahlen stellengerecht untereinander.

21,38 − 2,265

	Z	E	z	h	t
	2	1	3	8	0
−		2	2	6	5
	1			1	
	1	9	1	1	5

Kurzform:
$$21,38\underline{0}$$
$$-\ 2,265$$
$$\underline{\hspace{1cm}1\hspace{0.5cm}1}$$
$$19,115$$

Beispiel 3
Bei der schriftlichen **Multiplikation** setzt man das Komma so, dass das Ergebnis genauso viele Stellen hinter dem Komma hat wie beide Zahlen zusammen.

3,24 · 2,3

3,	2	4	·	2,	3
		6	4	8	
		9	7	2	
		1	1		
7,	4	5	2		

(2 + 1) Stellen hinter dem Komma

3 Stellen hinter dem Komma

Beispiel 4
Bei der schriftlichen **Division** setzt man ein Komma im Ergebnis, sobald man das Komma der Zahl, durch die dividiert wird, überschreitet.

9,84 : 4

E	z	h				E	z	h
9,	8	4	:	4	=	2,	4	6
− 8								
1	8							
− 1	6							
	2	4						
−	2	4						
		0						

Komma setzen

Üben und anwenden

1 Schreibe stellengerecht untereinander und berechne schriftlich.
a) 12,34 + 15,62
b) 36,48 + 5,2
c) 22,78 − 11,25
d) 17,86 − 12,9

1 Berechne. Achte auf das Komma.
a) 3,7 + 13,9
b) 100,9 − 87,4
c) 11,02 + 4,9
d) 8 − 0,788
e) 0,241 + 100,6 + 3
f) 304,752 − 9,99

2 Wie heißen die nächsten beiden Zahlen?
a) 7,5; 8; 8,5; …
b) 9,5; 9,3; 9,1; …
c) 22,8; 23,5; 24,2; …

2 Wie heißen die nächsten drei Zahlen?
a) 0,4; 0,65; 0,9; …
b) 40,8; 38,5; 36,2; …
c) 20; 18,7; 17,4; …

3 Ergänze zu 100 €.
a) 89,60 €
b) 78,60 €
c) 12,75 €
d) 42,75 €
e) 96,79 €
f) 76,69 €

3 Ergänze zu 1000 kg.
a) 257,300 kg
b) 876,500 kg
c) 750,360 kg
d) 88,723 kg
e) 15,234 kg
f) 512,378 kg

4 Ergänze die Additionsmauer im Heft.

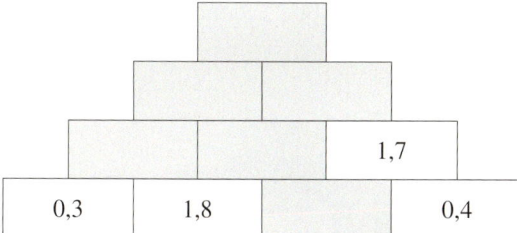

4 Rechne in Pfeilrichtung.

12,6 → +4,2 → ○ → −8,9
−4,2
○ → +5,8 → ○ → −6,3

5 Rechne im Kopf.
a) 5,67 · 10
   5,67 · 100
   5,67 · 1000
b) 123 : 10
   123 : 100
   123 : 1000

5 Setze die Aufgaben fort. Rechne im Kopf.
a) 1,2 · 10
   1,2 · 100
   1,2 · 1000
b) 72 : 10
   72 : 100
   72 : 1000

6 Multipliziere schriftlich.
a) 1,2 · 4
b) 2 · 6,43
c) 2,3 · 2,3
d) 2,8 · 1,2
e) 2,25 · 2,1
f) 3,4 · 2,6

6 Multipliziere schriftlich.
a) 1,7 · 8
b) 3,5 · 5,6
c) 2,18 · 5,23
d) 11,4 · 0,47
e) 4,125 · 1,93
f) 12,37 · 13,03

7 Dividiere schriftlich.
Kontrolliere deine Ergebnisse mit der Probe.
a) 5,2 : 4
b) 12,4 : 4
c) 16,8 : 3
d) 23,7 : 3
e) 16,2 : 6
f) 13,44 : 6

7 Dividiere schriftlich.
Kontrolliere deine Ergebnisse mit der Probe.
a) 22,8 : 3
b) 13,76 : 8
c) 10,941 : 5
d) 6,96 : 12
e) 27,23 : 14
f) 215,552 : 16

8 Aus dem Berufsleben
Copy-Shops gibt es inzwischen überall.
a) Ein Kunde macht 64 Farbkopien. Eine Farbkopie kostet 0,25 €.
   Wie viel muss der Kunde zahlen?
b) Eine Kopierkarte für 1000 schwarz-weiß-Kopien kostet 25 €.
   Berechne die Kosten für 100 Kopien, für 10 Kopien und für 1 Kopie.

HINWEIS
zu Aufgabe 8:
Denke daran,
deine Ergebnisse
sinnvoll zu runden.

+ Dezimalzahlen durch Dezimalzahlen dividieren

Entdecken

1 *Vorbereitung:*
Bringt von zu Hause mit:
– Getränkeflaschen mit einem Fassungsvermögen
  von 0,7 l; 1 l und 1,5 l
– Gläser mit einem Fassungsvermögen
  von 0,1 l; 0,2 l; 0,25 l und 0,5 l

Arbeitet in Gruppen.
a) Wählt eine der Flaschen aus und füllt sie mit Wasser.
b) Schätzt, wie oft man jeweils eines der vorhandenen Gläser
   mit dem Inhalt der Flasche füllen kann.
c) Probiert aus, ob eure Schätzungen stimmen.
d) Welche Rechenaufgaben stellen die Umfüllvorgänge dar?

2 Die Aufgabe 9 : 4,5 hat als Ergebnis 2.
Multipliziere 9 und 4,5 mit jeweils einer gleichen Zahl (2; 10; 15; 100; …) und teile die Zahlen
dann (die Multiplikation mit 2 ergibt z. B. 18 : 9).
Was stellst du fest? Formuliere eine Regel.

Verstehen

Weintrauben
2,85 € für 2,5 kg

Markus möchte 1 kg Weintrauben kaufen.
Er rechnet: 2,85 € : 2,5
Wie viel muss er zahlen?

> **Merke** **So dividiert man eine Dezimalzahl durch eine Dezimalzahl:**
> ① Man führt eine Überschlagsrechnung durch.
> ② Man multipliziert **beide** Dezimalzahlen solange mit 10 oder 100 oder 1000 oder …,
>   bis bei der **zweiten** Zahl kein Komma mehr steht.
> ③ Dann rechnet man wie beim Dividieren durch natürliche Zahlen.

HINWEIS
*Führe auch hier
die Probe mit-
hilfe der Um-
kehrrechnung
durch.*

Beispiel 1

2,	8	5	:	2,	5
↓ ·10				↓ ·10	
2	8,	5	:	2	5

Überschlag:
3 : 2 = 1,5

$2\,8,5 : 2\,5 = 1,14$

```
  2 8, 5 : 2 5 = 1, 1 4
- 2 5 |
    3 5        Komma
  - 2 5        setzen
    1 0 0
  - 1 0 0
        0
```

Ein Kilogramm Weintrauben kostet 1,14 €.

Beispiel 2

5,	2		:	3,	2	5
↓ ·100				↓ ·100		
5	2	0	:	3	2	5

Überschlag:
6 : 3 = 2

```
  5 2 0 : 3 2 5 = 1, 6
- 3 2 5 |
  1 9 5 0        Komma
- 1 9 5 0        setzen
        0
```

Also: 5,2 : 3,25 = 1,6

Üben und anwenden

1 Mit welcher Zehnerzahl wurde multipliziert?
a) $4 : 0,05 = 400 : 5$
b) $2,5 : 1,25 = 250 : 125$
c) $3,425 : 1,6 = 34,25 : 16$
d) $0,35 : 0,007 = 350 : 7$

2 Bestimme die Platzhalter.
Berechne dann das Ergebnis.
a) $12 : 0,12 = \blacksquare : 12$ b) $\blacksquare : 3,2 = 64 : 32$
c) $3,6 : \blacksquare = 360 : 12$ d) $4,33 : \blacksquare = \blacksquare : 2$

3 Berechne im Kopf. Überlege zuerst:
Mit welcher Zehnerzahl müssen beide Zahlen multipliziert werden, damit bei der zweiten Zahl kein Komma steht?
a) $0,4 : 0,2$ b) $0,12 : 0,04$ c) $3,5 : 0,07$
d) $18 : 0,6$ e) $0,12 : 0,4$ f) $0,2 : 5$

4 Zeichne die „Rechenkreisel" ins Heft und ergänze die fehlenden Zahlen.

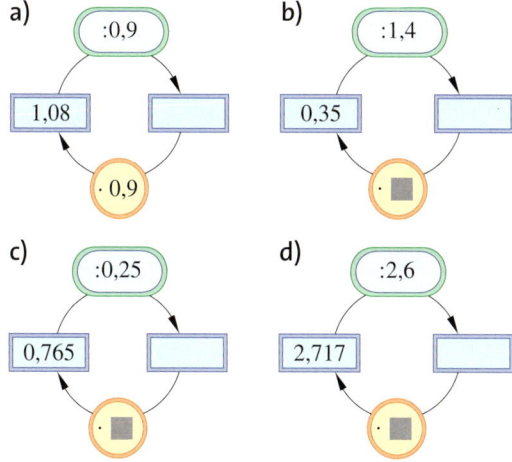

a) $:0,9$ — $1,08$ — $\cdot\,0,9$
b) $:1,4$ — $0,35$ — $\cdot\,\blacksquare$
c) $:0,25$ — $0,765$ — $\cdot\,\blacksquare$
d) $:2,6$ — $2,717$ — $\cdot\,\blacksquare$

e) Beschreibe mit deinen Worten, was der Rechenkreisel mit der Probe **gemeinsam** hat.

5 Stimmen die Behauptungen?
Nutze die gelösten Rechenkreisel aus Aufgabe **4**.
a) Bei der Division durch eine Zahl, die größer als 1 ist, ist das Ergebnis kleiner als die Zahl, die geteilt wird.
b) Bei der Division durch eine Zahl, die kleiner als 1 ist, ist das Ergebnis größer als die Zahl, die geteilt wird.

6 Prüfe Tims Hausaufgaben. Erkläre, welche Fehler er gemacht hat, und korrigiere sie.
a) $875 : 0,7 = \mathit{875 : 7 = 125}$
b) $35 : 0,005 = \mathit{0,035 : 5 = 0,007}$
c) $42 : 0,04 = \mathit{420 : 4 = 105}$
d) $1,44 : 1,2 = \mathit{144 : 120 = 12}$
e) $0,040\,12 : 0,17 = \mathit{4,012 : 17 = 2,36}$

7 Überschlage und berechne erst danach schriftlich.
Überprüfe die Ergebnisse mit einer Probe.
Beispiel $8,82 : 2,8$
   Überschlag: $9 : 3 = 3$
   Rechnung: $88,2 : 28 = 3,15$
a) $37,72 : 2,3$ b) $37,2 : 6,2$
c) $17,595 : 5,1$ d) $127,1 : 20,5$
e) $14,039 : 5,05$ f) $8,88 : 5,55$

8 Berechne im Heft.
$42\,857,1 : 0,3 = \blacksquare$
$2\,857,14 : 0,2 = \blacksquare$
$857,142 : 0,6 = \blacksquare$
$57,142\,8 : 0,4 = \blacksquare$
$7,142\,85 : 0,5 = \blacksquare$
$0,142\,857 : 0,1 = \blacksquare$

9

Sonderangebot Metzgerei Bock
Lammfleisch 2,2 kg nur **17,60 €**
Rindersteak 0,75 kg nur **10,75 €**

10 Aus dem Berufsleben
In einer Molkerei wird Butter in Päckchen zu 0,25 kg und 0,125 kg verpackt.
a) Wie viele 0,25-kg-Päckchen entstehen aus 250 kg Butter?
b) Wie viele 0,125-kg-Päckchen können aus 120 kg Butter hergestellt werden?

11 Kontrolliere mit der Probe.
a) Ruths Mofa verbraucht 2,4 l Benzin für 110,250 km.
Wie weit fährt es mit 1 Liter?
b) Laras Pkw verbraucht auf 95,7 km genau 6,6 Liter.
Vergleiche mit Ruths Mofa.

HINWEIS
Mache die Probe mithilfe der Umkehrrechnung.

Klar so weit?

→ Seite 96

Brüche mit natürlichen Zahlen multiplizieren

1 Berechne. Kürze, wenn möglich.

a) $\frac{1}{3} \cdot 2$ b) $\frac{2}{3} \cdot 2$

c) $4 \cdot \frac{1}{4}$ d) $4 \cdot \frac{1}{8}$

e) $\frac{1}{6} \cdot 4$ f) $4 \cdot \frac{5}{6}$

1 Berechne. Kürze, wenn möglich.

a) $5 \cdot \frac{2}{7}$ b) $\frac{3}{10} \cdot 3$

c) $16 \cdot \frac{7}{8}$ d) $\frac{5}{6} \cdot 12$

e) $33 \cdot \frac{6}{11}$ f) $\frac{8}{15} \cdot 25$

2 Wie viele sind es jeweils?

a) $\frac{1}{6}$ von 24 Schülern

b) $\frac{1}{5}$ von 30 Schülern

2 $\frac{1}{9}$ von den 27 Schülern aus der Klasse 7 a fahren mit dem Fahrrad zur Schule. Wie viele Kinder sind das?

→ Seite 98

Brüche mit Brüchen multiplizieren

3 Finde zu jeder Aufgabe die passende Lösung. Zwei Lösungen bleiben übrig.

a) $\frac{1}{2} \cdot \frac{3}{4}$ b) $\frac{3}{4} \cdot \frac{2}{6}$

c) $\frac{8}{15} \cdot \frac{5}{6}$ d) $\frac{5}{21} \cdot \frac{14}{15}$

3 Berechne.
Kürze, wenn möglich, vor dem Multiplizieren.

a) $\frac{2}{5} \cdot \frac{1}{6}$ b) $\frac{2}{3} \cdot \frac{3}{5}$

c) $\frac{11}{24} \cdot \frac{6}{13}$ d) $\frac{15}{16} \cdot \frac{32}{60}$

e) $\frac{12}{17} \cdot \frac{1}{9}$ f) $\frac{5}{18} \cdot \frac{9}{10}$

4 Berechne jeweils den Anteil.

a) $\frac{1}{3}$ von $\frac{1}{4}$ Melone

b) $\frac{1}{2}$ von $\frac{3}{4}$ Liter Saft

c) $\frac{2}{3}$ von $1\frac{1}{2}$ kg Hackfleisch

4 $\frac{4}{5}$ aller Kinder aus der Klasse 7 b haben ein Handy. $\frac{1}{3}$ von diesen Kindern mit Handy muss die Gebühren selbst bezahlen.
Welcher Anteil von allen Kindern aus der 7 b hat ein Handy und zahlt die Gebühren selbst?

→ Seite 100

Brüche durch natürliche Zahlen dividieren

5 Berechne.
Löse, wenn möglich, im Kopf.

a) $\frac{2}{5} : 2$ b) $\frac{4}{5} : 2$

c) $\frac{1}{3} : 4$ d) $\frac{1}{4} : 3$

e) $\frac{2}{3} : 7$ f) $\frac{6}{7} : 3$

5 Berechne.
Löse, wenn möglich, im Kopf.

a) $\frac{3}{5} : 7$ b) $\frac{5}{12} : 5$

c) $\frac{4}{25} : 2$ d) $\frac{42}{43} : 28$

e) $2\frac{2}{3} : 2$ f) $3\frac{3}{5} : 12$

6 Das Geschenkband hat eine Länge von 250 m.
Tom schneidet Bänder ab, die alle $\frac{1}{4}$ m lang sind.
Wie viele Bänder werden es?

6 Jakob hat eine kleine Gießkanne, die $\frac{3}{4}$ l fasst. Jakobs Vater stellt ihm einen Eimer mit 10 l Wasser zum Auffüllen bereit.
Wie oft kann Jakob seine Kanne mit dem Wasser füllen?

+ Brüche durch Brüche dividieren → Seite 102

7 Berechne und kürze vollständig. Prüfe dein Ergebnis mit der Probe.

a) $\frac{3}{4} : \frac{3}{8}$ b) $\frac{2}{7} : \frac{5}{9}$ c) $\frac{9}{14} : \frac{3}{10}$ d) $\frac{7}{8} : \frac{1}{8}$

8 Wandle die gemischten Zahlen in Brüche um.
Schreibe das Ergebnis wieder als gemischte Zahl.

a) $1\frac{1}{2} : \frac{1}{4}$ b) $1\frac{2}{3} : \frac{5}{6}$ c) $2\frac{3}{5} : \frac{1}{4}$ d) $7\frac{5}{7} : \frac{1}{2}$

9 Die Getränke sollen an sechs Kinder gerecht verteilt werden.
Wie viel Liter erhält jedes Kind?

a) $1\frac{1}{2}$ l Cola   b) $2\frac{3}{4}$ l Saft   c) $3\frac{1}{4}$ l Sprudel   d) $\frac{2}{3}$ l Limonade

Mit Dezimalzahlen rechnen → Seite 104

10 Berechne die fehlenden Werte im Heft.

	Betrag	ich gebe	ich erhalte
a)	33,50 €	50,00 €	
b)	14,76 €		5,24 €
c)		25,00 €	3,77 €

10 Berechne die fehlenden Werte im Heft.

	a)	b)	c)	d)
	3,74		15,25	76,89
	+12,7	−5,79		−0,259
		26,88	7,3	

11 1 Liter Saft kostet 0,59 €.
Berechne jeweils den Preis.

a) 2 l   b) 10 l
c) 20 l   d) 25 l
e) 0,5 l   f) 1,5 l

11 Eine Seemeile (sm) entspricht einer
Länge von 1,852 km. Setze das Größer- (>)
oder Kleinerzeichen (<) im Heft ein.

a) 3 sm ▢ 5 km   b) 9 sm ▢ 17 km
c) 15 km ▢ 8 sm   d) 50 km ▢ 27 sm

12 Berechne. Mache zu jeder Aufgabe die
Probe mithilfe der Umkehraufgabe.

a) 6,4 : 8   b) 1,65 : 5
c) 50 : 4   d) 23,4 : 3

12 Berechne. Mache zu jeder Aufgabe
die Probe mithilfe der Umkehraufgabe.

a) 7,28 : 13   b) 0,504 : 8
c) 24,084 : 6   d) 57 : 12

+ Dezimalzahlen durch Dezimalzahlen dividieren → Seite 106

13 Löse die Aufgaben, wenn möglich, im Kopf.

a) 2,0 : 0,5   b) 0,8 : 0,1   c) 3,0 : 0,25
d) 1,5 : 0,5   e) 1,5 : 0,25   f) 0,75 : 0,15

14 Dividiere schriftlich. Prüfe dein Ergebnis mit der Probe.

a) 0,4503 : 0,5   b) 42,0126 : 2,1   c) 219,84 : 0,4
d) 0,17102 : 0,17   e) 65,3745 : 2,05   f) 0,12505 : 2,501

15 Überschlage zuerst, dann löse und vergleiche mit deinem Überschlag.
Frau Hu zahlt 71,25 € für eine Tankfüllung von 62,5 l. Wie viel kostet 1 Liter Benzin?

Vermischte Übungen

1 Multiplikation von Brüchen

a) Das Doppelte von $\frac{1}{4}$

b) Das Dreifache von $\frac{1}{4}$

c) Das Vierfache von $\frac{1}{4}$

d) Das Achtfache von $\frac{1}{4}$

1 Multiplikation von Brüchen

a) Das Dreifache von $\frac{3}{4}$

b) Das Vierfache von $\frac{2}{9}$

c) Das Neunfache von $\frac{3}{7}$

d) Das Elffache von $\frac{4}{3}$

HINWEIS
Das Kürzen der Brüche vereinfacht die Rechnungen:
$6 \cdot \frac{3}{4} = \frac{\cancel{6}^3 \cdot 3}{\cancel{4}_2}$
$= \frac{9}{2} = 4\frac{1}{2}$

2 Kürze vor dem Multiplizieren, wenn möglich.

Beispiel $\frac{3}{10} \cdot 5 = \frac{3 \cdot \cancel{5}^1}{2 \cancel{10}} = \frac{3 \cdot 1}{2} = \frac{3}{2} = 1\frac{1}{2}$

a) $\frac{1}{7} \cdot 7$ b) $4 \cdot \frac{1}{2}$

c) $\frac{3}{4} \cdot 2$ d) $\frac{2}{3} \cdot 6$

2 Kürze vor dem Multiplizieren, wenn möglich.

a) $\frac{4}{5} \cdot 15$ b) $\frac{2}{8} \cdot 20$

c) $30 \cdot \frac{9}{10}$ d) $\frac{6}{5} \cdot 15$

e) $12 \cdot \frac{4}{3}$ f) $\frac{4}{5} \cdot 5$

3 Welche Aufgaben haben das gleiche Ergebnis?

$\frac{1}{2} \cdot 3$ $3 \cdot \frac{1}{4}$ $0{,}1 \cdot 3$

$3 \cdot \frac{1}{10}$ $0{,}25 \cdot 3$ $0{,}5 \cdot 3$

3 Vergleiche. Wie rechnest du lieber?

a) $\boxed{3 \cdot \frac{1}{2}}$ und $\boxed{3 \cdot 0{,}5}$

b) $\boxed{\frac{1}{8} \cdot 3}$ und $\boxed{0{,}125 \cdot 3}$

c) $\boxed{\frac{1}{5} \cdot 4}$ und $\boxed{0{,}2 \cdot 4}$

HINWEIS
*zu Aufgabe **4** (türkis):*
Beim Multiplizieren mit drei Brüchen darf man auch so kürzen:
$\frac{\cancel{3}^1 \cdot 1 \cdot 5}{7 \cdot 2 \cdot \cancel{9}_3} = \frac{5}{42}$

4 Berechne.

a) $\frac{1}{4} \cdot \frac{1}{3}$ b) $\frac{5}{9} \cdot \frac{2}{3}$

c) $\frac{7}{10} \cdot \frac{1}{8}$ d) $\frac{7}{15} \cdot \frac{1}{4}$

4 Beachte den Hinweis in der Randspalte.

a) $\frac{3}{7} \cdot \frac{2}{4} \cdot \frac{5}{9}$ b) $\frac{4}{5} \cdot \frac{8}{3} \cdot \frac{6}{5}$

c) $\frac{6}{7} \cdot \frac{5}{6} \cdot \frac{5}{9}$ d) $\frac{7}{2} \cdot \frac{1}{4} \cdot \frac{2}{5}$

5 Multipliziere die gemischten Zahlen.

a) $1\frac{1}{2} \cdot 3$ b) $4 \cdot 1\frac{2}{3}$

c) $2\frac{1}{2} \cdot 5$ d) $3 \cdot 2\frac{2}{5}$

5 Multipliziere die gemischten Zahlen.

a) $2\frac{2}{3} \cdot 4$ b) $5 \cdot 2\frac{4}{5}$

c) $11 \cdot 4\frac{1}{2}$ d) $1\frac{3}{4} \cdot 22$

6 Welche Zahl passt: 2 oder 4?
Kürze das Ergebnis im Heft.

a) $\frac{3}{5} \cdot \frac{\blacksquare}{3} = \frac{6}{15}$

b) $\frac{1}{\blacksquare} \cdot \frac{2}{9} = \frac{2}{36}$ $\boxed{2}$ oder $\boxed{4}$?

c) $\frac{\blacksquare}{3} \cdot \frac{2}{5} = \frac{8}{15}$

6 Ergänze im Heft.
Kürze anschließend das Ergebnis.

a) $\frac{7}{8} \cdot \frac{9}{\blacksquare} = \frac{63}{40}$

b) $\frac{6}{3} \cdot \frac{\blacksquare}{7} = \frac{6}{21}$

c) $\frac{5}{\blacksquare} \cdot \frac{9}{8} = \frac{45}{8}$

7 Schreibe als Aufgabe und berechne.
Kürze dann das Ergebnis.

a) Multipliziere $\frac{2}{3}$ mit 9.

b) Multipliziere 6 mit $\frac{3}{4}$. Addiere anschließend 5.

7 Schreibe ab und vervollständige:

a) Um $4\frac{1}{2}$ zu erhalten muss ich $\blacksquare$ mit 3 multiplizieren.

b) Um $3\frac{1}{4}$ zu erhalten muss ich $\blacksquare$ mit 3 multiplizieren und danach 1 dazu addieren.

8 Berechne.

a) $\frac{1}{3} + \frac{1}{3}$ b) $\frac{1}{3} - \frac{1}{3}$ c) $\frac{1}{3} \cdot \frac{1}{3}$

d) $\frac{4}{5} + \frac{2}{5}$ e) $\frac{4}{5} - \frac{2}{5}$ f) $\frac{4}{5} \cdot \frac{2}{5}$

8 Berechne.

a) $\frac{3}{4} \cdot \frac{1}{8}$ b) $\frac{3}{4} + \frac{1}{8}$ c) $\frac{3}{4} - \frac{1}{8}$

d) $1\frac{1}{2} \cdot \frac{2}{3}$ e) $1\frac{1}{2} + \frac{2}{3}$ f) $\frac{1}{5} \cdot \frac{1}{5}$

9 Übertrage ins Heft und setze <, = oder > ein.

a) $\frac{3}{4} + \frac{1}{6}$ ▨ $\frac{5}{6} + \frac{1}{4}$

b) $\frac{1}{2} - \frac{1}{4}$ ▨ $\frac{4}{5} - \frac{3}{4}$

c) $\frac{1}{2} \cdot 7$ ▨ $8 \cdot \frac{7}{16}$

9 Übertrage ins Heft und setze <, = oder > ein.

a) $\frac{5}{12} + \frac{3}{10}$ ▨ $\frac{2}{5} + \frac{2}{3}$

b) $\frac{5}{6} - \frac{3}{4}$ ▨ $\frac{2}{3} - \frac{7}{12}$

c) $\frac{5}{6} - \frac{1}{10}$ ▨ $\frac{5}{12} \cdot 2$

10 Erkläre an Beispielen:
Man kann jede Multiplikationsaufgabe auch als Additionsaufgabe schreiben.

11 Susanne möchte auf ihrem Geburtstag jedem Gast $1\frac{1}{2}$ kleine Fladenbrote anbieten können. Wie viele Fladenbrote benötigt sie bei 8 Gästen?

11 Familie Baier ist $5\frac{1}{4}$ Stunden gewandert. Nach einem Drittel der Zeit wurde zum ersten Mal Rast gemacht. Nach wie viel Stunden war das?

12 Für ein Schulkonzert wurde Limonade in kleinen $\frac{1}{3}$-l-Flaschen gekauft. Wie viel Liter Limonade sind in den folgenden Anzahlen von Limonadenflaschen?

a) 12 Flaschen
b) 24 Flaschen
c) 27 Flaschen
d) 111 Flaschen

12 Bei Schmuckstücken wird der enthaltene Gold- oder Silberanteil durch einen Stempeleindruck angegeben.
Die Zahl 333 bedeutet, dass $\frac{333}{1000}$ des Ringes aus Gold bestehen.
Berechne die Gold- oder Silberanteile in g.

a) Goldring von $9\frac{1}{2}$ g mit 585er-Stempel.

b) Goldring von $12\frac{3}{4}$ g mit 750er-Stempel.

c) Silberkette von $30\frac{1}{4}$ g mit 835er-Stempel.

d) Silberohrring von 3 g mit 925er-Stempel.

13 Erfinde eigene Rechengeschichten, bei denen die Multiplikation von Brüchen eine Rolle spielt. Stelle die Geschichten deinen Mitschülerinnen und Mitschülern vor.

14 Berechne. Mache die Probe mithilfe der Umkehraufgabe.

a) $\frac{3}{5} : 4 = $ ▨ $\longrightarrow$ ▨ $\cdot 4 = \frac{3}{5}$

b) $\frac{6}{11} : 3 = $ ▨ $\longrightarrow$ ▨ $\cdot 3 = \frac{6}{11}$

14 Berechne. Mache die Probe mithilfe der Umkehraufgabe.

a) $\frac{11}{12} \cdot 8$ b) $2\frac{3}{8} \cdot 10$

c) $\frac{7}{15} : 14$ d) $3\frac{3}{7} : 6$

15 Ergänze die fehlenden Zahlen.

a) $\frac{2}{5} : $ ▨ $= \frac{2}{15}$ b) $\frac{▨}{5} : 8 = \frac{3}{40}$

15 Ergänze die fehlenden Zahlen.

a) $4\frac{2}{5} : $ ▨ $= \frac{2}{5}$ b) $\frac{3}{▨} : 6 = \frac{1}{10}$

16 Arbeitet zu zweit.
Erklärt den Unterschied zwischen der Division eines Bruchs durch eine natürliche Zahl und dem Kürzen eines Bruchs.
Schreibt dazu passende Beispiele auf ein Plakat und präsentiert es.

17 Übertrage die Tabelle in dein Heft und ergänze die fehlenden Werte.

:	4	5	6	10
$\frac{1}{2}$				
$\frac{5}{12}$				
$\frac{3}{8}$				
$1\frac{1}{4}$				

17 Ein Schreiner sägt Leisten in gleich lange Stücke. Wie lang werden die einzelnen Stücke?

Länge der Leiste	Anzahl der Stücke	Länge der Stücke
$5\frac{1}{2}$ m	11	$\frac{1}{2}$ m
$3\frac{1}{2}$ m	7	
$2\frac{4}{5}$ m	56	
$4\frac{1}{2}$ m	18	

18 Setze die Ziffern 2; 3 und 5 so ein, dass das Ergebnis möglichst groß (möglichst klein) wird. Gibt es mehrere Möglichkeiten?
Vergleicht eure Ergebnisse untereinander.

a) ■ · $\frac{■}{■}$

b) $\frac{■}{■}$: ■

+19 Berechne, wenn möglich, im Kopf. Kontrolliere mit der Probe.
a) $2 : \frac{2}{7}$ b) $9 : \frac{1}{6}$ c) $12 : \frac{2}{3}$ d) $\frac{1}{2} : \frac{3}{4}$ e) $\frac{3}{8} : \frac{9}{10}$ f) $\frac{1}{4} : \frac{7}{8}$

+20 Löse die Aufgaben zeichnerisch und schreibe die entsprechende Rechnung dazu.

Beispiel $2\frac{2}{5} : \frac{3}{5}$

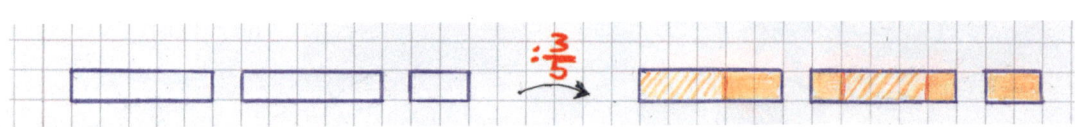

Rechnung: $2\frac{2}{5} : \frac{3}{5} = \frac{12}{5} : \frac{3}{5} = \frac{12 \cdot 5}{5 \cdot 3} = 4$

a) $2 : \frac{1}{4}$ b) $3 : \frac{1}{6}$ c) $2 : \frac{2}{3}$ d) $3 : \frac{1}{4}$ e) $3\frac{1}{3} : \frac{2}{3}$ f) $4\frac{1}{2} : \frac{3}{4}$

HINWEIS
Lösungen zu Aufgabe +21 :

+21 Berechne. Kürze, wenn möglich, vor dem Ausrechnen.
a) $\frac{1}{2} : \frac{3}{5}$ b) $\frac{3}{4} : \frac{5}{6}$ c) $\frac{1}{4} : \frac{2}{3}$ d) $\frac{2}{3} : \frac{4}{5}$ e) $\frac{9}{10} : \frac{3}{10}$ f) $\frac{4}{5} : \frac{2}{5}$

22 Ergänze die Additionsmauer im Heft.
Wie ändert sich die Zahl im obersten Stein, wenn du die Zahlen in allen unteren Steinen um 1 vergrößerst?
Zeichne dazu eine neue Additionsmauer in dein Heft.

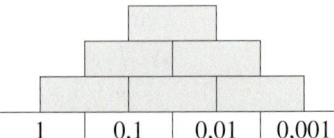

22 Ergänze die Additionsmauer im Heft.
Wie ändert sich die Zahl im obersten Stein, wenn du in einem der unteren Mauersteine 1 addierst?
Wie viele unterschiedliche Lösungen gibt es?

23 Berechne.
a) $4,2 \cdot 0,3$ b) $4,2 + 0,3$
c) $4,2 - 0,3$ d) $0,75 \cdot 0,4$
e) $0,75 + 0,4$ f) $0,75 - 0,4$

23 Berechne. Denke an die Vorrangregeln.
a) $3,24 \cdot 0,5 + 0,5$
b) $2,5 - 2,5 \cdot 0,3$
c) $1,67 \cdot 2,5 + 0,5$

24 Ein Meter Stoff kostet $9 €$.
a) Frau Berlinger kauft für $36,90 €$ Stoff. Wie viel Meter Stoff hat sie gekauft?
b) Frau Sperling will von dem Stoff $5,80 \, m$ kaufen. Wie viel muss sie dafür zahlen?

24 Die Gesamtkosten für einen Sportkurs betragen $259,55 €$. Es haben sich 29 Teilnehmer angemeldet.
Stelle eine passende Frage und beantworte sie. Rechne zur Kontrolle in Cent nach.

25 Ein Schweizer Franken (SFr.) ist etwa $0,82 €$ wert. Rechne die angegebenen Beträge in € um.
a) $10 \, SFr.$ b) $100 \, SFr.$
c) $50 \, SFr.$ d) $250 \, SFr.$

25 Ein Schweizer Franken (SFr.) ist etwa $0,82 €$ wert. Rechne die angegebenen Beträge in € um. Runde sinnvoll.
a) $250 \, SFr.$ b) $35,75 \, SFr.$
c) $64,50 \, SFr.$ d) $1079,23 \, SFr.$

26 Aus dem Berufsleben
Ein Abwasserkanal von $9 \, m$ Länge soll mit $\frac{3}{4}$-m-langen Tonrohren gebaut werden. Weitere Abwasserkanäle sollen $15 \, m$ und $36 \, m$ lang werden.
Wie viele Rohre sind jeweils erforderlich?

+ **27** Stelle aus den Zahlen zehn verschiedene Divisionsaufgaben zusammen und berechne.

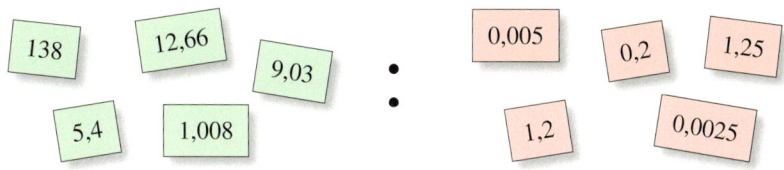

138   12,66   9,03   5,4   1,008   :   0,005   0,2   1,25   1,2   0,0025

+ **28** Berechne. Denke an die Vorrangregeln.
a) $2,7 : 0,3 + 1,27$ b) $0,6 : 1,2 - 0,134$ c) $7 + 0,25 : 0,4$ d) $58,4 - 85,4 : 4$

+ **29** Gummibärchen gibt es in verschiedenen Packungsgrößen.
Packungen mit $300 \, g$ kosten $0,87 €$ und Packungen mit $200 \, g$ kosten $0,69 €$.
Welche würdest du für deine Geburtstagsparty kaufen? Begründe.

Lerncheck

1 Stimmen diese Behauptungen? Begründe deine Meinung mit einem Beispiel.
a) Jedes Trapez ist auch ein Rechteck.   b) Jedes Rechteck ist auch ein Trapez.

2 Ordne der Größe nach: 0,44 $\frac{1}{4}$ 45%   4,5 $\frac{1}{2}$  $\frac{45}{1000}$ $\frac{1}{5}$

3 Katja hat zwei Brüder. Sie ist dreimal so alt wie ihr kleinerer Bruder.
Der kleinere Bruder ist halb so alt wie sein großer Bruder. Wie alt können die Kinder sein?

Checkliste
C 114-1

Teste dich!

(6 Punkte)

1 Multipliziere jeden der Brüche mit 6.
Kürze das Ergebnis, wenn möglich.

 $\frac{1}{6}$ $\frac{5}{24}$ $\frac{2}{3}$ $\frac{8}{9}$ $\frac{4}{5}$ $3\frac{5}{8}$

(6 Punkte)

2 Berechne die Multiplikationsaufgaben.
Kürze, wenn möglich.

a) $\frac{1}{3} \cdot \frac{1}{2}$

b) $\frac{1}{5} \cdot \frac{4}{9}$

c) $\frac{3}{8} \cdot \frac{2}{3}$

d) $\frac{4}{9} \cdot \frac{3}{8}$

e) $1\frac{1}{8} \cdot \frac{3}{5}$

f) $2\frac{1}{5} \cdot 2\frac{7}{9}$

(30 Punkte)

3 Ergänze die Tabellen im Heft.
Kürze die Ergebnisse, wenn möglich.

a)

·	2	4	5	8	10
$\frac{1}{5}$					
$\frac{7}{12}$					
$1\frac{1}{2}$					

b)

·	$\frac{1}{2}$	$\frac{1}{4}$	$\frac{2}{3}$	$\frac{4}{5}$	$\frac{4}{9}$
$\frac{1}{6}$					
$\frac{4}{5}$					
$2\frac{1}{4}$					

(4 Punkte)

4 Welche Zahlen passen?
Zwei Kärtchen bleiben übrig.

a) $\frac{2}{3} : \blacksquare = \frac{2}{15}$

b) $\frac{\blacksquare}{5} : 7 = \frac{3}{35}$

c) $\frac{4}{\blacksquare} : 8 = \frac{1}{18}$

d) $2\frac{4}{5} : \blacksquare = \frac{2}{5}$

 3   4   5   7 9 12

(6 Punkte)

5 Berechne.

a) $\frac{3}{8} : 3$

b) $\frac{9}{11} : 3$

c) $\frac{1}{4} : 3$

d) $\frac{2}{5} : 4$

e) $2\frac{3}{4} : 6$

f) $3\frac{4}{7} : 15$

(4 Punkte)

6 Halbiere die Brüche $\frac{1}{2}$ und $\frac{3}{4}$.

(4 Punkte)

7 Ein Schüler der 7. Klasse hat in einer Woche 31 Unterrichtsstunden.
Jede Unterrichtsstunde dauert $\frac{3}{4}$ Zeitstunden.
Wie viele Zeitstunden hat der Schüler Unterricht?

8 Aus dem Berufsleben   *(6 Punkte)*

Von einem $12\frac{1}{2}$ km langen Autobahnstück

sind $\frac{3}{4}$ bereits neu asphaltiert.

a) Wie viele Kilometer sind bereits fertiggestellt?

b) Wie viele Kilometer fehlen noch?

9 Berechne das Ergebnis und überprüfe es mithilfe eines Überschlags oder der Umkehr-   *(8 Punkte)*
rechnung.

a) $8,025 + 1,25$ b) $7,56 + 5,4$ c) $23,74 - 6$ d) $41,125 - 38,0125$

e) $3,42 \cdot 3$ f) $8,5 \cdot 0,125$ g) $3,6 : 6$ h) $1,4 : 8$

10 Ein Käfer mit einer Länge von 2,25 cm wird   *(4 Punkte)*

mit $4\frac{3}{4}$-facher Vergrößerung angeschaut.

Wie groß ist das Bild des Käfers?

11 Frau Boge bringt das Auto zum Service in die Werkstatt.   *(8 Punkte)*
Dabei fallen folgende Kosten an:

– 4 Zündkerzen zu je 2,85 €
– 4 Dichtungen zu je 0,25 €
– 10 Liter Motorenöl zu je 11,25 €
– 2,5 Arbeitsstunden zu je 40,50 €

Schreibe eine Rechnung.

12 Herr Orban kauft beim Fleischer ein.   *(6 Punkte)*
Er kauft 125 g Schinken zu 12 € pro kg,
$\frac{1}{4}$ kg Salami zu 12,50 € pro kg und
1,050 kg Rouladen zu 13,80 € pro kg.
Reichen 20 €, um alles zu bezahlen?

+ 13 Berechne die Divisionsaufgaben.   *(4 Punkte)*
Prüfe deine Ergebnisse jeweils mit der Umkehraufgabe.

a) $\frac{2}{9} : \frac{4}{27}$ b) $1\frac{1}{2} : 3$ c) $2,25 : 2,5$ d) $8,575 : 2,45$

+ 14 Aus dem Berufsleben   *(4 Punkte)*

Auf einem Förderband füllt ein Automat

pro Minute $10\frac{1}{2}$ l Limonade in $\frac{1}{3}$-l-Flaschen.

Wie viele Flaschen werden in einer Minute

(in einer Stunde) gefüllt?

Zusammenfassung

→ Seite 96

Brüche mit natürlichen Zahlen multiplizieren

Brüche werden mit natürlichen Zahlen multipliziert, indem man nur den **Zähler mit der natürlichen Zahl** multipliziert.
Der Nenner bleibt unverändert.

$$5 \cdot \frac{3}{4} = \frac{5 \cdot 3}{4} = \frac{15}{4} = 3\frac{3}{4}$$

Wenn es möglich ist, wird **vor** dem Multiplizieren gekürzt.

$$\frac{5}{6} \cdot 9 = \frac{5 \cdot \overset{3}{\cancel{9}}}{\cancel{6}_2} = \frac{5 \cdot 3}{2} = \frac{15}{2} = 7\frac{1}{2}$$

→ Seite 98

Brüche mit Brüchen multiplizieren

Brüche werden multipliziert, indem man **Zähler mit Zähler** und **Nenner mit Nenner** multipliziert.

$$\frac{3}{4} \cdot \frac{5}{7} = \frac{3 \cdot 5}{4 \cdot 7} = \frac{15}{28}$$

→ Seite 100

Brüche durch natürliche Zahlen dividieren

Man dividiert einen Bruch durch eine natürliche Zahl, indem man den **Nenner mit der natürlichen Zahl** multipliziert.
Der Zähler wird beibehalten.

$$\frac{1}{4} : 3 = \frac{1}{4 \cdot 3} = \frac{1}{12}$$

→ Seite 102

➕ Brüche durch Brüche dividieren

Man dividiert durch einen Bruch, indem man mit seinem Kehrwert multipliziert.
Den **Kehrwert** eines Bruchs bildet man, indem man Zähler und Nenner tauscht.

$$\frac{2}{3} : \frac{5}{7} = \frac{2}{3} \cdot \frac{7}{5} = \frac{2 \cdot 7}{3 \cdot 5} = \frac{14}{15}$$

Kehrwert

Probe: $\frac{14}{15} \cdot \frac{5}{7} = \frac{\overset{2}{\cancel{14}} \cdot \cancel{5}}{\cancel{15}_3 \cdot \cancel{7}_1} = \frac{2}{3}$

→ Seite 104

Mit Dezimalzahlen rechnen

Addition und **Subtraktion**
Zahlen stellengerecht untereinander schreiben

```
  15,84        26,40
+  3,40     −   8,24
  ‾‾1‾‾       ‾1‾‾1‾
  19,24        18,16
```

Multiplikation

$4,3 \cdot 1,25$ $(1+2)$ Stellen hinter dem Komma

```
  43
  86
 215
 ‾1‾‾
5,375
```

3 Stellen hinter dem Komma

Division

$7,83 : 3 = 2,61$

```
−6|
 18 — Komma setzen
−18
 03
− 3
  0
```

→ Seite 106

➕ Dezimalzahlen durch Dezimalzahlen dividieren

– **beide** Dezimalzahlen mit 10 oder 100 oder 1000 oder … multiplizieren, bis bei der zweiten Zahl kein Komma mehr steht

– dann wie beim Dividieren durch natürliche Zahlen rechnen

$3,64 : 1,4$ (Überschlag $3 : 1,5 = 2$)

↓ ·10   ↓ ·10

$36,4 : 14$

$36,4 : 14 = 2,6$

```
−28|
 84 — Komma setzen
−84
  0
```

Prozentrechnung

Prozente kennst du
sicher aus vielen Bereichen.
Beim Einkaufen wird häufig
mit Prozenten geworben.

Das Wort Prozent kommt vom italienischen
„per cento" (von hundert).
„Per cento" wurde später abgekürzt mit cto.
Daraus entstand mit der Zeit die Schreibweise %.

cento → cto → ¼o → ⅌o → ⁰⁄₀ → %

Noch fit?

Einstieg

1 Bruchbilder
Schreibe den rosa und den blauen Anteil als Hundertstelbruch.

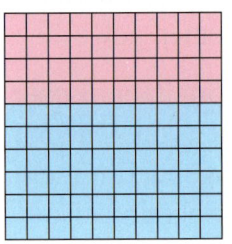 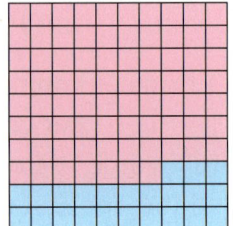

2 Bruchbilder zeichnen
Zeichne die Figur in dein Heft. Färbe ein Viertel rot, $\frac{1}{8}$ grün und die Hälfte blau ein. Wie viel bleibt übrig?

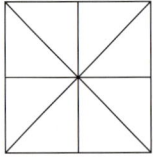

3 Brüche umwandeln
Schreibe als Dezimalzahl.

a) $\frac{8}{10}$ b) $\frac{6}{10}$ c) $\frac{5}{10}$ d) $\frac{50}{100}$

e) $\frac{45}{100}$ f) $\frac{8}{100}$ g) $\frac{750}{1\,000}$ h) $\frac{80}{1\,000}$

4 Dezimalzahlen umwandeln
Schreibe als Bruch.

a) $0,8 = \frac{\blacksquare}{10}$ b) $0,15 = \frac{\blacksquare}{100}$ c) $0,213 = \frac{\blacksquare}{1000}$

d) $0,5$ e) $0,08$ f) $0,025$

5 Brüche kürzen und erweitern
Erweitere oder kürze auf Hundertstel. Schreibe dann als Dezimalzahl.

a) $\frac{1}{50}$ b) $\frac{1}{20}$ c) $\frac{1}{4}$ d) $\frac{4}{200}$

e) $\frac{7}{20}$ f) $\frac{2}{25}$ g) $\frac{4}{50}$ h) $\frac{12}{300}$

6 Zahlen dividieren
Dividiere schriftlich. Achte auf das Komma.

a) $15:10$ b) $5:4$ c) $9:8$

d) $1:8$ e) $18:4$ f) $24:5$

g) $83:4$ h) $9:6$ i) $25:20$

7 Anteile berechnen
Berechne die Bruchteile.

a) $\frac{1}{2}$ von 60 sind $\frac{1}{2} \cdot 60 = \frac{1 \cdot 60}{2} = \ldots$

b) $\frac{1}{4}$ von 88 c) $\frac{2}{5}$ von 25

Aufstieg

1 Bruchbilder
Gib den Anteil der rosa gefärbten und der blau gefärbten Fläche jeweils als Bruch an.

a) 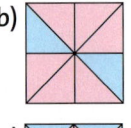 b) c)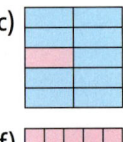

d) 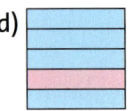 e) 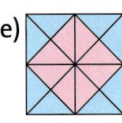 f)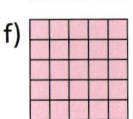

2 Bruchbilder zeichnen
Zeichne drei Rechtecke, jedes mit den Seitenlängen 3 cm und 5 cm. Färbe im ersten Rechteck $\frac{4}{5}$, im zweiten $\frac{1}{2}$ und im dritten $\frac{10}{100}$ der Fläche ein.

3 Brüche umwandeln
Schreibe als Dezimalzahl.

a) $\frac{7}{10}$ b) $\frac{87}{100}$ c) $\frac{4}{5}$ d) $\frac{7}{20}$

e) $\frac{3}{4}$ f) $\frac{14}{25}$ g) $\frac{7}{50}$ h) $\frac{77}{1\,000}$

4 Dezimalzahlen umwandeln
Schreibe als Bruch.

a) $0,8$ b) $0,15$ c) $0,03$ d) $1,75$

e) $0,16$ f) $0,005$ g) $2,4$ h) $3,23$

5 Brüche kürzen und erweitern
Erweitere oder kürze auf Zehntel oder Hundertstel. Schreibe dann als Dezimalzahl.

a) $\frac{3}{50}$ b) $\frac{12}{40}$ c) $\frac{18}{200}$ d) $\frac{21}{30}$

e) $\frac{3}{15}$ f) $\frac{3}{25}$ g) $\frac{4}{5}$ h) $\frac{64}{800}$

6 Zahlen dividieren
Dividiere schriftlich.

a) $12:10$ b) $29:4$ c) $15:8$

d) $21:6$ e) $31:8$ f) $15:6$

g) $102:12$ h) $42:16$ i) $20:32$

7 Anteile berechnen
Wie viel sind …

a) $\frac{1}{2}$ von 240? b) $\frac{1}{4}$ von 52?

c) $\frac{2}{3}$ von 270? d) $\frac{5}{6}$ von 54?

8 Anteile vergleichen
Zwei Basketball-Sportler unterhalten sich über ihre Leistungen.
Sportler A: „Ich habe von 75 Würfen 25 Körbe erzielt."
Sportler B: „Ich hatte bei 90 Würfen 30 Körbe."
Welcher Sportler hatte mehr Erfolg?

9 Verschiedene Schreibweisen
Ordne den Brüchen jeweils die passende
Dezimalzahl und Prozentzahl zu.

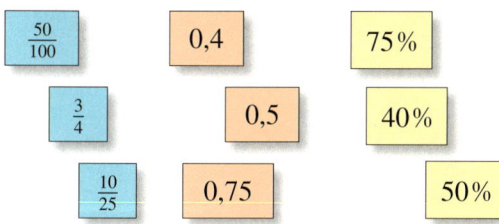

$\frac{50}{100}$ 0,4   75 %

$\frac{3}{4}$ 0,5   40 %

$\frac{10}{25}$ 0,75   50 %

9 Verschiedene Schreibweisen
Welche Zahlen sind gleich?

0,75	75 %	$\frac{75}{100}$
$\frac{34}{100}$	$\frac{3}{4}$	
0,340	$\frac{750}{1000}$	$\frac{6}{8}$
$\frac{17}{50}$	0,34	

HINWEIS
*zu Aufgabe 9
und 10:
Erweitere bzw.
kürze den Nenner des Bruches
auf 100.*

10 Brüche in Prozentzahlen umwandeln
Wandle in Prozentzahlen um.
a) $\frac{19}{100}$ b) $\frac{4}{10}$ c) $\frac{15}{50}$ d) $\frac{1}{4}$

10 Brüche in Prozentzahlen umwandeln
Wandle in Prozentzahlen um.
a) $\frac{7}{10}$ b) $\frac{4}{5}$ c) $\frac{17}{50}$ d) $\frac{9}{20}$ e) $\frac{13}{25}$

ERINNERE DICH
$\frac{3}{5} \overset{\cdot 20}{=} \frac{60}{100} = 60\%$

11 Brüche, Dezimalzahlen, Prozentzahlen
Ergänze die Tabelle im Heft.

Anteil von 100	Bruch	Dezimahl-zahl	Prozent-zahl
2 von 100	$\frac{2}{100}$	0,02	2 %
16 von 100	$\frac{16}{100}$		
35 von 100			
5 von 100			
96 von 100			
7 von 100			

11 Brüche, Dezimalzahlen, Prozentzahlen
Ergänze die Tabelle im Heft.

Bruch	Hundertstel-bruch	Dezimahl-zahl	Prozent-zahl
$\frac{3}{4}$	$\frac{75}{100}$	0,75	75 %
$\frac{1}{5}$			
$\frac{1}{10}$			
$\frac{1}{2}$			
$\frac{11}{20}$			
$\frac{3}{6}$			

12 Brüche, Dezimalzahlen, Prozentzahlen vergleichen
Setze ein: <, > oder =
a) 0,25 ■ 25 %   b) 0,1 ■ 1 %
c) $\frac{40}{100}$ ■ 65 %   d) $\frac{4}{50}$ ■ 8 %
e) $\frac{45}{100}$ ■ 0,70   f) $\frac{1}{20}$ ■ 0,2

12 Brüche, Dezimalzahlen, Prozentzahlen vergleichen
Überprüfe die Rechnungen.
a) $\frac{1}{5} \overset{?}{=} 15\%$ b) $20\% \overset{?}{=} \frac{10}{50}$
c) $0,5 \overset{?}{=} 5\%$ d) $0,523 \overset{?}{>} 0,53$
e) $9\% \overset{?}{=} 0,09$ f) $7\% \overset{?}{=} 0,7 \overset{?}{=} \frac{7}{10}$

13 Prozentzahlen und Dezimalzahlen
Schreibe als Dezimalzahl.
a) 95 %   b) 60 %   c) 19 %   d) 6 %

13 Prozentzahlen und Dezimalzahlen
Stimmt das? Jede Prozentzahl kann man als
Dezimalzahl schreiben. Begründe.

Anteile und Prozente

Entdecken

1 Was bedeuten die Prozentangaben?
Suche weitere Beispiele und präsentiere sie vor der Klasse.

Die Mehrwertsteuer beträgt in Deutschland 19 %. Für Lebensmittel und bestimmte Güter gilt der ermäßigte Satz von 7 %.

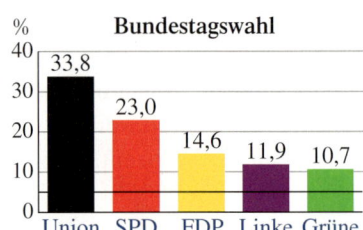

2 Kolja und Merle haben eine Umfrage zu Schwimmabzeichen durchgeführt.
Sie haben in ihren Klassen erfragt, wer schon Silber oder Gold hat.

Bei uns haben 17 von 20 Schülern Silber oder Gold.

In unserer Klasse haben 75 % Silber oder Gold.

Verstehen

In der Klasse 7a haben 16 von 20 Schülern das Sportabzeichen geschafft.
In der Klasse 7b haben 18 von 25 Schülern das Sportabzeichen geschafft.
Welche Klasse war erfolgreicher?

> **Merke** Anteile (Brüche) kann man vergleichen, indem man sie in **Prozente** umwandelt.
> Prozente sind Anteile mit dem **Nenner 100** (Hundertstelbruch): $\frac{1}{100} = 1\%$
>
> Für den Bruch $\frac{p}{100}$ sagt man „p Prozent". Man schreibt abgekürzt $p\%$.
>
> **Prozente erhält man:**
> *Entweder …*   *oder …*
> durch Kürzen und Erweitern von Brüchen   durch Dividieren des Zählers
> auf den Nenner 100   durch den Nenner.

ERINNERE DICH
$0,2 = \frac{20}{100} = 20\%$
$0,02 = \frac{2}{100} = 2\%$
$0,002 = \frac{2}{1000} =$
$= 0,2\%$

Beispiel 1

In der 7a haben 16 von 20 Schülern das Sportabzeichen geschafft.

Umwandeln in einen Hundertstelbruch:
16 von 20 sind $\frac{16}{20} = \frac{16 \cdot 5}{20 \cdot 5} = \frac{80}{100} = 80\%$

80 % der Schüler haben das Sportabzeichen geschafft.

Beispiel 2

In der 7b haben 18 von 25 Schülern das Sportabzeichen geschafft.

Dividieren des Zählers durch den Nenner:
18 von 25 sind $18 : 25 = 0,72 = 72\%$

72 % der Schüler haben das Sportabzeichen geschafft.

Im prozentualen Vergleich haben in der 7a mehr Schüler das Sportabzeichen geschafft als in der 7b.

Üben und anwenden

1 Gib in Prozentschreibweise an.

a) $\frac{50}{100}$; $\frac{75}{100}$; $\frac{10}{100}$; $\frac{25}{100}$; $\frac{5}{100}$

b) Erweitere zuerst auf den Nenner 100.

Beispiel $\frac{2}{10} = \frac{20}{100} = 20\,\%$

$\frac{1}{10}$; $\frac{5}{10}$; $\frac{1}{20}$; $\frac{11}{20}$; $\frac{6}{25}$; $\frac{20}{50}$

2 Schreibe die Brüche aus Aufgabe **1** in Dezimalschreibweise. Beschreibe, wie du vorgegangen bist.

3 Was gehört zusammen?

Beispiel $\frac{4}{5} \stackrel{\cdot 20}{=} \frac{80}{100} = 80\,\%$

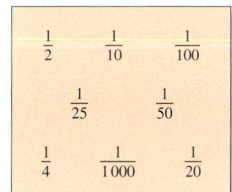

4 Wie viel Prozent der Fläche sind gefärbt?

a)   b)   c)

d) 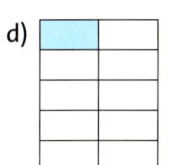   e) 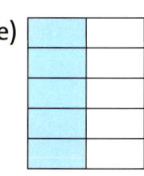   f)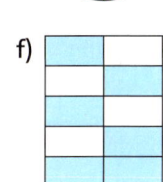

5 Ergänze die Tabelle in deinem Heft.

0,20	0,50			0,70	
$\frac{20}{100}$			$\frac{30}{100}$		$\frac{60}{100}$
		80\,%			40\,%

6 Schreibe als Dezimalzahl und runde auf Hundertstel.
Schreibe dann als Prozentzahl.

Beispiel $\frac{3}{8} = 3 : 8 = 0,375 \approx 0,38 = 38\,\%$

a) $\frac{1}{4}$; $\frac{1}{8}$; $\frac{1}{16}$; $\frac{1}{32}$

b) $\frac{3}{4}$; $\frac{7}{8}$; $\frac{11}{16}$; $\frac{5}{32}$

1 Gib den Anteil in Prozent an.
Erweitere, wenn nötig.

a) $\frac{1}{100}$; $\frac{12}{100}$; $\frac{35}{100}$; $\frac{60}{100}$; $\frac{85}{100}$

b) $\frac{52}{100}$; $\frac{59}{100}$; $\frac{73}{100}$; $\frac{84}{100}$; $\frac{99}{100}$

c) $\frac{1}{2}$; $\frac{1}{10}$; $\frac{1}{4}$; $\frac{1}{5}$; $\frac{3}{5}$; $\frac{7}{20}$; $\frac{25}{50}$; $\frac{14}{40}$

2 Schreibe die Brüche aus Aufgabe **1** in Dezimalschreibweise. Beschreibe, wie du vorgegangen bist.

3 Was gehört zusammen?

Beispiel $\frac{1}{5} \stackrel{\cdot 20}{=} \frac{20}{100} = 20\,\%$

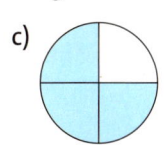

4 Wie viel Prozent der Fläche sind gefärbt?

a)   b)   c)

d)   e)

5 Vervollständige die Übersicht zu Brüchen und Prozentzahlen im Heft.

						$\frac{1}{3}$	$\frac{1}{2}$		
5\,%	10\,%	12,5\,%	20\,%	25\,%	33$\frac{1}{3}$\,%	50\,%	66$\frac{2}{3}$\,%	75\,%

6 Schreibe als Dezimalzahl und runde auf Tausendstel.
Schreibe dann als Prozentzahl.

a) $\frac{1}{32}$; $\frac{1}{64}$; $\frac{1}{128}$; $\frac{1}{256}$

b) $\frac{1}{25}$; $\frac{1}{250}$; $\frac{1}{500}$; $\frac{1}{35}$

c) $\frac{7}{64}$; $\frac{19}{25}$; $\frac{7}{35}$; $\frac{189}{250}$

ERINNERE DICH

Erweitern:
$\frac{3}{25} = \frac{3 \cdot 4}{25 \cdot 4} = \frac{12}{100}$

Kürzen:
$\frac{18}{600} = \frac{18 : 6}{600 : 6} = \frac{3}{100}$

ZUM WEITERARBEITEN
↻ 121-1
Unter diesem Webcode gibt es eine interaktive Übung, in der man Prozentzahlen, Brüche und Dezimalzahlen einander zuordnet.

Die drei Grundbegriffe der Prozentrechnung

Entdecken

1 Welche Werte kannst du aus den Werbungen entnehmen.
Erkläre, was die Werte bedeuten.

20 €
−25 %
Jetzt 5 €
sparen

399 €
20 % Rabatt
Sie sparen 79,80 €!

2 Finde Fragen zu den Aufgaben.
Vergleicht eure Fragen untereinander.
a) Von 400 Schülern sind 20 Schüler erkrankt.
b) 10 % von 230 Schülern haben ein Haustier.
c) Bei einem Sommerschlussverkauf gibt es 50 % Rabatt auf alles.
   Sina spart beim Kauf einer Hose 30 €.

Verstehen

In der Klasse 7c spielen 8 Schüler von 20 Schülern ein Musikinstrument.
Das sind 40 % aller Schüler der 7c.

> **Merke** In der Prozentrechnung unterscheidet
> man zwischen drei Grundbegriffen:
> **Grundwert – G** (Gesamtmenge,
>   entspricht 100 %),
> **Prozentsatz – p %** (Anteil in Prozent) und
> **Prozentwert – W** (Teil der Gesamtmenge).
>
> Für diese Größen gilt:
> $$G \xrightarrow{\boxed{\cdot\, p\,\%}} W$$

Beispiel 1
8 Schüler von 20 Schülern sind 40 %.
  W G $p\,\%$

HINWEIS
*Unterscheide die
Begriffe Prozent-
satz und Pro-
zent**wert**:
Der Prozent**wert**
ist ein Größen-
wert oder eine
Anzahl (z. B. 12 €
oder 4 Jungen).
Der Prozent**satz**
p % wird mit
dem Prozent-
zeichen % ange-
geben.*

Beispiel 2
In der Klasse 7a sind 24 Schüler. Davon spielen 6 Handball.
Das sind 25 % der Schüler.

Mit der Klassenstärke 24 wird die Anzahl der Handballer verglichen.	24 Schüler ist der Grundwert (G). 24 Schüler sind 100 %.
Die 6 Handballer sind ein Teil der Klasse.	6 Handballer ist der Prozentwert (W).
Der Vergleich mit dem Grundwert ergibt $\frac{6}{24} = \frac{1}{4} = \frac{25}{100} = 25\,\%$.	25 % ist der Prozentsatz ($p\,\%$).

Üben und anwenden

1 Welche Werte sind jeweils markiert? Ordne zu: Grundwert, Prozentwert und Prozentsatz.

a) In einem Kinosaal sind **75 %** der **260 Plätze** belegt. Das sind **195 Plätze**.

b) Von **7 Schülern** tragen **2 Schüler** eine Brille. Das sind rund **29 %**.

c) Eine Hose kostet **35 €**. Jana bekommt **20 %** Rabatt. Dadurch spart sie **7 €**.

1 Übertrage die Aufgaben in dein Heft und markiere den Grundwert blau, den Prozentwert rot und den Prozentsatz grün.

a) Lennard spart monatlich 5 € von 20 € Taschengeld. Das sind 25 %.

b) Eine Jacke kostet 90 Euro. Anka bekommt 3 Prozent Rabatt. Sie spart 2,70 Euro.

c) In einem Liter Multivitaminsaft sind 10 % Orangensaft enthalten. Das sind 100 ml.

2 Benenne Prozentwert, Grundwert und Prozentsatz.

2 Benenne Prozentwert, Grundwert und Prozentsatz.

3 Welche der 3 Grundbegriffe sind gegeben, welche gesucht?

Beispiel 3 € von 15 €
gegeben: Grundwert: 15 €, Prozentwert: 3 €
gesucht: Prozentsatz

a) 10 Bücher von 100 Büchern

b) 25 % von 60 Minuten

c) 250 kg von 1000 kg

d) 1 % entspricht 2 ml

e) 10 Prozent von 270 Schülern

f) 50 % entsprechen 21 km

g) 5 von 7 Zwergen

h) 1 Prozent von 3500 €

3 Welche der 3 Grundbegriffe sind gegeben, welche gesucht?

a) 9 von 36 Kindern sind erkrankt.

b) 144 Schüler kommen mit dem Fahrrad zur Schule, das sind 24 % aller Schüler.

c) 12 Prozent von 470 Schülern kommen mit dem Schulbus zur Schule.

d) Von 620 Schülern kommen 93 aus den 7. Klassen.

e) Von 25 Schülern erhielten 60 Prozent eine Urkunde.

f) Frau Lubitz arbeitet 6 Stunden von 8 Stunden Arbeitszeit im Büro.

4 Arbeitet in Gruppen. Sucht in Zeitungen und Prospekten nach Prozentangaben. Schneidet sie aus, klebt sie auf ein Plakat und benennt dann die gefundenen Angaben richtig. Präsentiert eure Ergebnisse der Klasse.

Lerncheck

1 Stelle die Größenangaben mit einer Dezimalzahl dar.

a) $\frac{2}{5}$ m

b) $\frac{1}{2}$ km

c) $\frac{4}{10}$ cm

d) $\frac{1}{8}$ h

e) $\frac{3}{8}$ kg

f) $\frac{3}{4}$ h

2 Zeichne ein Quadrat mit dem Flächeninhalt $A = 16\,\text{cm}^2$.
Zeichne zwei unterschiedliche Rechtecke, die den gleichen Flächeninhalt wie das Quadrat haben.

Prozentsatz

Entdecken

1 Brüche umwandeln

a) Schreibe zuerst als Bruch mit dem Nenner 10; 100; 1000 oder 10000.
Schreibe dann als Prozentzahl.

① $\frac{3}{20}$; $\frac{3}{25}$; $\frac{11}{50}$; $\frac{1}{4}$ ② $\frac{1}{500}$; $\frac{6}{250}$; $\frac{3}{125}$; $\frac{7}{2000}$

b) Wähle aus ① und ② jeweils ein Beispiel und beschreibe in deinem Merkheft wie du vorgegangen bist.

2 12 von 40 Autos sind rot.
Dominik rechnet so:

$$\frac{12}{40} = \frac{3}{10} = \frac{30}{100} = 30\%$$

Rafael sagt zu ihm: „Das kannst du auch schneller durch eine Division ausrechnen."
Zeige, was Rafael meint.

Verstehen

Die Klasse 7a wird von 25 Schülerinnen und Schülern besucht. 12 davon sind Mädchen.
Wie viel Prozent sind das?

> **Merke** Um den **Prozentsatz (p %)** auszurechnen, **dividiert** man den Prozentwert (*W*) durch den Grundwert (*G*).
>
> Das Ergebnis ist eine Dezimalzahl.
> Die ersten beiden Stellen hinter dem Komma geben die **Prozentzahl p** an $\left(\frac{p}{100} = p\%\right)$.

Beispiel 1

gegeben: Grundwert *G* = 25 Schüler;   Prozentwert *W* = 12 Mädchen
gesucht: Prozentsatz *p* %

1. Möglichkeit der Berechnung: *2. Möglichkeit der Berechnung:*
12 von 25 sind $\frac{12}{25} = \frac{48}{100} = 48\%$ 12 von 25 sind $12 : 25 = 0{,}48 = 48\%$

In der 7a sind 48 % Mädchen.

Beispiel 2

Von 250 vom TÜV geprüften Fahrzeugen erhielten 175 die TÜV-Plakette.
Wie viel Prozent der Fahrzeuge kamen durch die TÜV-Prüfung?

gegeben: Grundwert *G* = 250 Autos;   Prozentwert *W* = 175 Autos
gesucht: Prozentsatz *p* %

175 von 250 sind $175 : 250 = 0{,}70 = 70\%$

70 % der Fahrzeuge kamen durch die TÜV-Prüfung.

Üben und Anwenden

1 Berechne im Heft den fehlenden Wert.

	Grundwert	Prozentwert	Prozentsatz
a)	200 l	20 l	
b)	400 cm	160 cm	
c)	60 kg	15 kg	
d)	50 €	40 €	
e)	20 m	4 m	

2 Gib den Prozentwert und Grundwert an und berechne den Prozentsatz:
2 von 50 Schülern spielen Klavier.

3 In einer Klasse sind 15 Jungen und 5 Mädchen. Wie viele Schüler sind insgesamt in der Klasse?
Wie viel Prozent Jungen sind in der Klasse?

4 Berechne den Prozentsatz.
a) 17 Hunde von 100 Hunden
b) 10 Autos von 40 Autos
c) 15 € von 300 €
d) 4 kg von 80 kg
e) 40 € von 400 €
f) 56 l von 70 l
g) 60 s von 300 s

1 Bestimme den Prozentsatz.

a)
2 kg	20 kg	90 kg	100 kg	150 kg
von 200 kg				

b)
5 € von				
10 €	20 €	50 €	100 €	200 €

c) Beschreibe den Unterschied von Aufgabenteil a) und b).

2 Bei der letzten Klassenarbeit gab es bei 25 Arbeiten nur einmal die Note 1.
Wie viel Prozent sind das?

3 In einem 7. Jahrgang sind 48 Jungen und 27 Mädchen.
Wie viel Prozent der Gesamtschülerzahl sind das jeweils?

4 Berechne den Prozentsatz.
Was ist jeweils dein erster Lösungsschritt?
a) 1 cm von 1 m
b) 1 g von 1 kg
c) 3 min von 1 h
d) 37 cm von 10 m
e) 6 € von 200 €
f) 48 ct von 7,68 €

HINWEIS
↻ 125-1
Hier findest du ein Arbeitsblatt zum Bestimmen von Anteilen und Prozentsätzen.

5 Wie rechnet Magnus?

Bei diesen Aufgaben muss ich nicht lange rechnen, um die Prozentsätze zu bestimmen.

① 15 von 60 Handys

② 40 von 160 Elfmetern

③ 45 von 90 Telefonaten

6 Wie viel Prozent der Lose sind jeweils Gewinne?
Sprich eine Empfehlung aus, wo man die Lose kaufen sollte.

a) 2 000 Lose
500 Gewinne

b) 750 Lose
150 Gewinne

c) 800 Lose
120 Gewinne

d) 1550 Lose
279 Gewinne

e) 960 Lose
216 Gewinne

7 Aus dem Berufsleben
Ein Makler verkauft Familie Schmitz ein Haus für 200 000 €.
Von den 200 000 € erhält er 10 000 € Provision.
Wie viel Prozent des Verkaufspreises gehen als Provision an den Makler?

7 Aus dem Berufsleben
Ein Gebrauchtwagenhändler verkauft ein Auto für 8 500 €.
Er hat zuvor 6 000 € für das Auto gezahlt.
Wie viel Prozent des Verkaufspreises ist der Gewinn?

HINWEIS
Provision ist der Betrag, den der Makler als Lohn für seine Arbeit erhält.

Prozentwert

Entdecken

1 Said zeichnet ein Hunderterfeld mit Schälchen.
Auf diese Schälchen verteilt er gleichmäßig 200 €.

a) Wie viel Euro liegen in einem Schälchen?
Wie viel Prozent vom gesamten Betrag sind das?

b) Wie viel Euro sind in zwölf Schälchen?
Wie viel Prozent von 200 € sind das?

c) Beschreibe, wie man den Geldbetrag für verschiedene
Prozentsätze bestimmen kann.

d) Wie viel Euro sind 40 % vom Gesamtbetrag?

e) Wie viel Euro sind 72 % vom Gesamtbetrag?

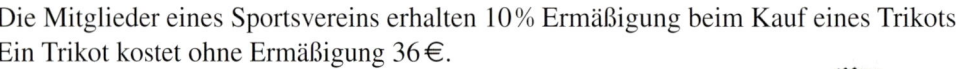

2 Wie viele Schüler kamen zu spät?

a) Heute kamen 10 % von 20 Schülern zu spät zur Schule.

b) Gestern kamen 5 % von 20 Schülern zu spät zur Schule.

c) Ümit behauptet, dass in seiner Klasse mit insgesamt 20 Schülern heute 12 % zu spät kamen.
Ist das möglich?

Verstehen

Die Mitglieder eines Sportvereins erhalten 10 % Ermäßigung beim Kauf eines Trikots.
Ein Trikot kostet ohne Ermäßigung 36 €.

> **Merke** Um den **Prozentwert** (W) auszurechnen,
> **multipliziert** man den Prozentsatz (p %) mit dem
> Grundwert (G).
>
> Der Prozentsatz (p %) kann dabei als Bruch oder
> als Dezimalzahl geschrieben werden.

Wie viel spare ich?

Beispiel 1

gegeben: Prozentsatz $p \% = 10 \%$;   Grundwert $G = 36 €$
gesucht: Prozentwert W

1. Möglichkeit der Berechnung:
Schreibe 10 % als Bruch $\left(10 \% = \frac{10}{100}\right)$
und multipliziere mit dem Grundwert:
10 % von 36 € sind
$\frac{10}{100} \cdot 36 = \frac{10 \cdot 36}{100} = \frac{360}{100} = 3{,}60$

2. Möglichkeit der Berechnung:
Schreibe 10 % als Dezimalzahl (10 % = 0,10)
und multipliziere mit dem Grundwert:
10 % von 36 € sind
$0{,}10 \cdot 36 = 3{,}60$

Die Mitglieder des Sportvereins erhalten 3,60 € Ermäßigung.

Beispiel 2

$3{,}5 \%$ von $80\,\text{m}^2$

$\frac{3{,}5}{100} \cdot 80 = \frac{3{,}5 \cdot \overset{8}{80}}{\underset{10}{100}} = \frac{28}{10} = 2{,}80$ *oder* $0{,}035 \cdot 80 = 2{,}80$

$3{,}5 \%$ von $80\,\text{m}^2$ sind $2{,}80\,\text{m}^2$.

Üben und anwenden

1 Berechne im Heft den fehlenden Wert.

	Grundwert	Prozentsatz	Prozentwert
a)	60 min	10 %	
b)	500 €	1 %	
c)	4 kg	25 %	
d)	800 m	8 %	
e)	25 cm	40 %	

2 Berechne den Prozentwert.

a) 1 % von 200 kg   b) 2 % von 200 kg

c) 3 % von 300 kg   d) 10 % von 300 kg

e) 10 % von 50 kg   f) 20 % von 50 kg

3 Fruchtsäfte bestehen zu 100 % aus dem Saft der jeweiligen Frucht.

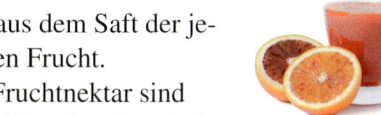

– In Fruchtnektar sind 50 % Fruchtsaft enthalten.

– In Fruchtsaftgetränken befinden sich 25 % Fruchtsaft.

– Limonade hat einen Fruchtsaftanteil von 5 %.

a) Wie viel Milliliter Fruchtsaft sind jeweils in einem Liter enthalten?

b) Wie viel Fruchtsaft ist in einer 0,7-l-Flasche enthalten?

4 Berechne den Prozentwert.

a) 1 % von 700 €

b) 1 % von 360 €

c) 5 % von 120 €

d) 15 % von 90 h

e) 12 % von 4 kg

5 Aus dem Berufsleben

Iris soll für einen Sommerschlussverkauf die Preisschilder neu beschriften.

Wie müssen die neuen Preise lauten?

Beispiel Jacke: 60 €, Rabatt: 20 %

0,2 · 60 € = 12 €;   60 € − 12 € = 48 €

Die Jacke kostet nur noch 48 €.

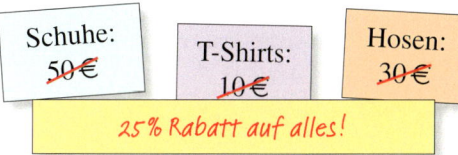

Schuhe: ~~50 €~~

T-Shirts: ~~10 €~~

Hosen: ~~30 €~~

25 % Rabatt auf alles!

1 Bestimme den Prozentwert.

a)
1 %	10 %	17 %	50 %	75 %
von 200 kg				

b)
25 % von				
16 m	44 m	120 m	500 m	1 000 m

c) Beschreibe den Unterschied von Aufgabenteil a) und b).

2 Berechne den Prozentwert.

a) 5 % von 50 €   b) 20 % von 80 kg

c) 25 % von 125 m   d) 30 % von 4 h

e) 40 % von 150 km   f) 60 % von 70 t

3 Die Abbildung zeigt, wie viel Wasser sich in verschiedenen Lebensmitteln befindet.

a) Wie viel Gramm Wasser befinden sich in 1 kg des jeweiligen Lebensmittels?

Kartoffeln 76 %

Kernobst 83 %

Roggenbrot 41 %

Käse 44 %

b) Wie viel Wasser ist in 25 kg Kartoffeln, in 3 kg Kernobst, in 500 g Roggenbrot und in 200 g Käse enthalten?

4 Berechne den Prozentwert.

Warum ist es notwendig zu runden?

a) 6 % von 803 Fahrrädern

b) 3 % von 666 Ausbildungsplätzen

c) 15 % von 246 Mathe-Büchern

d) 65 % von 4 567 Lehrern

5 Aus dem Berufsleben

Patrick soll für einen Räumungsverkauf die Preisschilder neu beschriften.

Wie müssen die neuen Preise lauten?

Klar so weit?

→ Seite 120

Anteile und Prozente

1 Gib den Anteil der gefärbten Fläche als Bruch und in Prozent an.

① 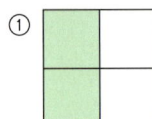 ②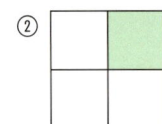

③ 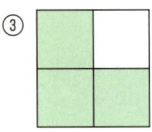 ④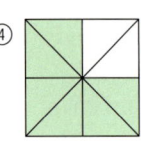

⑤ 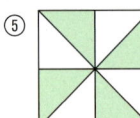 ⑥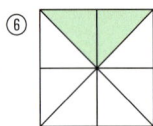

2 Schreibe als Dezimalzahl und dann in Prozentschreibweise.

a) $\frac{45}{100}$; $\frac{50}{100}$; $\frac{67}{100}$; $\frac{4}{100}$ b) $\frac{6}{10}$; $\frac{9}{20}$; $\frac{12}{25}$; $\frac{18}{300}$

3 Luise hat im Aufsatz 300 Wörter geschrieben. Davon haben 15 Wörter Fehler.
Sven hat bei 250 Wörtern insgesamt 10 Fehler gemacht.
Wer hat prozentual mehr Fehler gemacht?

1 Gib den Anteil der gefärbten Fläche als Bruch und in Prozent an.

① 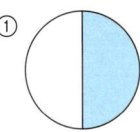 ②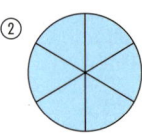

③ 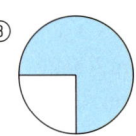 ④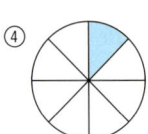

⑤ 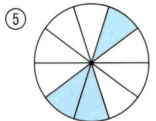 ⑥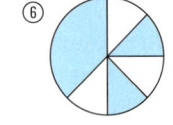

2 Schreibe als Dezimalzahl und dann in Prozentschreibweise.

a) $\frac{1}{5}$; $\frac{3}{24}$; $\frac{4}{50}$; $\frac{1}{8}$ b) $\frac{16}{25}$; $\frac{17}{50}$; $\frac{8}{25}$; $\frac{61}{250}$

3 Alina stand bei 20 Elfmetern im Tor, sie hat 3-mal gehalten. Jasmin war bei 25 Elfmetern Torwartin und hat 4-mal gehalten. Vergleiche die prozentualen Anteile der gehaltenen Elfmeter.

→ Seite 122

Die drei Grundbegriffe der Prozentrechnung

4 Benenne die drei Grundbegriffe der Prozentrechnung. Beschreibe jeweils, was die Begriffe bedeuten.

5 Ordne jeweils die drei Grundbegriffe der Prozentrechnung zu.

Jacke   20 % Rabatt
alter Preis: 89,95 €
Sie sparen 17,99 €!

Hose um 25 % reduziert
~~30 €~~
Sie sparen 7,50 €

T-Shirt   −30 %
früher ~~15 €~~
jetzt nur 10,50 €

6 Welche Begriffe sind gegeben, welche gesucht: Grundwert, Prozentwert, Prozentsatz?
a) 50 % von 5 kg
b) drei Hunde von 10 Hunden
c) 25 m von 100 m
d) 10 min sind 20 %

6 Welche der 3 Grundbegriffe sind gegeben, welche gesucht?
a) fünf Autos von sechs Autos
b) 3 Prozent von 24 m
c) 40 % von 8 Stunden
d) 78 m sind 60 Prozent

Prozentsatz

→ Seite 124

7 Ergänze die Tabelle im Heft.

Grundwert	Prozentwert	Prozentsatz
1 000 kg	500 kg	
1 000 kg	250 kg	
500 m	80 m	
250 m	80 m	

7 Bestimme den Prozentsatz.

a)

2 kg	20 kg	90 kg	100 kg	150 kg
von 500 kg				

b)

10 m von				
20 m	400 dm	200 m	500 m	1 km

8 In einer Klasse mit 24 Schülerinnen und Schülern spielen 6 Schüler Fußball. Wie viel Prozent sind das?

8 In einer Schule mit 460 Schülerinnen und Schülern sind 69 in der 7. Jahrgangsstufe. Wie viel Prozent sind das?

9 Gib den Prozentsatz an.
a) Grundwert: 50 m; Prozentwert: 5 m
b) G: 60 kg; W: 9 kg
c) 2 mm von 100 mm
d) 8 g von 800 g
e) 96 € von 240 €
f) 36 cm von 72 cm
g) 72 ct von 450 ct
h) 24 l von 80 l

9 Gib den Prozentsatz an.
Überprüfe durch einen Überschlag.
a) 13 m von 25 m
b) 18 l von 60 l
c) 176 m von 320 m
d) 144 kg von 900 kg
e) 206 € von 320 €
f) 90 g von 9 kg
g) 51 ct von 30 €

Prozentwert

→ Seite 126

10 Berechne den Prozentwert.
a) Grundwert: 80 m; Prozentsatz: 10 %
b) G: 200 €; p %: 60 %
c) 40 % von 40 kg
d) 40 % von 80 kg
e) 20 % von 400 m
f) 75 % von 400 m

10 Berechne den Prozentwert.
Beachte die Einheiten.
a) 2 % von 800 € (von 1 200 €; von 640 €)
b) 45 % von 60 m (von 3,60 m; von 62 km)
c) 75 % von 1 kg (von 400 g; von 5,6 kg)
d) 30 % von 8 € (von 160 ct; von 4 €)
e) 15 % von 8 € (von 160 ct; von 4 €)

11 Berechne jeweils den Prozentwert aus dem Prozentsatz und dem Grundwert.

11 Surfartikel im Herbst

Surfbrett 966 € reduziert um 25 %

4-m²-Segel 404 € reduziert um 15 %

a) Wie viel Euro beträgt die Ermäßigung?
b) Berechne die neuen Preise.

12 Herr Schur verdient monatlich 2 400 €. Er erhält eine Gehaltserhöhung von 5 %.
a) Gib die Gehaltserhöhung in Euro an.
b) Berechne das neue Gehalt.

12 Frau Seidel verdient monatlich 3012 €. Sie erhält eine Gehaltserhöhung von 4 %. Gib die Gehaltserhöhung in Euro an und berechne das neue Gehalt.

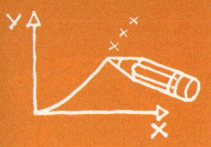

Vermischte Übungen

1 Wo begegnen dir im Alltag Prozente? Gib verschiedene Beispiele an.

2 Die folgenden Brüche bezeichnen Anteile. Gib die Anteile in Prozent an.

a) $\frac{1}{2}$　　　　　b) $\frac{1}{4}$

c) $\frac{1}{10}$　　　　　d) $\frac{1}{20}$

e) $\frac{1}{25}$　　　　　f) $\frac{3}{4}$

g) $\frac{3}{20}$　　　　　h) $\frac{7}{25}$

2 Die folgenden Brüche bezeichnen Anteile. Gib die Anteile in Prozent an.

a) $\frac{4}{5}$　　　　　b) $\frac{6}{20}$

c) $\frac{26}{65}$　　　　　d) $\frac{13}{20}$

e) $\frac{9}{10}$　　　　　f) $\frac{45}{60}$

g) $\frac{12}{25}$　　　　　h) $\frac{56}{80}$

HINWEIS

↻ 130-1

Hier findest du ein Arbeitsblatt zum Umwandeln von Prozenten, Dezimalzahlen und Brüchen.

3 Ergänze die Tabelle im Heft.

Prozent	Dezimalzahl	gekürzter Bruch
14 %	0,14	$\frac{14}{100} = \frac{7}{50}$
5 %	0,05	
3 %		
30 %		
	0,80	
		$\frac{3}{50}$

3 Ergänze die Tabelle im Heft.

Prozent	Dezimalzahl	gekürzter Bruch
85 %		
42 %		
		$\frac{3}{5}$
	0,78	
9 %		
		$\frac{13}{25}$

4 Gib den roten, den blauen und den weißen Anteil als Bruch und in Prozent an.

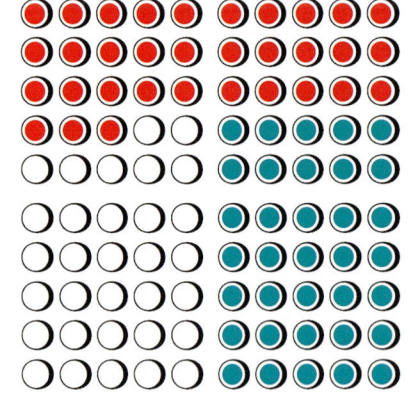

4 Gib den gefärbten Anteil als Bruch und in Prozent an.

a) 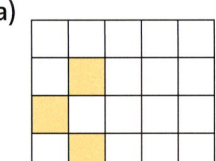　　b)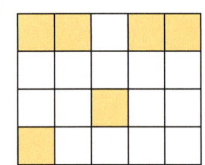

c)　　d)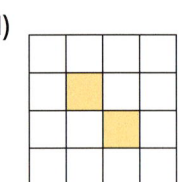

5 Gib die Anteile in Prozent an.

a) 13 Eltern von 100 Eltern

b) 3 Kinder von 50 Kindern

c) 1 Auto von 20 Autos

d) 65 von 100

e) 2 m von 200 m

f) 20 € von 400 €

5 Gib die Anteile in Prozent an.

a) 5 Fahrräder von 25 Fahrrädern

b) 27 Äpfel von 36 Äpfeln

c) 66 von 600

d) 45 € von 300 €

e) 95 kg von 125 kg

f) 48 € von 60 €

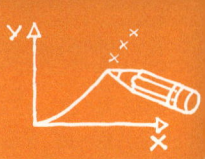

6 In 50 kg Kartoffeln sind 10 kg Stärke enthalten.
Berechne den Prozentsatz.

6 Von 250 veredelten Rosenstöcken wuchsen 15 nicht an.
Gib den Prozentsatz an.

7 Berechne den prozentualen Anteil der Gewinne.
Wie hoch ist der prozentuale Anteil der Nieten?

600 Lose
150 Gewinne

7 Berechne und vergleiche die prozentualen Anteile der Gewinne.

800 Lose
280 Gewinne

Jedes vierte
Los gewinnt!

15 Gewinne
auf 50 Lose

8 Ordne die Begriffe Prozentsatz, Prozentwert und Grundwert zu.
Ein Ball kostet 25 €. Der Preis wird um 20% reduziert. Nun kostet der Ball 5 € weniger.

8 Der Preis für eine Jeanshose wird um 20% auf 28 € reduziert. Zuvor kostete sie 35 €.
Bestimme den Prozentsatz, den Prozentwert und den Grundwert.

9 Jeweils drei Kärtchen gehören zueinander. Ordne zu.

$G = 250$ $W = 90$ $p\% = 12\%$ $G = 1200$ $p\% = \frac{3}{100}$ $p\% = 0{,}40$

$W = 144$ $p\% = 60\%$ $W = 24$ $G = 40$ $G = 3000$ $W = 100$

10 Berechne den Prozentsatz.
a) 5 kg von 500 kg
b) 24 € von 80 €
c) 120 l von 200 l
d) 20 km von 25 km

10 Berechne den Prozentsatz.
a) 500 t von 2500 t
b) 450 kg von 1350 kg
c) 25 l von 250 l
d) 28 m von 112 m

11 Berechne den Prozentwert.
a) 10% von 70 kg
b) 5% von 80 t
c) 12% von 200 m
d) 8% von 400 €

11 Berechne den Prozentwert.
a) 24% von 650 €
b) 45% von 44 kg
c) 39% von 663 m²
d) 18% von 1750 €

12 Ergänze die Tabelle im Heft.

Grundwert	Prozentsatz	Prozentwert
44	25%	
32	75%	
80		4
50		2
120	10%	

12 Ergänze die Tabelle im Heft.

Grundwert	Prozentsatz	Prozentwert
1100	35%	
220	70%	
820		451
3	66%	
375		45

13 Finde eine passende Fragestellung. Berechne den gesuchten Wert.
Ordne die Begriffe Prozentwert, Grundwert und Prozentsatz zu.
a) Von 20 Schülern einer Klasse fehlten am Montag 10% der Schüler.
b) 5 von 10 Tortenstücken wurden gegessen.
c) 20 Euro von 50 Euro wurden ausgegeben.
d) Von 50 Kilogramm Äpfeln wurden 30% der Äpfel verkauft.

13 Finde eine passende Fragestellung und berechne den gesuchten Wert.
Ordne die Begriffe Prozentwert, Grundwert und Prozentsatz zu.
a) Von 200 Läufern eines Marathons gaben 28 vor Erreichen des Zieles auf.
b) Von den 200 Läufern erreichten drei Prozent das Ziel in weniger als 3 Stunden.
c) Unter den 2500 Zuschauern waren 850 Kinder unter 10 Jahren.

14 Übertrage ins Heft und ergänze.

	a)	b)	c)	d)
G	200	200	200	200
W	2	50		
$p\%$			10%	75%

14 Übertrage ins Heft und ergänze.

	a)	b)	c)	d)
G	45 m	45 m	300	275 kg
W	9 m			55 kg
$p\%$		9%	27%	

15 Welche Werte sind jeweils gegeben, welcher Wert ist gesucht?
Berechne den gesuchten Wert.
a) 2 € von 100 €
b) 10% von 50 Büchern
c) 50% von 100 g
d) 1 von 50

15 Welche Werte sind jeweils gegeben, welcher Wert ist gesucht?
Berechne den gesuchten Wert.
a) 12 Prozent von 350 €
b) 27 von 300 Personen
c) 7 Zähne von 28 Zähnen
d) 4,5% von 800

16 Preisänderung

Der Preis für eine Packung Mehl wurde von 80 ct auf 70 ct gesenkt.

a) Um wie viel Cent wurde der Preis reduziert?
b) Um wie viel Prozent wurde der Preis reduziert. Beachte dein Ergebnis aus a).

16 Preisänderung

Der Preis von 500 g Kirschen sinkt von 1,99 € auf 1,89 €.

Um wie viel Prozent wurde der Preis für die Kirschen reduziert?
Beschreibe, worauf du achten musst.

17 Weizen
a) Wie viel Gramm der einzelnen Inhaltsstoffe sind in 1500 g Weizen enthalten?
b) Wie viel Wasser ist in 2 kg Weizen enthalten?
c) Schätze:
Wie viel Gramm der einzelnen Inhaltsstoffe sind in einer Scheibe Toastbrot (25 g) enthalten?

67% Stärke   2% Salze
12% Eiweiß   2% Fasern
15% Wasser   2% Fett

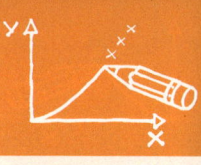

18 In ein 50-Liter-Aquarium wurden 45 Liter Wasser eingefüllt. Wie viel Prozent des Gesamtvolumens sind das?

18 Ein Aquarium ist 60 cm lang, 20 cm breit und 30 cm hoch. Es wurden 27 Liter Wasser eingefüllt. Wie viel Prozent des Gesamtvolumens sind das?

HINWEIS
zu Aufgabe 18
(türkis):
1000 l sind 1 m³.

19 Bei einer Klassensprecherwahl haben Lara, Kian und Elisa sich zur Wahl gestellt.

Lara	Kian	Elisa
HHH I	HHH III	HHH HHH

a) Wer hat die Wahl gewonnen?
b) Wie viele Schüler haben abgestimmt?
c) Übertrage die Tabelle in dein Heft und ergänze sie.

	Lara	Kian	Elisa
Anzahl Stimmen	6		
prozentualer Anteil			

19 In einer Schule haben die Schüler vier Parteien zusammengestellt, um ein Schülerparlament mit 15 Sitzen zu wählen.

Wahlergebnis für die Parteien	
„Schule macht Spaß":	135 Stimmen
„Sonnenblumen":	113 Stimmen
„Mehr Sport":	98 Stimmen
„Ohne-Lehrer-Lernen":	32 Stimmen

Wahl zum Schülerparlament
Du hast 1 Stimme
○ „Mehr Sport"
○ „Ohne-Lehrer-Lernen"
○ „Schule macht Spaß"
○ „Sonnenblumen"

a) Wie viel Prozent der Stimmen haben die Parteien gewonnen?
b) Wie sollten deiner Meinung nach die 15 Sitze verteilt werden? Begründe.

20 Aus dem Berufsleben
Krankenschwester Ute stellt 1000 ml Vogelmiere-Salbe her. Dazu braucht sie:
88 % Schmalz
12 % Vogelmiere
Wie viel Milliliter Schmalz und Vogelmiere benötigt sie jeweils?

20 Aus dem Berufsleben
Frau Trus stellt 3 Liter Ringelblumensalbe her. Die Salbe besteht zu 94 % aus Ringelblumenöl und zu 6 % aus Bienenwachs. Wie viel Ringelblumenöl und Bienenwachs benötigt sie jeweils? Wie viele 250 ml-Dosen kann sie mit der Salbe füllen?

21 Aus dem Berufsleben
In Rechnungen von Handwerkern wird die Mehrwertsteuer (19 %) zusätzlich ausgewiesen.
Berechne jeweils die Mehrwertsteuer.

Rechnung	
Materialkosten	150 €
Arbeitslohn (10 Stunden à 35 €)	350 €
Gesamt	500 €
Mehrwertsteuer	

Rechnung	
Materialkosten	80 €
Arbeitslohn (3 Stunden à 40 €)	120 €
Gesamt	200 €
Mehrwertsteuer	

21 Aus dem Berufsleben
In Rechnungen von Handwerkern wird die Mehrwertsteuer zusätzlich ausgewiesen.
a) Ergänze die Rechnung im Heft.

Malerwerkstatt Klecks	
Rechnung	
Materialkosten	340 €
Arbeitslohn (8 Stunden à 35 €)	
Gesamtkosten	
19 % Mehrwertsteuer	
Endsumme	

b) Erstellt eigene Rechnungen und berechnet jeweils die Mehrwertsteuer. Überprüft gegenseitig eure Ergebnisse.

Teste dich!

(12 Punkte)

1 Brüche in verschiedenen Schreibweisen
Ergänze die Tabelle im Heft.

Dezimalzahl		0,87			0,02		
Hundertstelbruch	$\frac{25}{100}$		$\frac{45}{100}$				$\frac{3}{100}$	
Prozent				56 %				4,5 %

(6 Punkte)

2 In welcher Klasse ist der prozentuale Anteil der Schülerinnen und Schüler, die ein Handy besitzen, am größten? In welcher Klasse ist er am kleinsten?

Klasse	7 a	7 b	7 c
Anzahl der Schüler/-innen	20	25	16
Schüler/-innen mit Handy	12	14	10

(9 Punkte)

3 Welcher prozentuale Anteil ist farbig dargestellt?

a)

b)

c)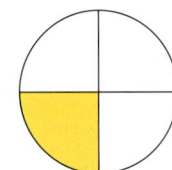

d)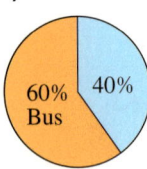

e)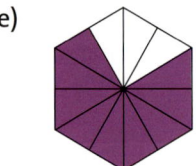

f)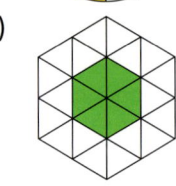

(9 Punkte)

4 In den Kreisen ist dargestellt, wie viele Schüler den Schulbus nutzen.

a) Klasse 7 a

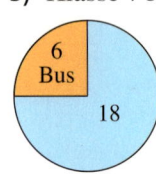

25 Schüler gehen in die 7 a.
Wie viele Schüler aus der 7 a
fahren mit dem Bus?
Wie viele fahren nicht mit dem Bus?

b) Klasse 7 b

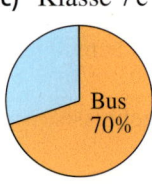

Wie viele Schüler gehen in die Klasse
7 b?
Wie viel Prozent der Schüler fahren mit
dem Bus?

c) Klasse 7 c

Wie viel Prozent von den 30 Schülern
aus der 7 c fahren nicht mit dem Bus?
Wie viele Schüler sind das?

134

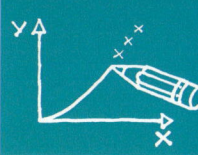

5 Berechne jeweils den Prozentsatz. *(8 Punkte)*

a) Prozentwert: 1 m; Grundwert: 100 m   **b)** Prozentwert: 17 m; Grundwert: 100 m

c) $W = 3\,kg$; $G = 300\,kg$ **d)** $W = 63\,kg$; $G = 300\,kg$

e) 500 t von 1000 t   **f)** 15 € von 300 €

g) 2 Bücher von 200 Büchern   **h)** 40 Bücher von 200 Büchern

6 Übertrage die Tabelle ins Heft. *(9 Punkte)*

a) Schreibe in die linken Tabellenfelder die passenden Fachbegriffe.

b) Ergänze die fehlenden Werte in der Tabelle.

	200 l	30 cm	1300 kg	1200 h	40 cm	144 kg	24 s
	3 %	5 %	15 %		5,1 %	15 %	
	6 l			450 h			4,5 s

7 Berechne 5 %; 10 %; 25 % und 75 % von den Größen: *(7 Punkte)*

a) 800 m   **b)** 2400 m²   **c)** 6 km

d) 3600 m²   **e)** 8 kg   **f)** 5320 min

g) Wie ändert sich der Prozentwert, wenn man den Prozentsatz verdoppelt, verdreifacht …?

8 Daniel meint: „Von meinen 24 Mitschülern kamen heute 12 % zu spät." *(8 Punkte)*

a) Ist das überhaupt möglich?

b) Was könnte Daniel gemeint haben? Löse sinnvoll.

9 Berechne den Preisnachlass der Bücher. *(12 Punkte)*

10 Von den 120 Schülerinnen und Schülern der Klassenstufe 7 sind 45 Schüler in einer AG. *(8 Punkte)*

a) Welche der Grundbegriffe sind gegeben. Ordne sie zu.

b) Berechne den fehlenden Wert.

11 In einer Schule wurden 360 Fahrräder kontrolliert: *(12 Punkte)*

– 30 % der Fahrräder waren ohne Mängel,

– 45 % hatten fehlerhafte Bremsen,

– 35 % hatten Fehler an der Beleuchtungsanlage.

a) Wie viele Fahrräder sind das jeweils?

b) Addiere die einzelnen Prozentsätze.
Was stellst du fest? Begründe.

Gold: 94–100 Punkte, Silber: 77–93 Punkte, Bronze: 60–76 Punkte

Zusammenfassung

→ Seite 120

Anteile und Prozente

Prozente sind Anteile mit dem Nenner 100 (Hundertstelbruch): $\frac{1}{100}$ = **1 %**

Für den Bruch $\frac{p}{100}$ sagt man „**p Prozent**".
Man schreibt abgekürzt **p %**.

Prozente erhält man
Entweder
durch Kürzen und Erweitern von Brüchen auf den Nenner 100
oder
durch Dividieren des Zählers durch den Nenner.

Umwandeln in einen Hundertstelbruch:
16 von 20 = $\frac{16}{20} = \frac{16 \cdot 5}{20 \cdot 5} = \frac{80}{100}$ = 80 %

Division des Zählers durch den Nenner:
18 von 25 sind $\frac{18}{25}$ = 18 : 25 = 0,72 = 72 %

→ Seite 122

Die drei Grundbegriffe der Prozentrechnung

In der Prozentrechnung unterscheidet man zwischen drei Grundbegriffen:
Grundwert – G (Gesamtmenge, entspricht 100 %)
Prozentsatz – p % (Anteil in Prozent)
Prozentwert – W (Teil der Gesamtmenge)
Für diese Größen wurde festgelegt:

$$G \xrightarrow{\quad \boxed{\cdot \, p\%} \quad} W$$

8 Schüler von 20 Schülern sind 40 %.
$\quad W \qquad\qquad G \qquad\qquad p\%$

→ Seite 124

Prozentsatz

Um den **Prozentsatz** (p %) auszurechnen, **dividiert** man den Prozentwert (W) durch den Grundwert (G).

Das Ergebnis ist eine Dezimalzahl.
Die ersten beiden Stellen hinter dem Komma geben die **Prozentzahl** p an $\left(\frac{p}{100} = p\%\right)$.

gegeben: Grundwert G = 25
          Prozentwert W = 12
gesucht: Prozentsatz p %

1. Möglichkeit der Berechnung:
12 von 25 sind $\frac{12}{25} = \frac{48}{100}$ = 48 %

2. Möglichkeit der Berechnung:
12 von 25 sind $\frac{12}{25}$ = 12 : 25 = 0,48 = 48 %

→ Seite 126

Prozentwert

Um den **Prozentwert (W)** auszurechnen, **multipliziert** man den Prozentsatz (p %) mit dem Grundwert (G).

Der Prozentsatz (p %) kann dabei als Bruch oder als Dezimalzahl geschrieben werden.

gegeben: Grundwert G = 36
          Prozentsatz p % = 10 %
gesucht: Prozentwert W

1. Möglichkeit der Berechnung:
Schreibe 10 % als Bruch $\left(10\% = \frac{10}{100}\right)$:
$\frac{10}{100} \cdot 36 = \frac{10 \cdot 36}{100} = \frac{360}{100}$ = 3,6

2. Möglichkeit der Berechnung:
Schreibe 10 % als Dezimalzahl (10 % = 0,1):
0,1 · 36 = 3,6

Daten und Zufall

Beim Lotto werden zufällig Zahlen gezogen.
Wer sechs richtige Zahlen getippt hat,
der kann viel Geld gewinnen.
Die Wahrscheinlichkeit für sechs richtige Zahlen
ist allerdings sehr klein.

Noch fit?

Einstieg

1 Brüche in verschiedenen Schreibweisen
Ergänze die Lücken im Heft.

a) $\frac{1}{5} = \frac{\blacksquare}{100} = 20\%$

b) $\frac{8}{10} = \frac{80}{100} = \blacksquare\%$

c) $\frac{6}{50} = \frac{\blacksquare}{100} = \blacksquare\%$

2 Brüche und Dezimalzahlen

Ordne den Brüchen
die passenden
Dezimalzahlen zu.

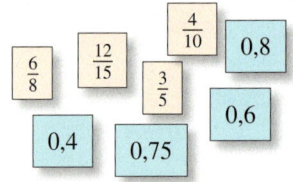

3 Bruchteile bestimmen

Gib die Anteile als Bruch und in Prozent an.

 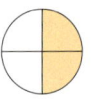 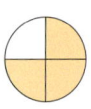

4 Brüche am Zahlenstrahl

Zeichne einen Zahlenstrahl mit 10 cm Abstand zwischen 0 und 1.
Markiere die Brüche.

$\frac{1}{10}$; $\frac{3}{10}$; $\frac{1}{2}$; $\frac{1}{4}$; $\frac{3}{5}$; $\frac{1}{1}$

5 Daten ordnen

Ordne die Geldbeträge der Größe nach.
Beginne mit dem kleinsten.
1,50 €; 50 ct; 2,50 €; 1,95 €; 500 ct

6 Umfrageergebnisse auswerten

Melina hat Freunde gefragt, ob sie den neuesten Kinofilm anschauen wollen.

ja	卌	
nein	||||

a) Wie viele Freunde
   wollen den Film
   anschauen?
b) Wie viele Freunde
   wurden befragt?
c) Ergänze das Säulen-
   diagramm im Heft.

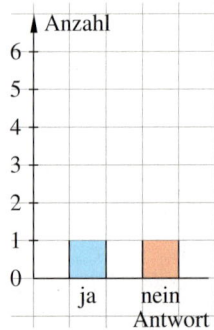

Aufstieg

1 Brüche in verschiedenen Schreibweisen
Wandle in Prozentschreibweise um.

Beispiel $\frac{1}{5} = \frac{2}{10} = \frac{20}{100} = 20\%$

a) $\frac{7}{10}$ b) $\frac{1}{2}$

c) $\frac{3}{4}$ d) $\frac{3}{20}$

2 Brüche und Dezimalzahlen

Wandle in Dezimalzahlen um

a) $\frac{8}{10}$ b) $\frac{5}{100}$

c) $\frac{3}{24}$ d) $\frac{5}{16}$

e) $\frac{24}{64}$ f) $\frac{55}{80}$

3 Bruchteile bestimmen

Gib die Anteile als Bruch und in Prozent an.

 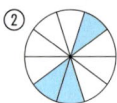 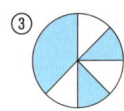

4 Brüche am Zahlenstrahl

Zeichne einen Zahlenstrahl (mit 10 cm Abstand zwischen 0 und 1) und markiere die Brüche.

$\frac{1}{2}$; $\frac{7}{10}$; $\frac{3}{4}$; $\frac{2}{5}$; $\frac{1}{20}$; $\frac{25}{100}$; $\frac{15}{50}$

5 Daten ordnen

Ordne die Körpergrößen.
Beginne mit der kleinsten.
1,64 m; 146 cm; 156 cm; 1,75 m; 1,56 m

6 Umfrageergebnisse auswerten

Marco hat unter Freunden eine Umfrage über deren Lieblingssportarten durchgeführt.

a) Übertrage die Tabelle in dein Heft und ergänze die fehlenden Werte.

Sportart	Anzahl	absolute Häufigkeit	relative Häufigkeit
Fußball	卌	5	
Basketball	|||		$\frac{3}{10} = 0,3 = 30\%$
Handball	||		

b) Erstelle zu der Tabelle ein Säulendiagramm.

7 Diagramme lesen

In dem Säulendiagramm sind die Ergebnisse einer
Klassenarbeit dargestellt.

a) Ergänze die Tabelle im Heft.

Note	1	2	3	4	5	6
Anzahl						

b) Wie viele Arbeiten wurden insgesamt geschrieben?

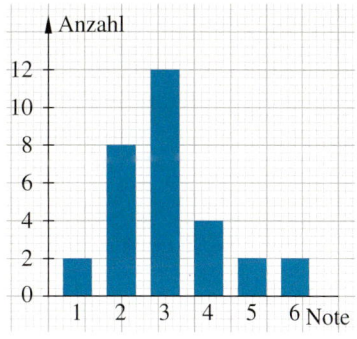

8 Relative Häufigkeiten berechnen

20 Personen wurden befragt.
Ergänze die Tabelle im Heft.

	ja	nein	vielleicht
absolute Häufigkeit	8	10	2
relative Häufigkeit			$\frac{2}{20}=\frac{10}{100}=10\%$

8 Relative Häufigkeiten berechnen

In der Mathematikarbeit der Klasse 7c wurden folgende Noten erteilt. Gib die relative
Häufigkeit für jede Note in Prozent an.

Note	1	2	3	4	5	6
Anzahl	2	6	8	5	3	1

9 Relative Häufigkeiten vergleichen

Beim Torwandschießen hat Merle 7 von 10
Schüssen getroffen. Johanna hat 4 von 5
getroffen. Wer war besser?

9 Relative Häufigkeiten vergleichen

In einem Wettkampf zweier Schulen hat die
Volleyballmannschaft der Schule „Süd" gegen
das Team der Schule „Nord" 5 von 7 Spielen
gewonnen.
Die Fußballmannschaft „Süd" hat 3 von 4
Spielen gegen die „Nord"-Mannschaft gewonnen.

a) Vergleiche die relativen Häufigkeiten der
beiden Schulen.

b) In welcher Sportart war die Schule „Süd"
erfolgreicher?

10 Zufall erkennen

Zufall oder kein Zufall?

a) Der Wecker klingelt um 6 Uhr.

b) Am Montag ist Schule.

c) Hannes gewinnt beim Lotto.

10 Zufall erkennen

Zufall oder kein Zufall? Begründe.

a) Anna findet ein 2-€-Stück.

b) Marvin gewinnt beim Skatspiel.

c) Marc hat in Mathematik eine 1.

11 Ergebnisse bestimmen

Gib alle möglichen Ergebnisse der Zufallsexperimente an.

a) würfeln   b) am Glücksrad drehen

 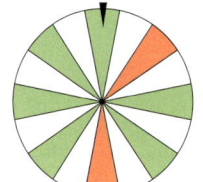

11 Ergebnisse bestimmen

Handelt es sich jeweils um ein Zufallsexperiment?
Wenn ja, welche Ergebnisse sind möglich?

a) Werfen einer Münze

b) Werfen einer Streichholzschachtel

c) Werfen eines Balls

d) Drehen eines Glücksrades mit 5 Feldern

e) Wiegen eines Schokoriegels

f) Wiegen eines Apfels

Daten in Diagrammen auswerten

Entdecken

1 Hennings Meerschweinchen hat zwei Junge bekommen.
Er hat die beiden Jungen einmal pro Woche gewogen.
Die Ergebnisse hat er in Diagrammen dargestellt.
a) Beschreibe und vergleiche die beiden Diagramme.
b) Stellt Fragen zu den Diagrammen und beantwortet sie gegenseitig.

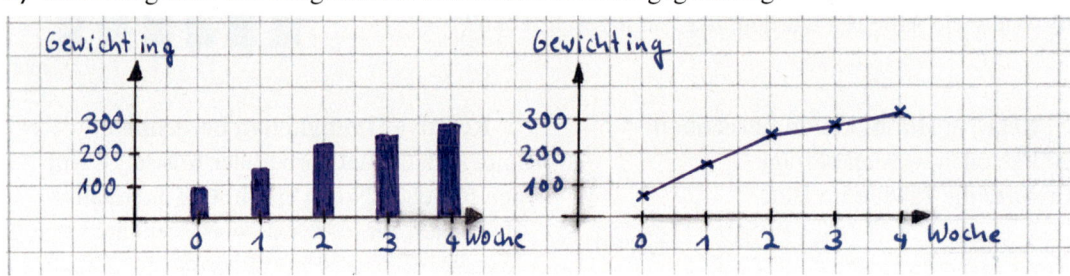

2 Arbeitet in Gruppen. Welche unterschiedlichen Diagrammarten kennt ihr?
Erstellt in Gruppen Plakate zu Diagrammarten. Sucht Beispiele in Zeitungen oder zeichnet
selbst Beispiele. Für welche Darstellungen eignen sich welche Diagrammarten besonders?

Verstehen

Daten werden häufig in Diagrammen dargestellt. Es gibt unterschiedliche **Diagrammarten**.

Beispiel 1

Die Klasse 7a hat über das
Ziel des nächsten Klassen-
ausflugs abgestimmt.

Tabelle

Ziel	Anzahl
Zoo	8
Wald	4
Museum	7

Säulendiagramm   **Balkendiagramm**

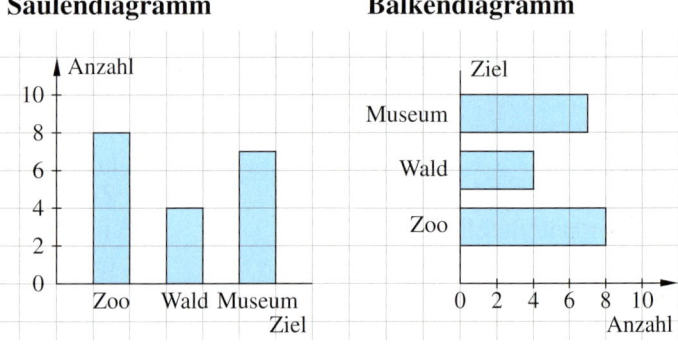

Beispiel 2

Das **Liniendiagramm** zeigt den Zusammen-
hang zwischen *Zeit* und *Niederschlag*.
Im Januar wurden z. B. 60 mm Niederschlag
gemessen, im Mai 100 mm.

Liniendiagramm

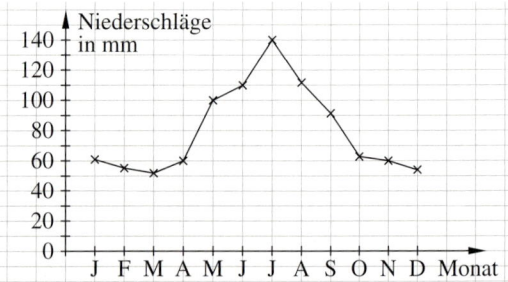

> **Merke** In **Liniendiagrammen** werden
> meist zeitliche Entwicklungen dargestellt.
> Die einzelnen Werte lassen sich durch
> gerade Linien verbinden.

HINWEIS
*Diagramme
lassen sich
auch mit dem
Computer
erstellen.
Dazu eignen
sich besonders
Tabellen-
kalkulations-
programme.*

Üben und anwenden

1 Klassensprecherwahl

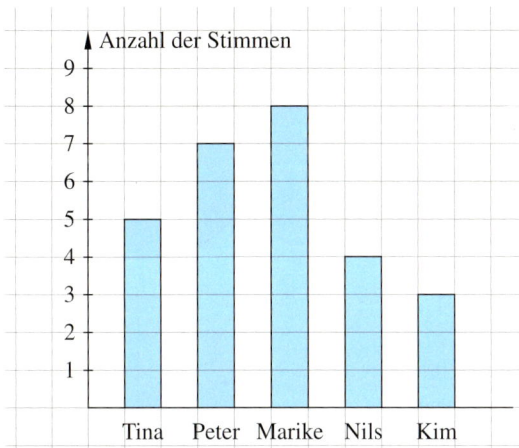

Wer hat die Wahl gewonnen?
Beschreibe das Diagramm.

2 Ergänze die Tabelle im Heft. Lies dazu die Anzahl der Stimmen aus dem Diagramm aus Aufgabe 1 ab.

Schüler/-in	Tina	Peter	…
Anzahl der Stimmen			

3 Lies aus dem Balkendiagramm die durchschnittliche Lebenserwartung der Tiere ab. Trage sie in eine Tabelle ein.

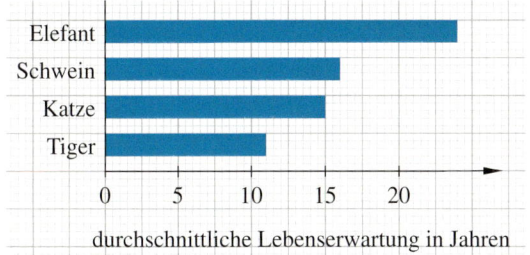

durchschnittliche Lebenserwartung in Jahren

4 Das Liniendiagramm zeigt die Temperaturen an einem Märztag.
a) Um wie viel Uhr wurde die höchste Temperatur gemessen?
b) Zu welchen Uhrzeiten war es gleich warm?
c) Ergänze die Tabelle im Heft.
   Markiere die höchste und die niedrigste Temperatur.

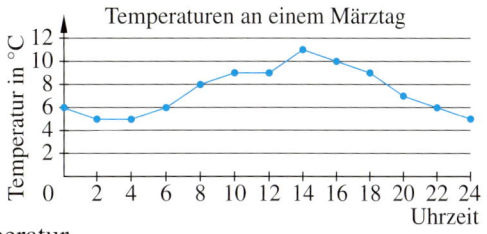

Temperaturen an einem Märztag

1 In einer Umfrage wurde gefragt, wie oft Schüler vor Schulbeginn frühstücken.
Die Ergebnisse wurden in dem folgenden Diagramm festgehalten.

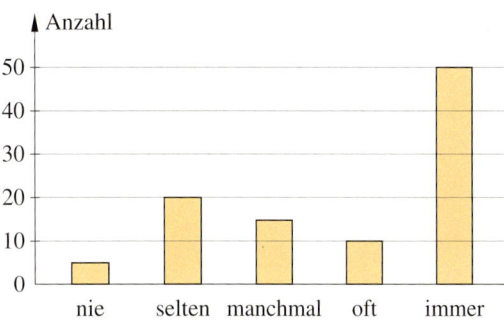

Beschreibe das Diagramm mit deinen eigenen Worten. Sortiere die Antworten nach ihrer Häufigkeit. Beginne mit der meistgenannten.

2 Trage die absoluten Häufigkeiten der Antworten aus Aufgabe 1 in eine Tabelle ein.
Wie viele Kinder wurden insgesamt befragt?
Bestimme jeweils die relativen Häufigkeiten der einzelnen Antworten.

3 Beschreibe den Inhalt des Diagramms.

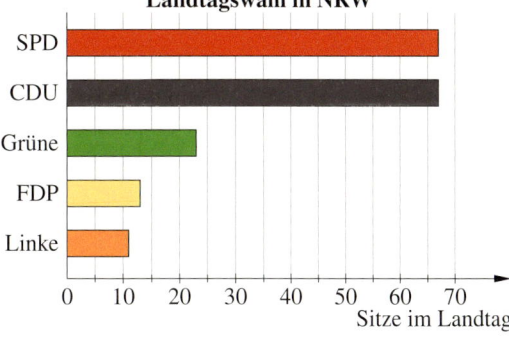

Uhrzeit	0	2	4	6	8	10	12	14	16	18	20	22	24
Temperatur	6 °C												

d) Arbeitet zu zweit.
   Stellt weitere Fragen zum Diagramm und beantwortet sie euch gegenseitig.

Daten in Kreisdiagrammen auswerten

Entdecken

1 Ergebnisse von Umfragen lassen sich anschaulich in Kreisdiagrammen darstellen.

100 Schülerinnen und Schüler wurden befragt…

…nach ihrem Hobby:

Hobby	Stimmen
Sport	50
Computer	30
Freunde treffen	10
Sonstiges	10

…nach ihrem Lieblingsfach:

Lieblingsfach	Stimmen
Sport	30
Mathe	25
Biologie	25
Sonstiges	20

①

②

a) Welche Umfrageergebnisse passen zu welchem Kreisdiagramm?

b) Wähle ein Diagramm aus und ordne die Farben der Kreisteile dem Hobby bzw. dem Lieblingsfach zu.

2 Das Kreisdiagramm zeigt, wie viele Kilometer jeder Deutsche im Jahr durchschnittlich zurücklegt. Schreibe einen kurzen Zeitungsartikel zu dem Diagramm.

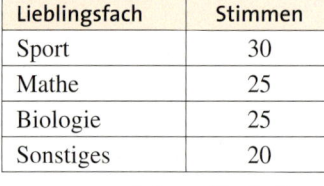

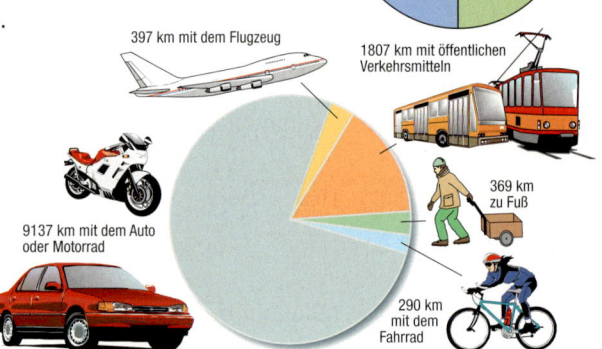

397 km mit dem Flugzeug

1807 km mit öffentlichen Verkehrsmitteln

369 km zu Fuß

9137 km mit dem Auto oder Motorrad

290 km mit dem Fahrrad

Verstehen

Daten können mithilfe von **relativen Häufigkeiten** verglichen werden.

ZUM

WEITERARBEITEN

Gib die relativen Häufigkeiten der Umfrage als Bruch und als Dezimalzahl an.

Beispiel

In einer Umfrage wurden 40 Schülerinnen und Schüler nach ihrer Lieblingsfarbe gefragt.

Farbe	rot	gelb	grün	blau
Anzahl	8	2	10	20
relative Häufigkeit	20%	5%	25%	50%

Merke Die **relative Häufigkeit** kann man als Bruch, als Dezimalzahl und in Prozent angeben.
Die Dezimalzahl liegt immer zwischen 0 und 1, der Prozentsatz zwischen 0% und 100%.

$$\text{relative Häufigkeit} = \frac{\text{absolute Häufigkeit}}{\text{Gesamtzahl}}$$

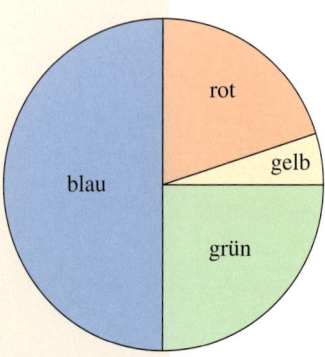

In dem **Kreisdiagramm** steht der gesamte Kreis für die Anzahl der Befragten, also 40 Schüler bzw. 100%. Die Kreisteile zeigen die Lieblingsfarben an.

Der rote Kreisteil ist größer als der gelbe, also wurde rot häufiger gewählt als gelb.

Merke In einem **Kreisdiagramm** wird der jeweilige Anteil an der Gesamtzahl dargestellt.
Die Gesamtzahl ist immer 100%.

Kreisdiagramme zeigen die **relativen Häufigkeiten** an.

Üben und anwenden

1 Beurteile die Aussagen zu dem Kreisdiagramm aus „Verstehen" von Seite 142.

Die Hälfte des Diagramms ist blau, also hat die Hälfte der Befragten blau gewählt.

Rot wurde am seltensten gewählt.

Es haben doppelt so viele Schüler blau gewählt wie grün.

Der gelbe und der rote Kreisteil sind zusammen so groß wie der grüne.

2 In dem Kreisdiagramm sind die Ergebnisse einer Klassenarbeit dargestellt.

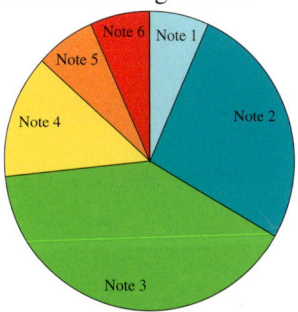

Welche Note gab es am häufigsten?
Welche drei Noten kamen gleich oft vor?

2 Das Kreisdiagramm zeigt die Zusammensetzung von Hausmüll. Ordne die Sorten der Menge nach. Beginne mit dem kleinsten Anteil.

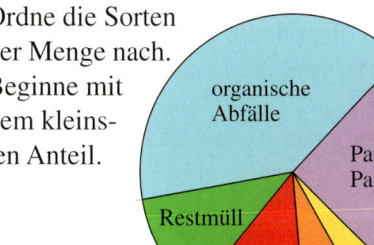

ZUM WEITERARBEITEN
Schätze: Wie war der Notendurchschnitt der Klassenarbeit aus Aufgabe 2 (lila)? Wie könnte die Notentabelle ausgesehen haben?

3 Tilo hat 18 Freunde zu seiner Party eingeladen. Die Antworten hat er im Kreisdiagramm dargestellt. Wahr oder falsch?
a) Es haben mehr Freunde mit „nein" geantwortet als mit „vielleicht".
b) Neun Freunde haben mit „ja" geantwortet.
c) Ein Drittel der Freunde hat mit „vielleicht" geantwortet.

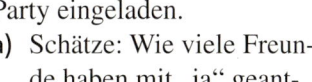

3 Tilo hat 18 Freunde zu seiner Party eingeladen.
a) Schätze: Wie viele Freunde haben mit „ja" geantwortet? Wie viel Prozent sind das?
b) Schätze: Wie viele haben mit „nein" geantwortet, wie viele mit „vielleicht"?
c) Erstelle zu deinen Schätzungen ein passendes Säulendiagramm.

4 Tatjana und Chris haben an einer Straße die vorbeifahrenden Fahrzeuge gezählt. Die Ergebnisse haben sie in einem Kreisdiagramm dargestellt.
a) Beschreibe das Diagramm.
b) Geben die Zahlen im Diagramm absolute oder relative Häufigkeiten an? Erkläre, woran du es erkennen kannst.
c) Arbeitet zu zweit. Findet weitere Fragen zum Diagramm und stellt sie euch gegenseitig.

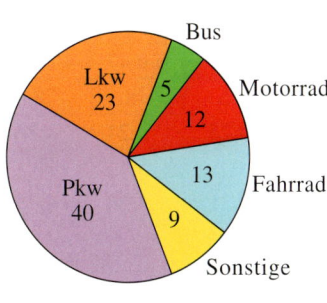

HINWEIS
*Kreisdiagramme werden auch **Tortendiagramme** genannt.*

5 Stelle die farbigen Anteile in einem Kreisdiagramm dar.

rot: 25 %   gelb: 50 %   blau: 25 %

5 Stelle die Anteile der einzelnen Buchstaben in einem Kreisdiagramm dar.

B	E	N	E	N	N	E	N

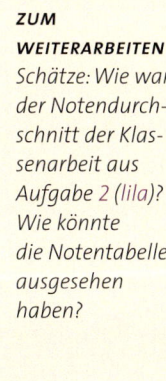

Zufallsexperimente und Wahrscheinlichkeiten

Entdecken

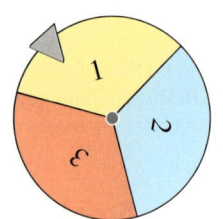

1 Beim Drehen des Glücksrads traten bisher folgende Zahlen als Ergebnis auf: 1; 2; 1; 2; 2
Diskutiert in kleinen Gruppen, wie oft noch gedreht werden muss, um eine „3" als Ergebnis zu erhalten.

2 Münzwurf. Arbeitet zu zweit.
a) Werft eine Münze 10-mal und notiert die Ergebnisse.
b) Berechnet die relative Häufigkeit für das Ergebnis „Wappen".
c) Schätzt: Was passiert, wenn man die Münze 100-mal wirft? Begründet eure Vermutung.
d) Vergleicht in der Klasse die Ergebnisse des 100-maligen Münzwurfs.
e) Berechnet die relative Häufigkeit für das Ergebnis „Wappen" der gesamten Klasse.

Verstehen

Patrick behauptet: „Wenn ich einen Legostein werfe, fällt er fast immer so, dass die Noppen oben liegen." Silke schlägt vor, das zu überprüfen.

Beispiel
Silke und Patrick werfen in einem **Zufallsexperiment** einen Legostein 500-mal.
Folgende **Ergebnisse** sind möglich:
– Boden oben   – Noppen oben   – Seite oben

> **Merke** **Zufallsexperimente** sind immer vom Zufall abhängig.
> Man kann sie beliebig oft wiederholen.
> Bei Zufallsexperimenten sind immer verschiedene **Ergebnisse** möglich.
> Welches Ergebnis beim Experiment eintritt, kann man nicht sicher vorhersagen.

Nach 500 Würfen stellt Patrick fest, dass sich die relative Häufigkeit bei sehr vielen Würfen kaum noch ändert.

	Würfe	100	200	300	400	500
Boden oben	absolute H.	44	93	146	192	240
	relative H.	**0,44**	**≈ 0,47**	**≈ 0,49**	**0,48**	**0,48**
Noppen oben	absolute H.	25	48	78	106	135
	relative H.	**0,25**	**0,24**	**0,26**	**≈ 0,27**	**0,27**
Seiten oben	absolute H.	31	59	76	102	125
	relative H.	**0,31**	**≈ 0,30**	**≈ 0,25**	**≈ 0,26**	**0,25**

Rund 48 % der Steine bleiben mit dem Boden oben liegen.
Mit den Noppen oben bleiben nur rund 27 % liegen.
Patricks Behauptung stimmt also nicht.

Oft ist es sinnvoll, die **relative Häufigkeit** eines Ergebnisses zu berechnen.

$$\text{relative Häufigkeit eines Ergebnisses} = \frac{\text{absolute Häufigkeit des Ergebnisses}}{\text{Gesamtzahl der Versuche}}$$

> **Merke** Ändert sich in einer Versuchsserie die relative Häufigkeit bei weiteren Versuchen nicht mehr, dann heißt diese relative Häufigkeit die **Wahrscheinlichkeit** eines Ergebnisses.

Üben und anwenden

1 Kann hier ein Zufallsexperiment durchgeführt werden? Begründe deine Antwort.

a)   b)

2 Entscheide und begründe, ob es sich um ein Zufallsexperiment handelt.
a) Wurf einer Münze: Kopf oder Zahl
b) aus drei farbigen Stäbchen (gelb, grün, blau) eines verdeckt ziehen
c) Uli bekommt im Fach Sport die Note „befriedigend".
d) In einer Schule fehlen am Montag 13 Schülerinnen und Schüler.

3 Gib alle möglichen Ergebnisse der Zufallsexperimente aus Aufgabe 2 an.
Sind die Ergebnisse jeweils gleich wahrscheinlich?

4 Andreas hat 200-mal gewürfelt. Die Ergebnisse hat er in einer Tabelle festgehalten:

Augenzahl	1	2	3	4	5	6
absolute H.	36	30	26	40	36	32
relative H.	0,18					

a) Welche Zahl hat er am häufigsten geworfen, welche am seltensten?
b) Ergänze Andreas Tabelle im Heft.
c) Addiere die relativen Häufigkeiten. Was fällt dir auf?

5 Arbeitet in Gruppen.
a) Werft 200-mal eine Streichholzschachtel und haltet fest, wie häufig die Schachtel auf die Deck- bzw. Bodenfläche, auf eine kleine Seitenfläche oder auf die Reibfläche gefallen ist.
b) Bestimmt jeweils die relative Häufigkeit. Sind alle Ergebnisse gleich wahrscheinlich?
c) Schätzt die absoluten und relativen Häufigkeiten nach 500 Würfen (nach 1000 Würfen). Gebt die Wahrscheinlichkeiten an.

2 Entscheide und begründe, ob es sich um ein Zufallsexperiment handelt.
a) Marmeladenbrot fällt vom Tisch auf die Marmeladenseite oder die Unterseite.
b) Elfmeterschuss: Tor oder daneben
c) Werfen eines 12-seitigen Würfels
d) Nenne weitere Beispiele für Experimente, die vom Zufall abhängen und solche, die nicht vom Zufall abhängen.

3 Gib alle möglichen Ergebnisse der Zufallsexperimente aus Aufgabe 2 an.
Sind die Ergebnisse jeweils gleich wahrscheinlich?

4 Anja und Johanna haben unterschiedlich oft gewürfelt.

Augenzahl	1	2	3	4	5	6
Anja	IIII	HH I	IIII	HH III	IIII	HH I
Johanna	HH II	HH	HH I	HH IIII	HH II	HH I

a) Erstelle eine Häufigkeitstabelle.
b) Welche Augenzahl wurde jeweils am häufigsten (am wenigsten) geworfen?
c) Johanna behauptet, sie habe die 4 häufiger gewürfelt als Anja. Nimm Stellung.

Wahrscheinlichkeiten bestimmen

Entdecken

1 Tina, Jule, Rafael und Daniel spielen „Mensch ärgere Dich nicht".

a) Erkläre die Regeln des Spiels.

b) Wie groß ist die Wahrscheinlichkeit, dass Jule (gelb) eine Sechs würfelt und einen neuen Stein ins Feld setzen darf?

c) Tina (rot) kann Jule (gelb) und Rafael (schwarz) schlagen. Jule sagt: „Da Tina näher an mir dran steht, werde bestimmt ich geschlagen." Was meinst du dazu?

2 Rafael (schwarz) kann mit dem nächsten Wurf in sein Haus kommen.
Ist es wahrscheinlich, dass er das schafft, oder wird er es eher nicht schaffen?

3 Auch Tina (rot) kann mit dem nächsten Wurf einen Stein ins Haus bringen.
Ist es wahrscheinlich, dass sie das schafft, oder wird sie es eher nicht schaffen?

Verstehen

Das Drehen eines Glücksrades ist ein Zufallsexperiment.
Die Gewinnchancen werden durch die Größe und die Anzahl der Felder bestimmt.

Beispiel 1

Bei diesem Glücksrad gibt es 3 mögliche Ergebnisse: „gelb", „blau" und „rot".
Man sagt: „Die drei Ergebnisse sind alle gleich wahrscheinlich."
Da es drei gleich wahrscheinliche Ergebnisse gibt, ist die Wahrscheinlichkeit für jedes Ergebnis $\frac{1}{3}$.

Beispiel 2

Bei diesem Glücksrad gibt es auch 3 mögliche Ergebnisse: „grün", „lila" und „beige".
Die drei Ergebnisse sind aber nicht gleich wahrscheinlich.
Die Wahrscheinlichkeit, „grün" zu bekommen, ist doppelt so groß wie bei „lila" oder „beige".

Merke Die **Wahrscheinlichkeit** eines Ergebnisses wird als Zahl zwischen 0 und 1 bzw. 0 % und 100 % angegeben.
Je größer die Zahl ist, desto wahrscheinlicher ist das Ergebnis.

Man kann die Wahrscheinlichkeit an einer **Wahrscheinlichkeitsskala** ablesen.

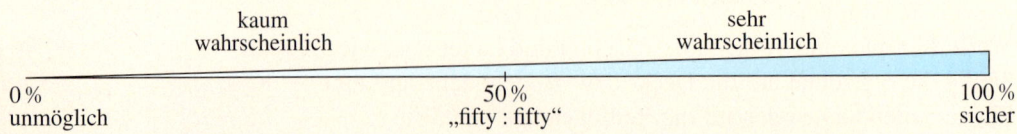

Gibt es **2; 3; 4; 5; …** verschiedene Ergebnisse, die alle **gleich wahrscheinlich** sind, dann ist die Wahrscheinlichkeit für jedes Ergebnis $\frac{1}{2}$; $\frac{1}{3}$; $\frac{1}{4}$; $\frac{1}{5}$; …

Üben und anwenden

1 Übertrage die Wahrscheinlichkeitsskala von Seite 146 in dein Heft.
Schätze, mit welcher Wahrscheinlichkeit die Ergebnisse ungefähr eintreten.
Trage die Schätzungen in die Wahrscheinlichkeitsskala ein.

a) Es schneit im Juli in Essen.
b) Du wirfst ein rohes Ei und es zerbricht.
c) Du spielst Lotto und hast „6 Richtige".
d) Beim Münzwurf kommt „Zahl".
e) Du gehst heute um 20.00 Uhr ins Bett.
f) Du kommst zu spät zur Schule.
g) Dein Matheheft ist weg. Ein Alien hat es gestohlen und mitgenommen.

2 Nenne drei Situationen und Ergebnisse, die sehr wahrscheinlich sind.

2 Beschreibe verschiedene Situationen, bei denen die Chancen „fifty - fifty" stehen.

3 Gib an: sicher, wahrscheinlich, unwahrscheinlich oder unmöglich.
a) Du würfelst eine 7.
b) Im Winter schneit es.
c) Es wird heute noch regnen.

3 Gib die Wahrscheinlichkeit an, beim Würfeln mit einem Würfel
a) eine 3 zu würfeln,
b) eine größere Zahl als 7 zu würfeln,
c) eine kleinere Zahl als 7 zu würfeln.

4 Heike spielt „Mensch ärgere Dich nicht".
a) Welche Zahl muss Heike würfeln, um ihren Stein ins Ziel zu bringen?
b) Mit welcher Wahrscheinlichkeit bringt Heike ihren letzten Stein ins Ziel?

4 Betrachte das Glücksrad.

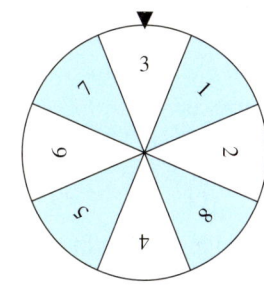

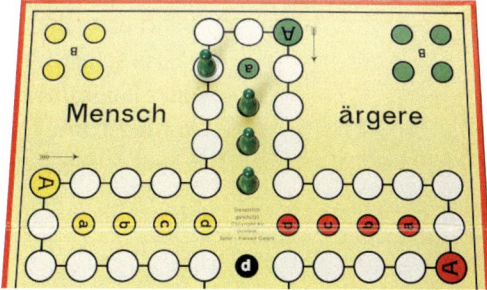

a) Gib alle möglichen Ergebnisse an.
b) Wie groß ist die Wahrscheinlichkeit dafür, dass die „3" gedreht wird?
c) Wie groß ist die Wahrscheinlichkeit für das Ergebnis „weißes Feld"?

5 Was ist wahrscheinlicher:
„Beim Würfeln kommt eine 6" oder „beim Würfeln kommt eine 1"?

5 Was ist wahrscheinlicher:
„Beim Würfeln kommt eine Sechs" oder „beim Münzwurf kommt Zahl"?

6 Es gibt Würfel mit 6 Flächen, mit 12 Flächen und welche mit 20 Flächen.
Welchen Würfel würdest du wählen, wenn …
a) … die höchste Zahl gewinnt.
b) … die „1" gewinnt.
c) … die „11" gewinnt.
Begründe jeweils deine Wahl.

6 An welchem Glücksrad würdest du spielen? Begründe deine Entscheidung.

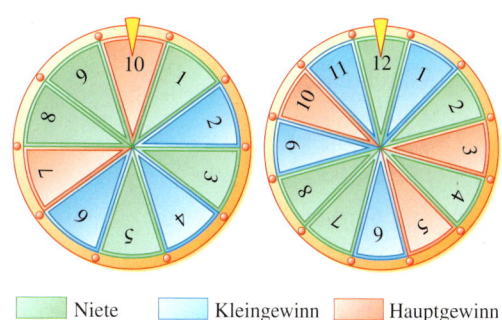

■ Niete   ■ Kleingewinn   ■ Hauptgewinn

HINWEIS
Ein Ergebnis, das immer eintritt, nennt man **sicher**. Die Wahrscheinlichkeit ist 100 %. Ein Ergebnis, das nie eintritt, nennt man **unmöglich**. Die Wahrscheinlichkeit ist 0 %.

HINWEIS
↻ 147-1
Hier findest du eine Simulation, mit deren Hilfe du die Glücksräder aus Aufgabe 6 (türkis) nachbauen kannst und auch eigene Glücksräder erstellen kannst.

Klar so weit?

→ Seite 140

Daten in Diagrammen auswerten

1 Wie viele Schüler sind jeweils in den AGs? Erstelle eine Tabelle.

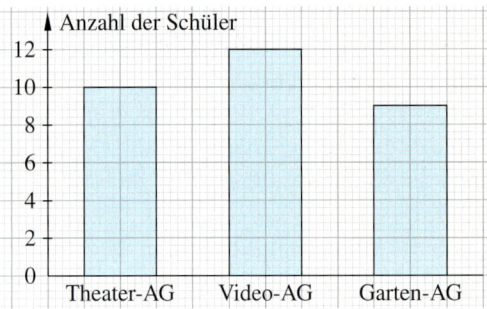

1 Wie viel Prozent der befragten Personen interessierten sich für die im Diagramm angegebenen Themen?
Erstelle eine Tabelle.

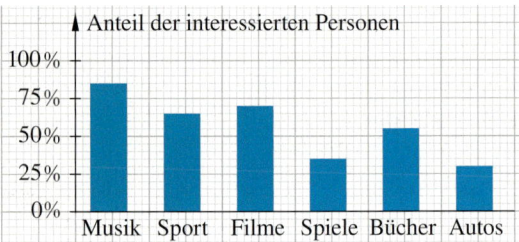

2 Mika fährt mit dem Fahrrad zur Schule.
a) Wie viele Kilometer fährt er?
b) Um wie viel Uhr startet er?
c) Um wie viel Uhr erreicht er die Schule?
d) Wie lange braucht er insgesamt für seinen Schulweg?

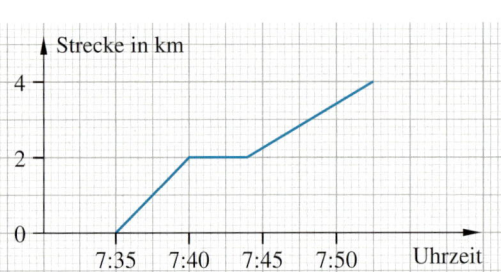

2 Mika fährt mit dem Fahrrad zur Schule.
a) Beschreibe das Diagramm.
b) Unterwegs macht er eine Pause. Wie lange dauert die Pause?
c) Fährt er nach der Pause schneller oder langsamer als vor der Pause?

→ Seite 142

Daten in Kreisdiagrammen auswerten

3 Für viele Tätigkeiten im Haushalt brauchen wir Wasser.
a) Ordne die Anteile der Größe nach.
b) Wahr oder falsch? Über die Hälfte des Wassers wird für Baden, Duschen, WC und Waschmaschinen verbraucht.
c) Wahr oder falsch? Über 25 % des Wassers wird für Geschirrspülen verbraucht.

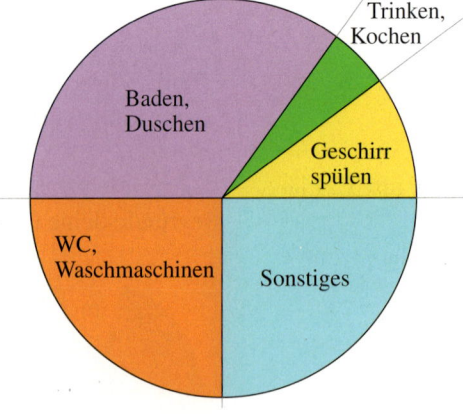

3 Für viele Tätigkeiten im Haushalt brauchen wir Wasser.
a) Wofür wird am meisten Wasser verbraucht? Wofür am wenigsten?
b) Schätze die einzelnen Anteile in Prozent. Trage deine Schätzung in eine Tabelle ein.
c) Was könnte unter Sonstiges fallen?

Zufallsexperimente und Wahrscheinlichkeiten
→ Seite 144

4 Hängen diese Vorgänge vom Zufall ab?
a) Ziehen eines Strohhalms
b) Alter eines Kindes
c) Beginn der Sommerferien

4 Hängen diese Vorgänge vom Zufall ab? Falls ja, gib mögliche Ergebnisse an.
a) Ziehung der Lotto-Zahlen
b) Ziehen einer Karte bei einem Quartett

5 Franka hat 20 Lose gekauft.

	Häufigkeit
Gewinn	6
Niete	14

a) Berechne jeweils die relative Häufigkeit für einen Gewinn und eine Niete.
b) Mit wie vielen Gewinnen kann sie ungefähr rechnen, wenn sie 100 Lose kauft?
c) Lucas hat 16 Lose gekauft und 4 Gewinne gezogen. Wer hatte mehr Glück?

5 Aus der Schale wurde 50-mal zufällig eine Kugel gezogen und dann wieder zurückgelegt.

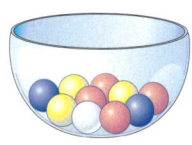

Farbe				
Häufigkeit	9	6	13	22

a) Übertrage die Tabelle in dein Heft. Welche Farbe gehört wohl zu welcher Häufigkeit? Ergänze diese in der Tabelle.
b) Bestimme jeweils die relativen Häufigkeiten, mit der die einzelnen Farben gezogen wurden.

Wahrscheinlichkeiten bestimmen
→ Seite 146

6 Aus der Schale wird zufällig eine Kugel gezogen.

a) Welche Ergebnisse sind möglich?
b) Mit welcher Wahrscheinlichkeit wird die blaue Kugel gezogen?
c) Mit welcher Wahrscheinlichkeit wird eine schwarze Kugel gezogen?

6 In einem Gefäß liegen 10 Kugeln, die sich nur in der Nummer unterscheiden. Die Kugeln sind von „1" bis „10" nummeriert. Eine Kugel wird zufällig gezogen.
a) Welche Ergebnisse sind möglich?
b) Sind alle Ergebnisse gleich wahrscheinlich?
c) Mit welcher Wahrscheinlichkeit wird die Kugel mit der Nummer „10" gezogen?

7 Das Glücksrad wird gedreht.
a) Welche Ergebisse sind möglich?
b) Sind alle Ergebnisse gleich wahrscheinlich?
c) Bestimme die Wahrscheinlichkeit, dass Gelb gedreht wird.

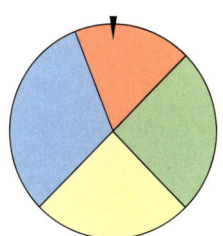

7 Aus den Netzen können Spielwürfel gebaut werden.
a) Welche Ergebnisse sind bei den Würfeln möglich?
b) Bestimme für jeden Würfel die Wahrscheinlichkeiten für die Ergebnisse.

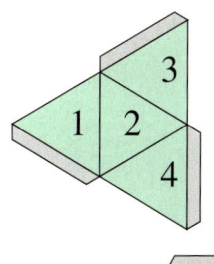

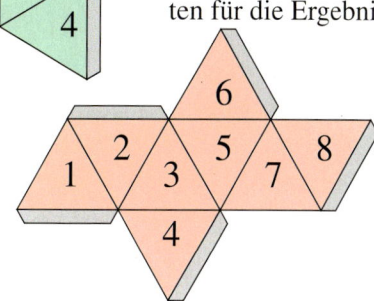

Vermischte Übungen

1 Suche in Zeitungen und Zeitschriften nach Beispielen für Säulendiagramme, Balkendiagramme, Kreisdiagramme und Liniendiagramme.
Gestalte ein Plakat.

1 Welche Diagrammarten kennst du?
Benenne sie und suche in Zeitungen nach Beispielen.
Gestalte zu den Unterschieden und Gemeinsamkeiten der Diagrammarten ein Plakat.

2 Aus dem Berufsleben
Die Diagramme zeigen den Schulabschluss von Auszubildenden eines Jahrgangs in verschiedenen Berufen.

- ☐ Hauptschulabschluss
- ☐ mittlerer Schulabschluss
- ☐ Hoch-/Fachhochschulreife

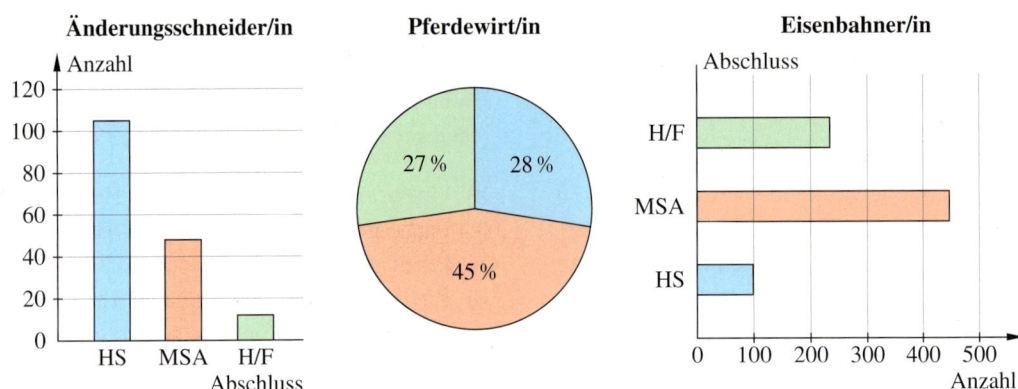

a) Welche Informationen kannst du aus den Diagrammen ablesen?
b) Sind jeweils die relativen oder absoluten Häufigkeiten angegeben?
   Begründe deine Antwort.
c) Gib jeweils die Diagrammart an.
   Beschreibe Gemeinsamkeiten und Unterschiede der drei Diagramme.

3 Betrachte die Diagramme aus Aufgabe 2. Lies jeweils die Anzahlen bzw. Anteile der einzelnen Schulabschlüsse ab und trage sie in eine Tabelle ein.

3 Führe in deiner Klasse eine Umfrage zu den Berufswünschen durch.
Stelle die Ergebnisse in einem Diagramm deiner Wahl dar.

4 Das Liniendiagramm zeigt die Temperaturen, die an einem Februartag gemessen wurden.
a) Um wie viel Uhr war es am wärmsten?
b) Um wie viel Uhr war es am kältesten?
c) Ergänze:
   Zwischen 16 und 20 Uhr sank die Temperatur um ■°.
d) Ergänze:
   Zwischen 8 und 12 Uhr stieg die Temperatur um ■° an.

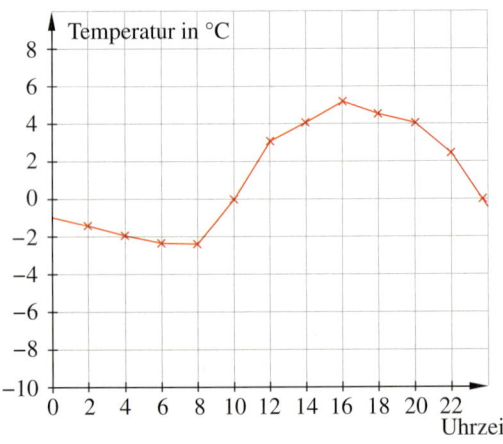

Temperaturen an einem Februartag

4 Temperaturverlauf
a) Bestimme die Diagrammart.
b) Beschreibe den Verlauf der Temperatur.
c) Bestimme den Temperaturunterschied zwischen der Tagestiefst- und der Tageshöchsttemperatur.
d) Ergänze: Zwischen 11 Uhr und 16 Uhr stieg die Temperatur um ■° an.

ZUM WEITERARBEITEN
Informiere dich über weitere Berufe, die man mit diesen Schulabschlüssen erlernen kann.

5 Eine Schule hat 740 Schülerinnen und Schüler.
Das Kreisdiagramm zeigt die Anteile der Doppeljahrgangsstufen 5/6, 7/8 und 9/10.

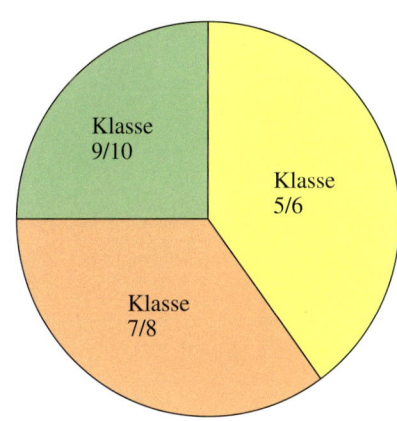

a) Ordne die Anzahl der Schülerinnen und Schüler den Doppeljahrgangsstufen zu:
185; 259; 296
b) Bestimme für jede Doppeljahrgangsstufe die relative Häufigkeit.

6 Wobei handelt es sich um Zufallsexperimente? Gib ggf. alle möglichen Ergebnisse an. Sind diese gleich wahrscheinlich?
a) Werfen eines Spielwürfels
b) Münzwurf
c) Körbe beim Basketball werfen
d) Lose ziehen

7 Zeichne eine Wahrscheinlichkeitsskala (siehe S. 146). Trage darin ein, wie wahrscheinlich es ist, dass du …
a) … deine Mathehausaufgaben vergisst.
b) … beim Münzwurf Wappen wirfst.

8 Ein Glücksrad wurde 50-mal gedreht. Welches Glücksrad aus der Randspalte passt zu den Ergebnissen?

Farbe	grün	blau	rot	gelb
Anzahl	12	13	19	6

5 2500 Personen wurden nach ihrem Lieblingsfernsehsender gefragt. Die Ergebnisse sind in dem Diagramm festgehalten.

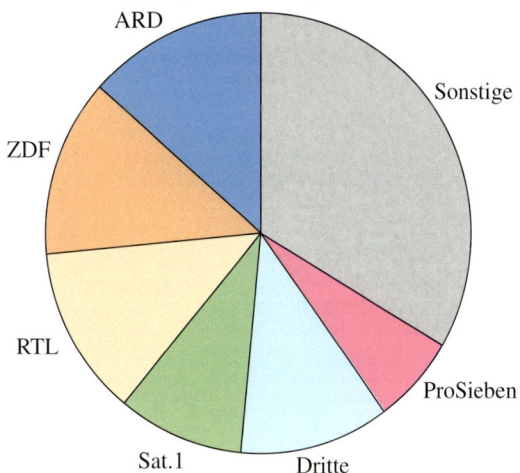

a) Ordne die Anzahl der Nennungen jeweils dem Sender zu:
160; 235; 293; 312; 327; 340; 833
b) Bestimme für jeden Sender die relative Häufigkeit.

6 Wobei handelt es sich um Zufallsexperimente? Gib ggf. alle möglichen Ergebnisse an. Sind diese gleich wahrscheinlich?
a) Spiel „Stein, Schere, Papier"
b) Wartenummer ziehen
c) Lottoziehung
d) Drehen eines Glücksrades

7 Zeichne eine Wahrscheinlichkeitsskala (siehe S. 146). Trage darin ein, wie wahrscheinlich es ist, dass du …
a) … beim Basketball einen Korb wirfst.
b) … beim Würfeln eine Sechs wirfst.

8 Ein Glücksrad wurde 200-mal gedreht. Die Ergebnisse wurden in einer Tabelle festgehalten. Skizziere ein mögliches Glücksrad.

Farbe	grün	blau	rot	gelb
Anzahl	74	48	27	51

9 Diskutiert in Gruppen folgende Aussagen. Begründet und präsentiert eure Ergebnisse.
a) „Es regnet nie, wenn ich einen Regenschirm dabei habe."
b) „Ich habe mit einer Münze fünfmal hintereinander Zahl geworfen, als nächstes muss Wappen kommen."
c) „Beim Lotto ist es wahrscheinlicher, dass die Zahlen 2; 9; 18; 31; 37 und 42 gezogen werden als die Zahlen 1; 2; 3; 4; 5 und 6."

ZU AUFGABE 6:
Stein:

Schere:

Papier:

ZU AUFGABE 8:
①

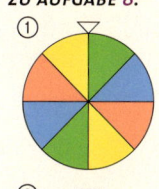

②

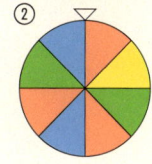

Teste dich!

(10 Punkte)

1 Die Schüler der Klasse 7 b haben 100 Personen befragt, welches Haustier besonders beliebt ist. Die Ergebnisse haben sie in einem Balkendiagramm dargestellt.
Lies die Anzahl der jeweiligen Nennungen aus dem Diagramm ab
und trage sie in eine Tabelle ein.

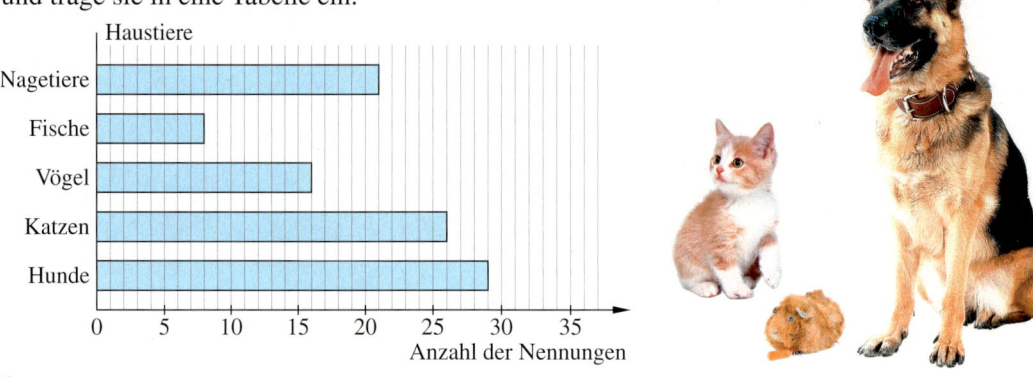

(10 Punkte)

2 Bestimme die relativen Häufigkeiten der Nennungen bei den Tierarten aus Aufgabe 1.
Welches Haustier ist am beliebtesten, welches am wenigsten beliebt?

(9 Punkte)

3 Das Kreisdiagramm zeigt, in welchen Geschäften
Tierbesitzer das Futter für ihre Tiere besorgen.

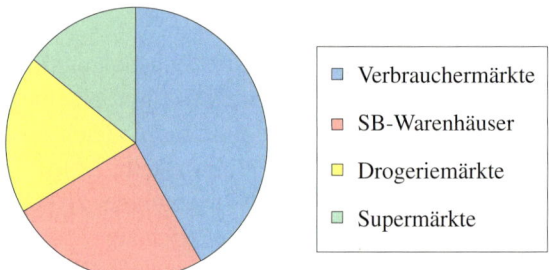

- Verbrauchermärkte
- SB-Warenhäuser
- Drogeriemärkte
- Supermärkte

Ergänze folgende Sätze im Heft.
a) Am häufigsten kaufen die Tierbesitzer das Futter in …
b) Ungefähr ein Viertel der Tierbesitzer kaufen das Futter in …
c) In Drogeriemärkte gehen ein paar mehr Tierbesitzer einkaufen als in …

(12 Punkte)

4 Mirco hat 15 Klassenkameraden gefragt,
in welchem Land sie ihren Urlaub verbracht
haben.
Ordne die Häufigkeiten und Anteile den
Ländern zu.

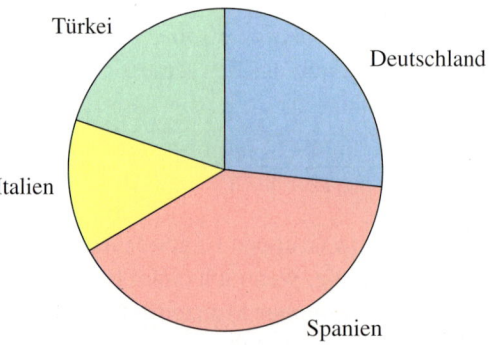

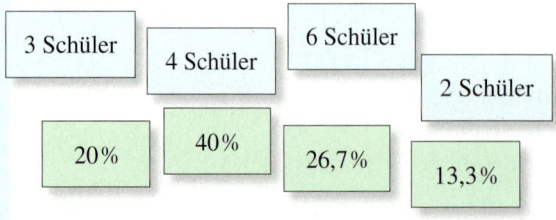

3 Schüler   4 Schüler   6 Schüler   2 Schüler

20 %   40 %   26,7 %   13,3 %

5 Handelt es sich um Zufallsexperimente? Falls ja, gib je zwei mögliche Ergebnisse an. *(8 Punkte)*
a) Werfen einer Münze
b) Ziehen einer Kugel ohne Hinsehen aus einer Schale mit verschiedenfarbigen Kugeln
c) Ermitteln des Volumens eines Quaders mit $a = 2\,\text{cm}$, $b = 3\,\text{cm}$ und $c = 4\,\text{cm}$
d) Note deiner nächsten Klassenarbeit

6 Nenne jeweils drei Situationen und Ergebnisse, … *(6 Punkte)*
a) … die sicher sind.
b) … die kaum wahrscheinlich sind.

7 Serdar hat das Glücksrad gedreht. *(12 Punkte)*
Berechne die relativen Häufigkeiten in Prozent.

Farbe	grün	gelb	blau	rot
Häufigkeit	24	76	60	40

8 Übertrage die Wahrscheinlichkeitsskala in dein Heft. *(12 Punkte)*

kaum wahrscheinlich — sehr wahrscheinlich

0 % unmöglich — 50 % „fifty : fifty" — 100 % sicher

Das Glücksrad aus Aufgabe 7 wird gedreht.
Schätze die Wahrscheinlichkeit und trage diese in die Wahrscheinlichkeitsskala ein.
a) Das Glücksrad bleibt auf dem grünen Feld stehen.
b) Das Glücksrad bleibt auf einem gelben Feld stehen.
c) Das Glücksrad bleibt auf einem roten oder auf einem blauen Feld stehen.
d) Das Glücksrad bleibt weder auf dem grünen noch auf einem blauen Feld stehen.
e) Das Glücksrad bleibt auf einem weißen Feld stehen.

9 Skizziere ein Glücksrad, bei dem die Wahrscheinlichkeit ein rotes Feld zu drehen $\frac{1}{4}$ und die *(9 Punkte)*
Wahrscheinlichkeit ein blaues Feld zu drehen $\frac{1}{2}$ ist.

10 Es gibt Spielwürfel mit 6, 8 oder 12 Flächen. *(12 Punkte)*
Mit jedem von ihnen wird einmal geworfen.

Ergänze im Heft die Tabelle mit den Wahrscheinlichkeiten der angegebenen Ereignisse.

Würfel mit …	6 Flächen	8 Flächen	12 Flächen
Wahrscheinlichkeit eine „1" zu werfen	$\frac{1}{6}$		
Wahrscheinlichkeit eine „6" zu werfen			
Wahrscheinlichkeit eine „8" zu werfen			
Wahrscheinlichkeit eine „12" zu werfen			

Zusammenfassung

→ Seite 140

Daten in Diagrammen auswerten

Daten werden häufig in Diagrammen darge-stellt. Es gibt unterschiedliche **Diagramm-arten**, z. B. Säulendiagramme, Balkendia-gramme und Liniendiagramme.

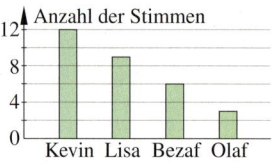

Säulendiagramm

In **Liniendiagrammen** werden meist zeit-liche Entwicklungen dargestellt.
Die einzelnen Werte lassen sich durch gerade Linien verbinden.

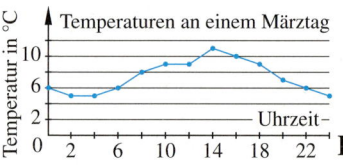

Liniendiagramm

→ Seite 142

Daten in Kreisdiagrammen auswerten

In einem **Kreisdiagramm** wird der jeweilige Anteil an der Gesamtzahl dargestellt.
Die Gesamtzahl ist immer 100%.
Kreisdiagramme zeigen die relativen Häufig-keiten an.

$$\text{relative Häufigkeit} = \frac{\text{absolute Häufigkeit}}{\text{Gesamtzahl}}$$

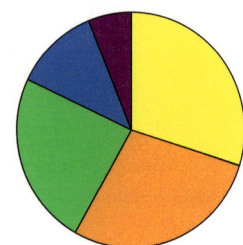

→ Seite 144

Zufallsexperimente und Wahrscheinlichkeiten

Bei Zufallsexperimenten sind immer verschiedene **Ergebnisse** möglich.
Oft ist es sinnvoll, die **relative Häufigkeit** eines Ergebnisses zu berechnen.

Ändert sich in einer Versuchsserie die relative Häufigkeit bei weiteren Versuchen nicht mehr, dann heißt diese relative Häufigkeit die **Wahrscheinlichkeit** eines Ergebnisses.

Werfen einer Münze

	Würfe	100	500	1000	1500
Zahl	absolute H.	51	246	496	748
	relative H.	0,51	≈ 0,49	≈ 0,50	≈ 0,50
Wappen	absolute H.	49	254	504	752
	relative H.	0,49	≈ 0,51	≈ 0,50	≈ 0,50

Die Wahrscheinlichkeit für das Ergebnis „Zahl" beträgt 0,5 (also 50%).

→ Seite 146

Wahrscheinlichkeiten bestimmen

Die **Wahrscheinlichkeit** eines Ergebnisses wird als Zahl zwischen 0 und 1 bzw.
0% und 100% angegeben.
Je größer die Zahl ist, desto größer ist die Wahrscheinlichkeit des Ergebnisses.

Gibt es **2; 3; 4; 5; …** verschiedene Ergebnis-se, die alle **gleich wahrscheinlich** sind, dann ist die Wahrscheinlichkeit für jedes Ergebnis
$\frac{1}{2}$; $\frac{1}{3}$; $\frac{1}{4}$; $\frac{1}{5}$; …

Wahrscheinlichkeitsskala

kaum wahrscheinlich   sehr wahrscheinlich

0%   50%   100%
unmöglich   „fifty : fifty"   sicher

Die Wahrscheinlichkeit, mit einem Spielwürfel eine Vier zu werfen, beträgt $\frac{1}{6}$.

Terme und Gleichungen

Hallo Tobi,

hier sind Rätsel für dich. Wie alt sind die Mitglieder meiner Familie?

1) Meinen Bruder siehst du auf dem Foto ganz rechts. Er ist 5 Jahre jünger als ich.

2) Mein Vater ist dreimal so alt wie ich.

3) Wenn ich vom Alter meines Vaters 5 abziehe, dann erhalte ich das Alter meiner Mutter.

4) Mein Cousin ist 2 Jahre alt. Er und meine kleine Schwester sind zusammen 5 Jahre jünger als ich.

Viel Spaß beim Überlegen, deine Klara

PS: Ach so, ich bin übrigens dreizehn Jahre alt.

Noch fit?

Einstieg

1 Kopfrechnen
Berechne im Kopf.

a) $56 + 30$
$56 + 34$

b) $76 + 20$
$76 + 24$

c) $65 + 35$
$64 + 36$

d) $48 - 25$
$48 - 29$

e) $120 - 15$
$120 - 25$

f) $91 - 50$
$91 - 52$

g) $9 \cdot 10$
$9 \cdot 12$

h) $7 \cdot 6$
$70 \cdot 60$

i) $12 \cdot 20$
$12 \cdot 21$

j) $28 : 4$
$28 : 7$

k) $72 : 9$
$720 : 9$

l) $60 : 5$
$120 : 5$

2 Aufgaben zu Grundrechenarten
Vervollständige die Kettenaufgaben im Heft.

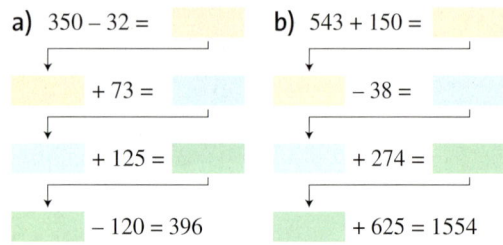

3 Aufgaben mit Klammern lösen
Berechne im Kopf.

a) $4 \cdot (5 + 15)$

b) $100 - (25 + 75)$

c) $(11 + 49) : 6$

d) $8 \cdot (18 - 8)$

4 Rechenbäume vervollständigen
Ordne den Rechenbäumen die passenden Aufgaben aus der Randspalte zu. Löse sie.

a)   b)

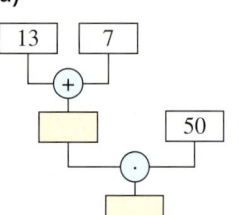

5 Addieren und Subtrahieren
Schreibe als Rechenaufgabe und löse sie.

a) Subtrahiere von 64 die Zahl 20.

b) Addiere die Zahlen 47 und 11.

c) Zur Zahl 32 wird eine Zahl addiert.
Die Summe beträgt 80.
Welche Zahl wurde addiert?

Aufstieg

1 Kopfrechnen
Berechne im Kopf.

a) $928 + 30$
$928 + 72$

b) $45 + 121 + 55$
$45 + 79 + 121 + 55$

c) $464 - 68$
$464 - 268$

d) $3200 - 188 - 200$
$3200 + 12 - 188 - 200$

e) $6 \cdot 14$
$6 \cdot 1400$

f) $0{,}7 \cdot 9$
$0{,}7 \cdot 0{,}9$

g) $48 \cdot 20$
$4{,}8 \cdot 20$

h) $36 : 9$
$3{,}6 : 4$

i) $42{,}8 : 2$
$42{,}8 : 4$

j) $160 : 5$
$16 : 5$

2 Aufgaben zu Grundrechenarten
Vervollständige die Kettenaufgaben im Heft.

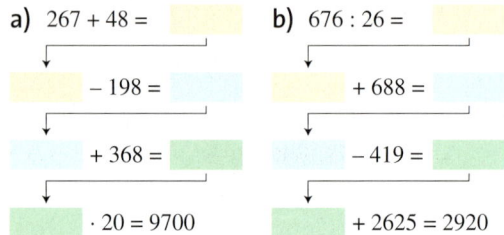

3 Aufgaben mit Klammern lösen
Berechne im Kopf.

a) $2{,}5 \cdot (36 - 26)$

b) $38 - (22 - 0{,}5)$

c) $(18 + 28) : 2 + 18$

d) $98 \cdot (100 - 98)$

4 Rechenbäume vervollständigen
Vervollständige die Rechenbäume im Heft.
Gib die passende Aufgabe an.

a)   b)

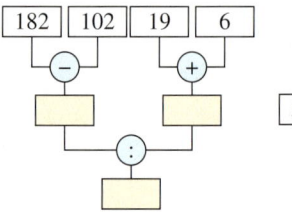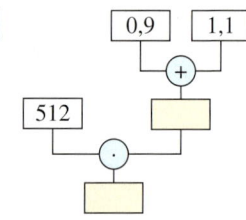

5 Addieren und Subtrahieren
Schreibe als Rechenaufgabe und löse sie.

a) Bilde die Differenz aus 37 und 17.

b) Addiere die Zahlen 54 und 226.

c) Zur Zahl 527 wird eine Zahl addiert.
Die Summer beträgt 617.
Welche Zahl wurde addiert?

ERINNERE DICH
Was in Klammern steht, wird zuerst berechnet.

HINWEIS
Aufgaben zu 4 (lila):
$13 + 7 \cdot 50$
$13 \cdot 7 \cdot 50$
$(13 + 7) \cdot 50$
$256 + (70 : 7)$
$256 + 70 : 7$
$7 : 70 + 256$

6 Rechentabellen vervollständigen
Vervollständige die Rechentabellen im Heft.

a)

+	12		99	
49	61	75		
160				1000

b)

–	19	83	
83	64		17
483			1

c)

·	10		34
18	180		0
26		52	

6 Rechentabellen vervollständigen
Vervollständige die Rechentabellen im Heft.

a)

+	2,5		655	
35	37,5	715		
46,5				100

b)

–	99	9,9	
519	420		479
1550			1234

c)

·	0,1		74
37	3,7		370
754		75 400	

7 Multiplizieren und Dividieren
Schreibe als Rechenaufgabe und löse sie.
a) Multipliziere 12 mit 30.
b) Teile die Zahl 72 durch 6.
c) Multipliziere 4 mit 150.
d) Paul hat sich eine Zahl gedacht und diese Zahl durch 20 dividiert. Sein Ergebnis ist 9. Welche Zahl hat Paul dividiert?
e) Eine Zahl wird mit 5 multipliziert. Das Produkt beträgt 45.

7 Multiplizieren und Dividieren
Schreibe als Rechenaufgabe und löse sie.
a) Dividiere die Zahl 210 durch 14.
b) Multipliziere 1,2 mit 300.
c) Bilde das Produkt aus 48 und 50.
d) Eine Zahl wurde durch 11 dividiert. Der Quotient beträgt 9.
e) Eine Zahl wird mit 25 multipliziert. Das Produkt beträgt 125. Welche Zahl wurde multipliziert?

8 Platzhalteraufgaben lösen
Setze im Heft für ▪ passende Zahlen ein.
Beispiel 34 + ▪ = 50
   34 + 16 = 50, also ▪ = 16.
a) 28 + ▪ = 50   b) ▪ + 56 = 100
c) 4 · ▪ = 36   d) 90 − ▪ = 75
e) 24 : ▪ = 12   f) ▪ · 5 = 55

8 Platzhalteraufgaben lösen
Setze im Heft für ▪ passende Zahlen ein.
a) 15 · ▪ = 105   b) 121 − ▪ = 89
c) 63 : ▪ = 7   d) ▪ · 8 = 56
e) ▪ + 5 = 298   f) ▪ − 2,6 = 11
g) $\frac{1}{2}$ + ▪ = $\frac{3}{4}$ h) ▪ · $\frac{2}{3}$ = 1
i) 14 + 2 · ▪ = 24   j) 5 · ▪ − 12 = 13

ERINNERE DICH
Punktrechnung vor Strichrechnung.

9 Flächeninhalte von Rechtecken
Berechne die fehlenden Größen.

	a)	b)	c)
Länge	3 m	40 mm	6 m
Breite	9 m	18 mm	
Flächeninhalt			24 m²

9 Flächeninhalte von Rechtecken
Berechne die fehlenden Größen.

	a)	b)	c)	d)
a	4 cm	5 cm	24 m	
b	85 mm	12 mm		12 cm
A			120 m²	96 m²

ERINNERE DICH
Flächeninhalt eines Rechtecks
= Länge · Breite
A = a · b

Umfang eines Rechtecks
= 2 · Länge + 2 · Breite
u = 2 · a + 2 · b

10 Umfänge von Rechtecken
Berechne die fehlenden Größen.

	a)	b)	c)
Länge	12 m	62 mm	20 cm
Breite	5 m	28 mm	
Umfang			100 cm

10 Umfänge von Rechtecken
Berechne die fehlenden Größen.

	a)	b)	c)	d)
a	15 cm	3 dm	14 cm	
b	42 mm	48 cm		16 m
u			84 cm	64 m

Muster und Zahlenfolgen erkunden

Entdecken

1 Rechts siehst du ein Kartenhaus.
a) Wie viele Karten hat das unterste Stockwerk (das mittlere, das obere Stockwerk)?
b) Wie viele Karten benötigst du, um ein solches Kartenhaus mit vier Stockwerken zu bauen?
   Wie viele Karten wären es bei fünf Stockwerken?
c) Kann man ein solches Kartenhaus aus 16 Karten bauen? Begründe.

2 Finde zu den Figurenfolgen jeweils eine Regel. Zeichne dann die nächsten drei Figuren der Folge in dein Heft.

a)

b

3 Erkennst du die Regelmäßigkeiten? Setze die Zahlenfolgen regelmäßig um drei Zahlen fort.
a) 1; 6; 11; 16; 21; …   **b)** 1; 3; 7; 12; 18; 25; 33; …   **c)** 1; 2; 6; 24; 120; …
d) 100; 92; 84; 76; …   **e)** 1; 4; 9; 16; 25; …   **f)** 1; 1; 2; 3; 5; 8; 13; …

Verstehen

Beim folgenden Muster kommt bei jedem Schritt unten eine Reihe Kreise dazu.
Für die Anzahl der Kreise bei den einzelnen Schritten lässt sich eine Zahlenfolge aufstellen.

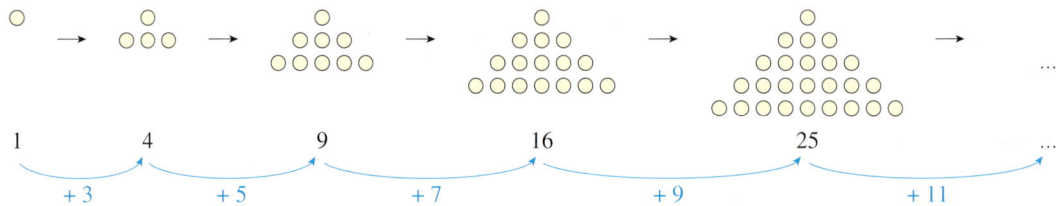

> **Merke** Zahlenfolgen und Muster sind häufig nach Regeln aufgebaut. Ist die Regel bekannt, dann kann man die Zahlenfolge fortsetzen und das Muster weiterzeichnen.
> Statt Regel sagt man auch **Bildungsgesetz**.

BEACHTE
Bei manchen Mustern und Folgen gibt es mehrere Möglichkeiten, sie regelmäßig fortzusetzen.

Beispiel 1

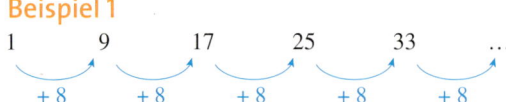

Die Zahlenfolge beginnt mit der 1.
Bei jedem Schritt wird die Zahl 8 addiert.

Beispiel 2

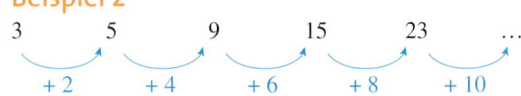

Die Zahlenfolge beginnt mit der 3. Zu ihr wird die Zahl 2 addiert. Bei jedem weiteren Schritt wird eine um 2 größere Zahl addiert.

Üben und anwenden

1 Zeichne die Muster auf Karopapier ab. Setze sie dann regelmäßig um zwei Figuren fort.

1 Setze die Muster im Heft regelmäßig um drei Figuren fort. Beschreibe, wie die zehnte Figur der Folge aussieht.

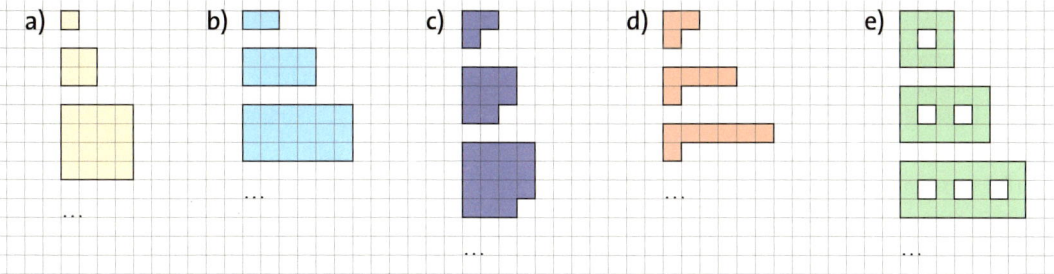

a)   b)   c)   d)   e)

2 Setze die Zahlenfolgen regelmäßig fort. Gib jeweils die nächsten drei Zahlen der Zahlenfolge an.

a) 3; 7; 11; 15; …
b) 4; 8; 12; 16; …
c) 60; 57; 54; 51; …
d) 105; 98; 91; 84; …
e) 2; 4; 8; 16; …
f) 2; 6; 18; 54; …

2 Setze die Zahlenfolgen regelmäßig fort. Beschreibe jeweils das Bildungsgesetz der Zahlenfolge.

a) 3; 17; 31; 45; …
b) 4; 5; 8; 13; 20; 29; …
c) 9; 20; 29; 40; 49; 60; …
d) 482; 463; 444; 425; …
e) 4; 3; 5; 4; 6; 5; 7; …
f) 2; 2; 4; 12; 48; 240; …

3 Rechts siehst du ein Zahlendreieck.
a) Finde heraus, wie das Zahlendreieck aufgebaut ist. Beschreibe.
b) Zeichne das Zahlendreieck in dein Heft. Setze es unten um drei Reihen fort.

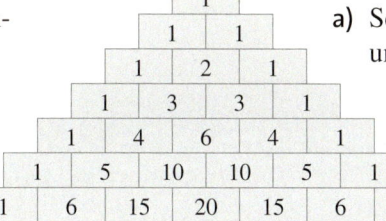

3 Zahlendreieck
a) Setze das Zahlendreieck im Heft um drei Zeilen nach unten fort.
b) Markiere in deinem Zahlendreieck alle Zahlen, die durch 2 teilbar sind, farbig.
   Was fällt dir auf?

4 Denke dir drei regelmäßige Zahlenfolgen aus.
Arbeitet dann zu zweit.
Tauscht eure Zahlenfolgen aus und versucht, die Regeln zu erkennen und zu beschreiben.

Lerncheck

1 Zeichne auf Karopapier ein Rechteck aus 10 × 4 Kästchen.
Färbe darin 25 % blau; 50 % rot; 20 % gelb und 5 % grau.

2 Berechne.
a) Wie viel Prozent sind 60 m von 1200 m?
b) Wie viel sind 15 % von 4500 t?
c) Wie viel Prozent sind 11,76 € von 84 €?
d) Wie viel sind 84 % von 105 km?

3 Maria erhält bei der Wahl zur Schülersprecherin 56 von 68 Stimmen.
Wie viel Prozent der Stimmen sind das?

Variablen und Terme

Entdecken

1 Anna möchte bei einem Online-Fotoversand für 40 Fotos Abzüge bestellen.

a) Wie viel muss Anna bezahlen, wenn alle Fotos im Format 9 × 13 gedruckt werden (im Format 10 × 15)?

Format	Preis	Postversand: 2,85 € für Ver-
9 × 13	0,10 €	packung und Versand.
10 × 15	0,13 €	Lieferzeit: Je nach Bestellung
		2 bis 5 Arbeitstage.

b) Wie viel muss Anna bezahlen, wenn sie 10 Fotos im Format 9 × 13 und 30 Fotos im Format 10 × 15 bestellt?

c) Welcher der folgenden Terme eignet sich zur Berechnung des Gesamtpreises? Wofür stehen die Zeichen ▲ und ● darin?

① $(▲ + ●) \cdot (0,10 € + 0,13 €) + 2,85 €$

② $▲ \cdot 0,10 € + ● \cdot 0,13 € + 2,85 €$

③ $▲ \cdot 0,10 € + ● \cdot 0,13 € + 40 \cdot 2,85 €$

2 Spielt das folgende Spiel für zwei oder drei Mitspieler.

> – Würfelt abwechselnd mit einem Spielwürfel.
> – Setze deine Würfelzahl für ▲ in einen der Rechenausdrücke ein. Versuche, ein möglichst großes Ergebnis zu erzielen. Dieses Ergebnis ist deine Punktzahl.
> – Vereinbart vorher, wie viele Runden ihr spielt.
> – Es gewinnt, wer die meisten Punkte hat.

▲ + 11

14 − ▲

2 · ▲ + 8

4 · ▲

Verstehen

Nico hat sich ein Handy ausgesucht.
Pro SMS bezahlt er 0,05 €.
Eine Gesprächsminute kostet 0,10 €.
Nico überlegt, dass er seine Kosten in Euro so berechnen kann: $0,05 \cdot ◆ + 0,10 \cdot ●$
Darin steht ◆ für die Anzahl der SMS und ● für die Anzahl der Gesprächsminuten.

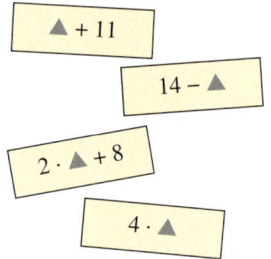

> *Jetzt kann ich statt ◆ und ● verschiedene Zahlen einsetzen und berechnen, wie viel ich dann zahlen müsste.*

> **Merke** Ein Platzhalter, für den man verschiedene Zahlen oder Größen einsetzen kann, heißt **Variable**. Statt Zeichen wie ◆, ▲ oder ● verwendet man für Variablen meist kleine Buchstaben, zum Beispiel a, b, c oder auch x, y, z.
>
> Eine sinnvolle Verbindung von Variablen, Zahlen, Größen, Klammern und Rechenzeichen heißt **Term** (Rechenausdruck).

HINWEIS
Auch in Formeln wie
$A = a \cdot b$ *und*
$V = a \cdot b \cdot c$
werden Variablen verwendet.

Beispiel 1
Terme sind z. B.: 12; x; $12 - (6 + 12)$; $x + 5\,cm$; $2 \cdot a + 2 \cdot b$; $0,05 \cdot x + 0,10 \cdot y$

> **Merke** Wenn man für die Variablen Zahlen einsetzt, kann man den **Wert des Terms** bestimmen.

Beispiel 2 Term $0,05 \cdot x + 0,10 \cdot y$
Einsetzen von 80 für x und 30 für y:
$0,05 \cdot 80 + 0,10 \cdot 30 = 4 + 3 = 7$

Üben und anwenden

1 Berechne den Wert des Terms $4 \cdot x$ für …
a) $x = 5$ b) $x = 25$ c) $x = 0$
d) $x = 35$ e) $x = 1{,}8$ f) $x = 100$

1 Berechne den Wert des Terms $2 \cdot a + 4$ für …
a) $a = 13$ b) $a = 24$ c) $a = 0$
d) $a = 0{,}4$ e) $a = -5$ f) $a = 1{,}9$

2 Gegeben ist der Term $3 \cdot x + 6$.
a) Setze für x nacheinander die Zahlen 6; 1; 0; 14; 25; 100 und 0,5 ein. Berechne.
b) Für welche der eingesetzten Zahlen ergibt sich …
 – das größte Ergebnis,
 – das kleinste Ergebnis,
 – das Ergebnis 6?
c) Löse die Aufgaben a) und b) auch für den Term $2 \cdot x - 8$.
d) Löse die Aufgaben a) und b) auch für den Term $0{,}5 \cdot x + 1$.

2 Übertrage die Tabelle in dein Heft und berechne die Werte der Terme.

x	0	1	2	−3	0,4	$-\frac{1}{5}$
$x + 10$						
$x + 2{,}5$						
$8 \cdot x$						
$3{,}5 \cdot x$						
$x - 5$						
$17 - x$						
$12 : x$						
$x : 2$						

HINWEIS
Unter ↻ 161-1 findest du ein Kreuzzahlrätsel zu Termen.

3 Vervollständige die Preistabellen im Heft.

a)
Anzahl Zitronen	x	1	2	4	6
Preis (ct)	$39 \cdot x$				

b)
Gewicht Äpfel (kg)	x	0,5	1	2	2,8
Preis (€)	$1{,}50 \cdot x$				

c)
Gewicht Pilze (kg)	x	0,2	0,8	1	1,5
Preis (€)	$8{,}90 \cdot x$				

3 Übertrage in dein Heft und berechne.

a)
x	4	6		9		48
$x + 28$			35		42	

b)
x	25		32		100	
$x - 16$		14		34		100

c)
x		5		11		17
$5 \cdot x$	15		35		65	

d)
x		3	4			12
$144 : x$	−72			24	18	

4 In einem Eiscafé kostet eine Kugel Eis 80 Cent.
Schlagsahne oder Streusel kosten je 50 Cent. Berechne die Preise.

a)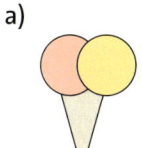

b)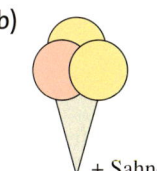
+ Sahne

c)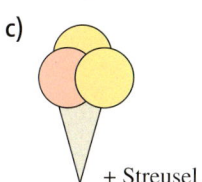
+ Streusel

d)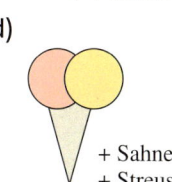
+ Sahne
+ Streusel

e) Schreibe einen Term, mit dem man den Preis für eine Portion Eis mit Sahne und Streuseln berechnen kann.

4 Anna möchte ihrer Großmutter zum Geburtstag einen schönen Blumenstrauß schenken. Bei einem Blumenversand stellt sie einen Strauß zusammen.

Rosen:	Stück 1,50 €
Gerbera:	Stück 0,85 €
Nelken:	Stück 0,65 €
Anemonen:	Stück 1,35 €
Glückwunschkarte:	2,50 €

ERINNERE DICH
Es gilt Punkt-vor-Strichrechnung.

Anna überlegt sich, dass sie den Gesamtpreis (in Euro) für einen Strauß so berechnen kann:

$$1{,}50 \cdot r + 0{,}85 \cdot g + 0{,}65 \cdot n + 1{,}35 \cdot a + 2{,}50$$

a) Gib an, wofür die Variablen in diesem Term stehen.
b) Stelle sechs unterschiedliche Sträuße zusammen. Berechne die Preise der Sträuße.

Terme vereinfachen

Entdecken

1 Die Firma Hell stellt Weihnachtsbeleuchtungen her. Das Modell Weihnachtsbaum (siehe Bild) wird aus einem Leuchtschlauch geformt.

a) Gib die Gesamtlänge des Leuchtschlauches mithilfe der Variable x an.

b) Der „Stamm" soll einen Durchmesser von $x = 10$ cm haben.
Berechne mit deinem Term aus a), wie lang der Leuchtschlauch insgesamt sein muss.

c) Kann man einen Baum aus 4,55 Meter Leuchtschlauch herstellen? Begründe.

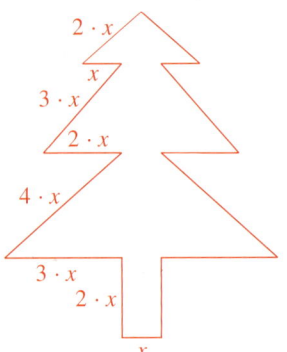

2 Betrachte die folgenden Figuren.

 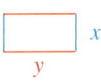   a)   b)   c)

Einige der folgenden Terme geben die Umfänge der Figuren a) bis c) an. Ordne jeder Figur mindestens einen passenden Term zu.

$6 \cdot x + 2 \cdot y$	$x + x + x + x + x + x + x + x$	$10 \cdot y$	$2 \cdot x + 2 \cdot y$
$6 \cdot x + 4 \cdot y$	$x + x + x + y + y + x + x + x + y + y$	$8 \cdot x$	$4 \cdot x + 6 \cdot y$

Verstehen

Zum Umfang der abgebildeten Figur passen unterschiedliche Terme:

$$x + x + x + x + y + x + x + y$$
$$4 \cdot x + y + 2 \cdot x + y$$
$$6 \cdot x + 2 \cdot y$$

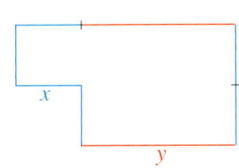

> **Merke** Durch **Ordnen und Zusammenfassen** kann man Terme vereinfachen.
>
> ① Gleichartige Bestandteile markieren (farbig oder durch Unterstreichen).
> ② Die Bestandteile des Terms nach Variablen ordnen (das Rechenzeichen vor einer Variable dabei mitnehmen).
> ③ Gleichartige Bestandteile addieren bzw. subtrahieren.

Beispiel

$$3 \cdot a + 2 \cdot b + 5 \cdot a - 6 \cdot b + 2 \cdot a$$

$\underline{3 \cdot a} + 2 \cdot b + \underline{5 \cdot a} - 6 \cdot b + \underline{2 \cdot a}$ ① Markieren

$= 3 \cdot a + 5 \cdot a + 2 \cdot a + 2 \cdot b - 6 \cdot b$ ② Ordnen

$= 10 \cdot a - 4 \cdot b$ ③ Addieren bzw. Subtrahieren

Üben und anwenden

1 Fasse zusammen.
a) $m + m + m + m + m + m + m$
b) $s + s + s + s + s + s + s + s + s + s$
c) $-a + a + a + a - a + a - a$
d) $a + b + b + a + a + b + b + a$

2 Vereinfache die Terme.
a) $3 \cdot x + 4 \cdot y + 2 \cdot x + 19 \cdot y + 13 \cdot x$
b) $4 \cdot x + 17 \cdot x + 5 + 18 \cdot x + 9$
c) $25 \cdot m - 45 \cdot n - 19 \cdot m - 55 \cdot n + 7$
d) $44 \cdot z - 33 \cdot a - 44 \cdot z + 33 \cdot a$

3 Vereinfache die Terme.
a) $4 \cdot a + 5 \cdot b + 3 \cdot a + 8 \cdot b + 20$
b) $6 \cdot c + 4 \cdot c + 30 + 3 \cdot c + 25$
c) $4 \cdot s + 6 \cdot t + s - t + 34 \cdot s$
d) $3 \cdot x + \frac{1}{2} \cdot y + 9 \cdot x - 14 + \frac{3}{2} \cdot y$

4 Berechne die Summe der Kantenlängen jeweils für $x = 4\,cm$ und $h = 8\,cm$.

a) 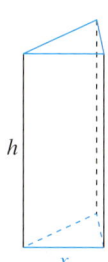 b)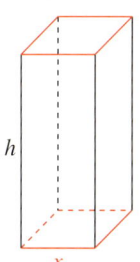

5 Termkarten
a) Finde Terme, die zueinander passen.

$3 \cdot x + 4$	$a + b + a + c$	$4 \cdot x + 3$
$2 \cdot a + 2 \cdot c + b$	$6 + 4 \cdot x - 3$	$3 \cdot b + 3 \cdot a$
$2 \cdot x + 4 \cdot y$	$b + b + 3 + b$	$x + y + 3 \cdot y + x$
$2 \cdot a + b + c$	$x + 4 + 2 \cdot x$	$2 \cdot a + c + b + c$
$4 \cdot b + 3 \cdot a - b$	$3 \cdot b + 3$	

b) Schreibe selbst sechs Termkarten, von denen je zwei zueinander passen. Überprüft in Partnerarbeit gegenseitig eure Karten.

1 Ordne die Variablen und fasse zusammen.
a) $x + y + y + x + y + y + x + x$
b) $m + k + k + m - k - m + k$
c) $r + s + t + r + s + t + r - s - s$
d) $a + a + b + c - a - b - c - b + a$

2 Vereinfache die Terme.
a) $7 \cdot a + 12 \cdot b + 10 \cdot a + 13 \cdot b - 4 \cdot b$
b) $17 \cdot a + 19 \cdot b + 26 \cdot c + 4$
c) $0,5 \cdot a + 1,3 \cdot b + 2,8 \cdot a$
d) $a + a + 2 \cdot 3 \cdot b$

3 Vereinfache die Terme.
a) $32 \cdot a + 18 \cdot b + 8 \cdot a - 12 \cdot b + 653$
b) $-1,8 \cdot m - 0,4 \cdot n + 24,6 + 3 \cdot m - 12,5$
c) $-0,5 \cdot s + 1,5 \cdot t + 2,8 \cdot s - t + s + 32$
d) $4 \cdot x + \frac{1}{8} \cdot y + 0,9 \cdot x - 52,9 + \frac{3}{4} \cdot y$

4 Berechne die Summe der Kantenlängen jeweils für $x = 32\,mm$ und $h = 10\,cm$.

a) 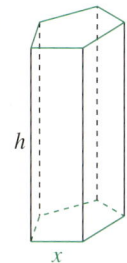 b)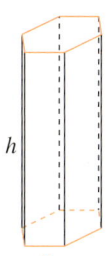

5 Termmauern
a) Ergänze die Termmauern im Heft, indem du jeweils die zwei benachbarten Terme addierst.

①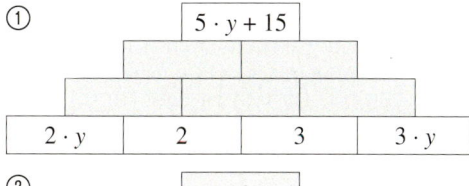

②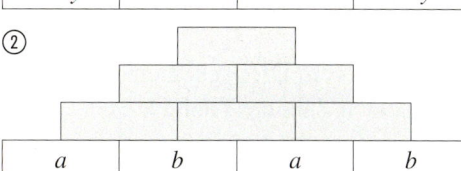

b) Vertausche jeweils die beiden mittleren Steine in der untersten Zeile. Welcher Term ergibt sich dadurch jeweils an der Spitze der Mauer?

ZUM WEITERARBEITEN Unter ↻ 163-1 findest du eine interaktive Übung zum Erkennen von gleichwertigen Termen.

Terme aufstellen

Entdecken

1 In einem dreistöckigen Haus wohnen im 1. Stock doppelt so viele Leute wie im Erdgeschoss. Im 2. Stock wohnen doppelt so viele Leute wie im 1. Stock.
a) Wie viele Leute wohnen in dem Haus, wenn im Erdgeschoss 6 Personen wohnen?
b) Kann es sein, dass 21 Leute in dem Haus wohnen?
c) Gib Gesamtzahlen der Hausbewohner an, die zu der oben genannten Regel passen.
d) Gib einen Term an für die Gesamtzahl der Bewohner des Hauses.

2 Streichholzketten
a) Lege die Muster ① und ② nach.
b) Bestimme die Anzahl der Streichhölzer, die man jeweils für die 1., 2., 3., 4. und 5. Stufe beider Ketten benötigt.
c) Kannst du eine Gesetzmäßigkeit erkennen, wie die Anzahl der benötigten Hölzer von Stufe zu Stufe steigt?
d) Bestimme jeweils die Anzahl der Hölzer für die 10. und für die 20. Stufe der Kette.

Stufe 1   Stufe 2   Stufe 3   Stufe 4

①

Stufe 1   Stufe 2   Stufe 3   Stufe 4

②

Verstehen

Kinder (bis einschl. 16 Jahre)	3,90 €
Erwachsene	6,50 €

Adriana und Jakob planen für ihre Familie einen Schwimmbadausflug. Adriana überlegt: „Wer kommt wohl alles mit? Und wie teuer wird's dann?"

Jakob hat eine Idee: „Wir können einen allgemeinen Term aufstellen!"
In drei Schritten gelangt Jakob zum Term.

① Anzahl der Kinder: x
Anzahl der Erwachsenen: y

② Preis für die Kinder (in €): $3,90 \cdot x$
Preis für die Erwachsenen (in €): $6,50 \cdot y$

③ Gesamtpreis für den Eintritt (in €):
$3,90 \cdot x + 6,50 \cdot y$

Merke So geht man beim **Aufstellen von Termen** vor:
① Variablen festlegen

② Terme bilden

③ Terme zusammenfügen

Beispiel 1
Subtrahiere vom Dreifachen einer unbekannten Zahl die Zahl 24.

① unbekannte Zahl $\qquad x$

② das *Dreifache*
der unbekannten Zahl $\qquad 3 \cdot x$

③ Gesamtterm $\qquad 3 \cdot x - 24$

Beispiel 2
Gib einen Term für den Umfang eines Rechtecks an, bei dem die Breite ein Drittel der Länge beträgt.

① Länge $\qquad a$

② Breite beträgt *ein Drittel* der Länge $\qquad \frac{1}{3} \cdot a$

③ Gesamtterm $\qquad 2 \cdot a + 2 \cdot \frac{1}{3} \cdot a$

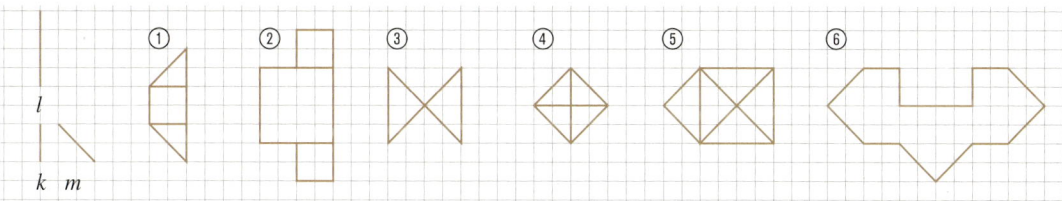

Üben und anwenden

1 Paul bastelt Figuren aus Hölzchen in drei unterschiedlichen Längen.

a) Gib jeweils einen Term für die Gesamtlänge der verwendeten Hölzchen an.
b) Zeichne selbst Figuren zu den folgenden Termen:

⑦ $4 \cdot l + 4 \cdot k$ ⑧ $6 \cdot k + 2 \cdot m + 2 \cdot l$

⑨ $4 \cdot m + 2 \cdot k$ ⑩ $2 \cdot l + 4 \cdot k + 2 \cdot m$

2 Schreibe den zugehörigen Term auf.
Schreibe für die unbekannte Zahl immer x.
a) Zu der unbekannten Zahl wird 20 addiert.
b) Eine unbekannte Zahl wird verdoppelt.
c) Multipliziere eine unbekannte Zahl mit 18.
d) Dividiere eine unbekannte Zahl durch 5.
e) Subtrahiere von 124 eine unbekannte Zahl.

2 Schreibe den zugehörigen Term auf.
a) Subtrahiere von einer Zahl x die Zahl 6.
b) Dividiere eine Zahl durch 2.
c) Addiere zu 20 eine Zahl a.
d) Multipliziere eine Zahl mit 10.
e) Bilde das Produkt von zwei Zahlen und addiere zum Ergebnis 7.

3 Gib den passenden Term an und begründe deine Wahl.
a) Mila hat von ihrem Taschengeld x Euro gespart. Sie kauft sich eine Musik-CD ihrer Lieblingsgruppe für y Euro. Wie viel Euro bleiben übrig?
  ① $x + y$ ② $y - x$ ③ $x - y$ ④ $x \cdot y$
b) In einem Zoo sind x Löwen und doppelt so viele Bären. Wie viele Löwen und Bären sind es insgesamt?
  ① $x - y$ ② $x + y$ ③ $x + 2 \cdot x$ ④ $x \cdot y$

3 Welcher Term beschreibt die Aussage?
Wofür steht die Variable in dem Term?

$x + 2$ $1{,}40 + x \cdot 2{,}20$ $19 \cdot x$ $2 \cdot x$ $x \cdot 1{,}40 + 2{,}20$ $x - 19$

a) Paul ist 19 Jahre jünger als Max.
b) Die Katze ist 2 Jahre älter als mein Hund.
c) Die Grundgebühr für eine Taxifahrt beträgt 2,20 €. Man zahlt 1,40 € pro Kilometer.
d) Jede Rose kostet 2,20 €, der Versand kostet 1,40 €.

4 Im Freizeitpark

Eintritt: 5 €

je Karussell-fahrt: zusätz-lich 1,20 €

a) Gib einen Term für die Gesamtkosten bei x Karussellfahrten an.
b) Berechne die Preise mit dem Term aus a).
Aileen: 6 Fahrten; Moritz: 12 Fahrten;
Nicole: 8 Fahrten; Sabine: 10 Fahrten

4 Frau Greta spricht über ihre Familie in Rätseln.
a) Übersetze ihre Aussagen in Terme. Benutze für das Alter von Frau Greta die Variable x.
  ① „Mein Mann ist 2 Jahre älter als ich."
  ② „Mein Vater ist doppelt so alt wie ich."
  ③ „Meine Tochter ist halb so alt wie ich."
  ④ „Mein Sohn ist 26 Jahre jünger als ich."
b) Frau Greta ist entweder 28 Jahre oder 40 Jahre alt.
Berechne für beide Fälle das dazu passende Alter ihrer Familienangehörigen.
Welches Alter passt besser zu Frau Greta?

ZUM WEITERARBEITEN
Unter ⟳ 165-1 findest du eine interaktive Übung zum Aufstellen von Termen.

Methode Mit einer Tabellenkalkulation Terme berechnen

ZUR
INFORMATION
↻ 166-1
Hier wird das
„Microsoft Excel"
beschrieben. Es
gibt auch andere
Programme
(siehe Linkliste).

Janina soll für das Grillfest ihres Vereins den Einkauf erledigen.
Jedes Vereinsmitglied bestellt für sich Getränke in 0,5-l-Flaschen und Bratwurst oder Fleisch.
Janina trägt die Bestellungen in ein **Tabellenblatt** eines Tabellenkalkulationsprogramms ein.
Dieses Blatt ist wie eine Tabelle aufgebaut. Die Spalten werden mit Großbuchstaben und die
Zeilen mit Zahlen bezeichnet. Jedes Feld der Tabelle hat eine eindeutige Adresse.

Menüleiste

Menüband

Eingabezeile: Eingabe oder Bearbeitung von Inhalten der aktiven Zelle

Spaltenbezeichnung

	A	B	C	D	E	F
1		Bratwurst	Steak	Cola	Limo	Wasser
2	Carina	3	3	2	1	1
3	Natalie	2	2	1	1	0
4	Linda	5	1	4	2	0
5	Sara	0	4	0	3	1
6	Janina	2	3	1	1	4
7	Alessia	3	3	0	2	4
8	Christina	4	1	3	2	0
9	Jana	0	3	1	0	2
10	**Summe**					
11						

Zeilenbezeichnung

Aktive Zelle mit der Adresse **D9**

1 Anlegen einer Tabelle

a) Lege in einem Tabellenkalkulationsprogramm eine neue Datei an und speichere sie unter dem Namen „Grillfest".

b) Übertrage die Bestellungen genau in die entsprechenden Felder.
   Dazu musst du die entsprechende Zelle mit der linken Maustaste anklicken.
   Dann kannst du in der Eingabezeile das Wort oder die Zahl eintippen.

2 Rechnen in der Tabelle

Janina möchte nun ausrechnen, wie viele Getränke und Fleisch insgesamt eingekauft
werden müssen. Dazu klickt sie die Zelle B10 an und gibt in der Eingabezeile
die Formel „=B2+B3+B4+B5+B6+B7+B8+B9" ein.

a) Gib diese Formel in das Feld B10 ein. Sobald du die Eingabe-Taste ⏎ gedrückt hast,
   berechnet das Programm die Anzahl der bestellten Bratwürste.

b) Um die Summe der anderen Spalten zu berechnen, kannst du genauso vorgehen. (Du musst
   aber beachten, dass die Zellen anders heißen.)
   Es geht aber auch einfacher:
   Klicke auf das Feld B10. Es zeigt einen Rahmen mit einer „Ecke" unten rechts: | 19 |
   Wenn du diese „Ecke" mit der linken Maustaste anfasst und nach rechts in die Felder C10
   bis F10 ziehst, werden diese Felder automatisch mit der zugehörigen Formel ausgefüllt.
   Überprüfe, ob du alles richtig gemacht hast, indem du selbst die Summe der Spalten C bis F
   berechnest.

c) Christina möchte ihre Bestellung ändern, weil ihr Bruder krank ist.
   Sie bestellt nun nur 2 Bratwürste, 1 Steak, 1 Cola und 2 Limos.
   Ändere ihre Bestellung in der Tabelle. Was passiert in Zeile 10? Beschreibe.

3 Erstellen einer Abrechnung

Janina möchte für jeden eine eigene Kostenabrechnung erstellen.
Dazu legt sie ein neues Tabellenblatt an, in das sie die Bestellungen und die Preise eingibt.

	A	B	C	D	E
1	**Abrechnung für**	**Carina**			
2					
3	Fleisch u. a.	Anzahl	Stückpreis in €	Preis in €	
4	Bratwurst	3	0,8	=B4*C4	
5	Steak	3	1,65		
6	Cola	2	0,75		
7	Limo	1	0,7		
8	Wasser	1	0,35		
9					
10			Gesamtkosten:		

a) Lege das Tabellenblatt an und fülle es wie oben aus.

b) Gib in das Feld D5 eine Formel ein, mit der man den Preis für die 3 Steaks berechnen kann. Beachte dabei: Formeln müssen in der Eingabezeile immer mit einem Gleichheitszeichen „=" beginnen und dürfen keine Leerzeichen enthalten. Die Zeichen für die Rechenarten sind:

Addieren: „+",

Subtrahieren: „–",

Multiplizieren: „*" und

Dividieren: „/".

c) Ergänze auch die Formeln für die Felder D6, D7 und D8.

d) Mit welcher Formel lassen sich die Gesamtkosten in der Zelle D10 berechnen?

e) Speichere die Datei unter dem Namen „Carina".

f) Erstelle nun eine Abrechnung für Claus (7 Bratwürste, 2 Steaks, 4 Cola), indem du Veränderungen in Spalte B vornimmst. Speichere die Datei unter dem Namen „Claus".

HINWEIS
Ein neues Tabellenblatt auswählen:
Klicke am unteren Rand des Fensters auf „Tabelle2":

4 Formatieren der Abrechnung

Wenn man die Abrechnung schöner gestalten möchte, kann man die einzelnen Zellen formatieren. Dazu markiert man eine oder mehrere Zellen. Dann wählt man in der Menüleiste den Reiter „Start". Im Menüband kann man nun den Zellen eine bestimmte Schriftart, Schriftfarbe, Füllfarbe oder einen Rahmen zuweisen.

a) Verschönere die Abrechnung, indem du die Überschrift und einzelne Zellen farbig hinterlegst und die Schrift und die Schriftgröße änderst.

b) Markiere mit der linken Maustaste alle Zellen, die im Ausdruck der Abrechnung zu sehen sein sollen, und lege den Druckbereich fest. Wähle dafür im Menü die Befehle „Seitenlayout" → „Druckbereich" → „Druckbereich festlegen".

Unter dem Menüpunkt „Datei" → „Drucken" kannst du die fertige Abrechnung vor dem Druck ansehen.

5 Eva hat die folgende Tabelle erstellt. Erläutere sie.

	A	B	C	D	E	F	G	H	I	J	K
1	**Fleisch**	**Stückpreis**	**Carina**	**Natalie**	**Linda**	**Sara**	**Janina**	**Alessia**	**Christina**	**Jana**	**Anzahl gesamt**
2	Bratwurst	0,80 €	3	2	5	0	2	3	4	0	19
3	Steak	1,65 €	3	2	1	4	3	3	1	3	20
4	Cola	0,75 €	2	1	4	0	1	0	3	1	12
5	Limo	0,70 €	1	1	2	3	1	2	2	0	12
6	Wasser	0,35 €	1	1	0	1	4	4	0	2	13
7		Preis gesamt:	9,90 €	6,70 €	10,05 €	9,05 €	9,40 €	10,15 €	8,50 €	6,40 €	70,15 €

Gleichungen

Entdecken

1 Setze im Heft für ■, ● und ▲ Zahlen ein, sodass richtig gelöste Aufgaben entstehen.
a) ■ + ● − ▲ = 200 b) ■ · ● + ▲ = 100 c) ■ − ● · ▲ = 25

2 Arbeitet zu zweit. Findet eigene Aufgaben wie in 1 und stellt sie euch gegenseitig.
Überprüft gemeinsam die Lösungen.

3 Finde die fehlenden Größen. Beschreibe jeweils eine passende Situation zur Aufgabe.

a) ■ $\xrightarrow{+\ 35\ \text{min}}$ 8.45 Uhr b) 35 € $\xrightarrow{+\ ■}$ 62 € c) 18 € $\xrightarrow{-\ 14,99\ €}$ ■

d) 48 kg $\xrightarrow{+\ ■}$ 49,6 kg e) 10,7 °C $\xrightarrow{-\ 3,2\ °C}$ ■ f) ■ $\xrightarrow{+\ 15\ €}$ 74 €

4 Löse die folgenden Aufgaben
a) Ein Rechteck hat einen Umfang von 80 cm. Das Rechteck ist 12 cm lang.
   Wie groß ist die Breite des Rechtecks? Begründe.
   • 68 cm   • 92 cm   • 28 cm   • 960 cm
b) Ein Quadrat hat einen Umfang von 48 cm. Wie groß ist die Seitenlänge des Quadrats?
   Begründe.
   • 192 cm   • 12 cm   • 24 cm   • 6,9 cm

Verstehen

Ich denke mir eine Zahl, addiere 15 und erhalte als Ergebnis 40.

$x + 15$ | 40

Welche Zahl hat sich Klara wohl gedacht? Um dies herauszufinden, kann man eine Gleichung schreiben:
$$x + 15 = 40.$$

Nico findet die gedachte Zahl so:
20 + 15 = 30 < 40
30 + 15 = 45 > 40
25 + 15 = 40

Merke Werden zwei Terme durch das Zeichen „=" miteinander verbunden, dann entsteht eine **Gleichung**.

Beispiel 1
Gleichungen sind z. B.: $3 + 4 = 7$;
$42 = x − 5$; $2 \cdot 6\,\text{cm} + 2 \cdot b = 40\,\text{cm}$.

Merke
Wenn eine Zahl für die Variable in eine Gleichung eingesetzt wird und die Terme auf beiden Seiten den gleichen Wert ergeben, dann ist die Zahl eine **Lösung** der Gleichung.

Beispiel 2
Gleichung $5 \cdot x = 30$

Die Zahl 6 ist eine Lösung der Gleichung $5 \cdot x = 30$, denn $5 \cdot 6 = 30$.
Die Zahl 2 ist *keine* Lösung der Gleichung $5 \cdot x = 30$, denn $5 \cdot 2 = 10 \neq 30$.

Üben und anwenden

1 Setze in die Gleichungen für die Variable x jeweils die Zahlen 1; 2; 3; 4 und 5 ein. Welche Zahl ist die Lösung der Gleichung?

a) $x + 15 = 19$ b) $2 \cdot x = 10$

c) $10 = 7 + x$ d) $4 = 4 \cdot x$

1 Finde die Lösungen der Gleichungen. Sie sind unter den Zahlen 1; 2; 3; 4 und 5.

a) $72 - x = 70$ b) $27 : x = 9$

c) $2 \cdot x + 15 = 19$ d) $2 \cdot x - 2 = 8$

e) $28 = 2 \cdot x + 22$ f) $10 = 4 \cdot x - 6$

2 Fülle im Heft die Tabellen aus. Gib an, welche der Zahlen Lösung der Gleichung ist.

a) Gleichung $3 \cdot x = 15$

x	2	4	5	8
$3 \cdot x$	6			
Wert des Terms = 15?	nein			

b) Gleichung $4 \cdot x + 2 = 18$

x	1	2	3	4
$4 \cdot x + 2$				
Wert des Terms = 18?				

2 Fülle im Heft die Tabellen aus. Gib an, welche der Zahlen Lösung der Gleichung ist.

a) Gleichung $4 \cdot x - 8 = 12$

x	1	2	3	4	5	6
$4 \cdot x - 8$						

b) Gleichung $10 \cdot y = 5$

y	0,2	0,3	0,4	0,5	0,6	0,7
$10 \cdot y$						

c) Gleichung $2 \cdot x - 5 = 9$

x	3	5	7	9	11	13
$2 \cdot x - 5$						

3 Klara löst eine Gleichung mit einer Umkehrrechnung.

a) Erkläre Klaras Rechnung.

b) Löse die folgenden Gleichungen wie Klara.

• $x + 50 = 80$ • $x - 30 = 40$

• $x : 2 = 8$ • $x \cdot 4 = 32$

Gleichung: $x + 35 = 60$
Umkehr-
rechnung: $60 - 35 = x$
  $25 = x$
Ergebnis: Die Zahl 25 ist Lösung der Gleichung $35 + x = 60$.

4 Löse die Gleichungen. Die Lösungen sind unter den Zahlen in der Lösungsblüte.

a) $10 + x = 38$

b) $47 - y = 26$

c) $20 \cdot x = 100$

d) $28 : a = 4$

e) $b \cdot 9 = 81$

f) $44 - y = 7$

g) $z + 35 = 68$

5 37 7 36 41 9 33 15 28 21

4 Löse die Gleichungen. Die Lösungen sind unter den Zahlen auf den Kärtchen.

a) $35 + x = 87$

b) $48 \cdot a = 4800$

c) $x : 100 = 56$

d) $299 - y = 215$

e) $1,7 \cdot x = 6,46$

f) $1,8 : z = 0,6$

g) $y - 2,5 = 8,7$

84 3 5,5 3,5 11,2 3,8 98 4,2 100 52 5600

5 Ordne den Texten die passenden Gleichungen zu. Löse dann die Gleichungen.

Addiere zur unbekannten Zahl 12. Du erhältst als Ergebnis 60.
Verdreifache die gesuchte Zahl. Du erhältst als Ergebnis 60.
Subtrahiere von der gesuchten Zahl die Zahl 3. Du erhältst als Ergebnis 60.

$x + 12 = 60$	$x - 3 = 60$	$3 \cdot x = 60$

5 Notiere zu den Texten jeweils eine passende Gleichung. Löse dann die Gleichungen und kontrolliere deine Lösungen.

a) Ich multipliziere die gesuchte Zahl mit 5 und erhalte als Ergebnis 75.

b) Wenn ich eine unbekannte Zahl von 2,4 subtrahiere, erhalte ich 1,89 als Ergebnis.

c) Wenn ich das Zehnfache einer unbekannten Zahl bilde und dazu 5 addiere, erhalte ich als Ergebnis 45.

Klar so weit?

→ Seite 158

Muster und Zahlenfolgen erkunden

1 Zeichne die Muster jeweils in dein Heft. Setze die Muster dann regelmäßig um zwei Figuren fort.

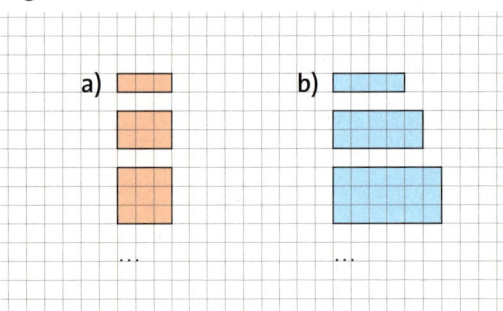

1 Setze die Muster im Heft regelmäßig um drei Figuren fort.
Beschreibe, wie die zehnte Figur der Folge aussieht.

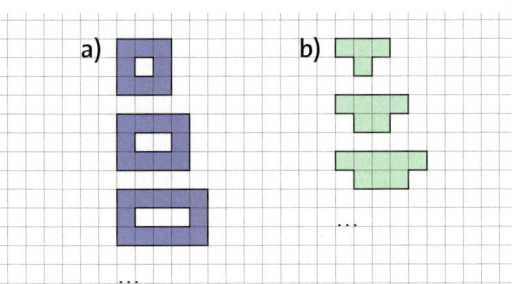

2 Setze die Zahlenfolgen regelmäßig fort. Gib jeweils die nächsten drei Zahlen der Zahlenfolge an.

a) 5; 11; 17; 23; …
b) 80; 76; 72; 68; …
c) 1; 2; 4; 7; …

2 Setze die Zahlenfolgen regelmäßig fort. Beschreibe jeweils das Bildungsgesetz der Zahlenfolge.

a) 1; 19; 37; 55; …
b) 7; 4; 10; 7; 13; 10; 16; …
c) 1; 2; 6; 12; 36; 72; …

→ Seite 160

Variablen und Terme

3 Setze die Zahlen für die Variablen in die Terme ein und berechne dann.

a) $a + 25$ für $a = 20$
b) $12 \cdot m$ für $m = 7$
c) $3 \cdot x + 4$ für $x = 5$
d) $4 \cdot a - 3 \cdot b$ für $a = 5$ und $b = 2$

3 Setze die Zahlen für die Variablen in die Terme ein und berechne dann.

a) $3 \cdot x + 4 \cdot y$ für $x = 4$ und $y = -2$
b) $3 \cdot x + 7 \cdot y$ für $x = 4$ und $y = 5$
c) $4 \cdot a - 3 \cdot b - 2$ für $a = 0,5$ und $b = -2$
d) $10 - 6 \cdot m + 3 \cdot p$ für $m = 2,5$ und $p = -3$

4 Gegeben ist der Term $2 \cdot x + 8$.

a) Setze für x nacheinander die Zahlen 3; 1; 4; 5 und 10 ein. Berechne dann.
b) Für welche der eingesetzten Zahlen ergibt sich das größte Ergebnis (das kleinste Ergebnis)?

4 Vervollständige die Tabellen im Heft.

a)

x	0		3	8	
$4 \cdot x - 3$		1			37

b)

x	−1		2		5
$10 - 2 \cdot x$		10		2	

→ Seite 162

Terme vereinfachen

5 Vereinfache die Terme.

a) $x + x + y + x + y + y + y$
b) $9 \cdot a - 4 \cdot a + 31 + 3 \cdot b + 25 \cdot b$
c) $4 \cdot y + \frac{1}{5} \cdot z + 10 \cdot y + \frac{3}{10} \cdot z$
d) $40 \cdot c + 32 \cdot d - 20 \cdot c + 15 - 20 \cdot c$

5 Vereinfache die Terme.

a) $6 \cdot x + 5 \cdot y + 3 \cdot x + 4 \cdot y + 60 + 18 \cdot x$
b) $17 \cdot c - 4 \cdot d + 31 + 22 \cdot c + 25 \cdot d - 3 \cdot e$
c) $0,5 \cdot a + \frac{1}{2} \cdot a + 4,3 \cdot b + \frac{1}{4} \cdot a - 0,5 \cdot b$
d) $0,8 \cdot y + 3,2 \cdot z - 3,6 \cdot y + 15,3 + 12 \cdot y$

Terme aufstellen

→ Seite 164

6 Gib jeweils einen Term an, mit dem die Gesamtlänge der Strecke berechnet werden kann.

a)

b)

c)

6 Gib jeweils einen möglichst einfachen Term an, mit dem die Gesamtlänge der Strecke berechnet werden kann.

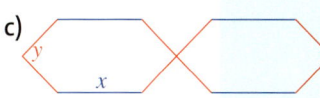

7 Ordne den Texten passende Terme zu.

| Zu einer unbekannten Zahl wird 80 addiert. |
| Eine unbekannte Zahl wird mit 80 multipliziert. |
| Von einer unbekannten Zahl wird 80 subtrahiert. |
| Von 80 wird eine unbekannte Zahl subtrahiert. |

$80 - x$	$80 \cdot x$	$80 : x$
$x : 80$	$x - 80$	$x + 80$

7 Schreibe jeweils zum Text einen passenden Term auf.
a) Bilde die Hälfte einer unbekannten Zahl.
b) Berechne das Fünffache einer unbekannten Zahl.
c) Vom Dreifachen einer unbekannten Zahl wird ihr Doppeltes subtrahiert.
d) Vermindere das Sechsfache einer unbekannten Zahl um ihre Hälfte.

8 Paul hat sich ein Handy ausgesucht. Pro SMS bezahlt er 0,04 €. Eine Gesprächsminute kostet 0,09 €. Es gibt keine Grundgebühr.
a) Paul verschickt 24 SMS und telefoniert 15 Minuten. Wie viel muss er bezahlen?
b) Schreibe einen Term für Pauls Kosten.
c) Vervollständige die Tabelle im Heft.

Anzahl SMS	10	20	30	100
Gesprächsminuten	15	15	20	20
Kosten in €				

8 Stelle jeweils einen passenden Term auf.
a) Die Klasse 7 c wird von x Jungen und y Mädchen besucht.
   Wie viele Kinder sind in dieser Klasse?
b) Milos besitzt x DVDs, Anna nur die Hälfte davon. Wie viele DVDs hat Anna?
c) Familie Witt (Mutter, Vater, drei Kinder) geht in ein Konzert. Der Eintritt kostet für Erwachsene x Euro und für Kinder y Euro. Wie viel bezahlt Familie Witt?

Gleichungen

→ Seite 168

9 Löse die Gleichungen.
a) $64 + x = 100$ b) $38 - x = 31$
c) $30 : x = 2$ d) $43 \cdot x = 430$

9 Löse die Gleichungen.
a) $x - 4,2 = 12$ b) $3,5 \cdot x = 70$
c) $x : 10 = 0,4$ d) $9 + x = 11,5$

10 Das Sechsfache einer Zahl ist genauso groß wie 300.
Wie heißt die Zahl?

10 Das Sechsfache einer Zahl ist so groß wie die Summe aus 81 und dem Dreifachen der Zahl. Wie heißt die Zahl?

11 Ein Rechteck hat den Umfang 24 cm. Die Seite a ist 8 cm lang. Gesucht ist b.
a) Welche Gleichung passt dazu?
   • $2 \cdot 8\,\text{cm} + 2 \cdot b = 24\,\text{cm}$
   • $2 \cdot 8\,\text{cm} + b = 24\,\text{cm}$
b) Berechne b.

11 Zwei Partner eröffnen gemeinsam ein Geschäft und zahlen zusammen das Startkapital in Höhe von 60 000 € ein.
Ein Partner zahlt 8000 € mehr Startkapital ein als der andere. Bestimme mithilfe einer Gleichung, wie viel beide einzahlen.

Vermischte Übungen

1 Übertrage die Tabelle in dein Heft und berechne die Werte der Terme.

x	4	8	10	12
$x+9$	13			
$5 \cdot x$				
$3 \cdot x - 9$				
$2 \cdot x - 1$				
$70 - 3 \cdot x$				
$99 + x$				

2 Vereinfache die Terme und berechne dann ihre Werte für $x = 2$ (für $x = 5$; für $x = 8$).
a) $23 \cdot x + 17 \cdot x + 37 \cdot x$
b) $75 \cdot x - 33 - 12 \cdot x$
c) $-3 \cdot x + 5 \cdot x + 12 \cdot x - 36$
d) $3 \cdot x - 5 + 12 - 2 \cdot x - 21$
e) $8 \cdot x + 9 \cdot x - 5 \cdot x - 13 \cdot x$
f) $18 - 9 \cdot 3 + 4 \cdot x + 10 - x$

NACHGEDACHT
Sind bei den Figuren aus Aufgabe 3 mehrere Lösungen möglich? Begründe.

3 Skizziere die Figuren in deinem Heft. Gib jeweils einen Term an, mit dem man den Umfang der Figur berechnen kann.

a) 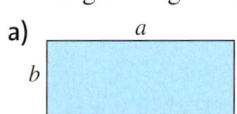 b)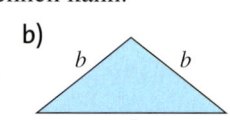

---

1 Termwettlauf
a) Welcher der Terme wächst am schnellsten, wenn du für x jeweils die Zahlen 1; 2; 3; 4; 5; 6 einsetzt?

x	1. Term $2 \cdot x + 4$	2. Term $3 \cdot x - 1$
1		

b) Bei welcher Zahl x holt der 2. Term den 1. Term ein?
c) Finde einen 3. Term, der für alle Zahlen 1; 2; 3; 4; 5; 6 größere Werte hat.

2 Arbeitet zu zweit.
– Jeder denkt sich fünf Aufgaben zum Vereinfachen von Termen aus.
– Die Terme sollen jeweils nicht mehr als drei verschiedene Variablen enthalten.
– Tauscht die Aufgaben und löst sie.
– Überprüft anschließend eure Lösungen gegenseitig.

3 Skizziere die Figuren in deinem Heft. Gib jeweils einen Term an, mit dem man den Umfang der Figur berechnen kann.

a) 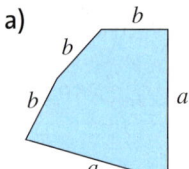 b)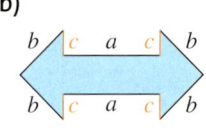

	Erwachsene	Kinder (bis 16 Jahre)
Einzelkarte	5,50 €	4,40 €
Gruppenkarte (10 Personen)	49,00 €	37,00 €
Jahreskarte	295,00 €	240,00 €

4 Eintrittspreise
Die Klasse 7c besucht mit 26 Schülerinnen und Schülern und 2 Lehrern ein großes Spaßbad.
a) Berechne den günstigsten Eintrittspreis für die ganze Klasse.
b) Wie kann der Gesamtpreis aufgeteilt werden? Wie viel muss dann jeder bezahlen? Vergleiche mit den Einzelpreisen.
c) Wie oft müsste das Spaßbad besucht werden, damit sich eine Jahreskarte für einen Erwachsenen (für ein Kind) lohnt?

5 Timo benutzt das folgende Tabellenblatt einer Tabellenkalkulation, um Aufgaben zur Volumen- und Oberflächenberechnung von Quadern zu erledigen.

	A	B	C	D	E
1	a	b	c	Volumen	Oberfläche
2	4	6	7		
3	2	3	4		
4	12	15	7		

a) Welchen Term muss er in die Zelle **D2** eingeben?

b) Welchen Term schreibt er in Zelle **E2**?

c) Wie kann er vorgehen, um die Zellen **D3**, **D4**, **E3** und **E4** zu füllen?

d) Timo gibt folgende Formeln ein:
   ① =D2+D3+D4
   ② =4*A2+4*B2+4*C2
   Was berechnet er damit?

6 Aus dem Berufsleben

Ein Gemüsehändler will sich Preistabellen für häufig verkaufte Mengen anlegen.
Vervollständige sie in deinem Heft.

Anzahl Kiwis	Preis in €
1	0,19
2	…
…	

Tomaten (in kg)	Preis in €
0,250	0,89
0,500	…
…	

Orangen (in kg)	Preis in €
1	2,19
…	

Kartoffeln (in kg)	Preis in €
1,500	1,79
…	

5 Die Klasse 7c erhält für ihre Klassenfete eine Rechnung vom Getränkehändler.

a) Welche Formel steht in der Zelle **D4**?

b) Welcher Zahlenwert steht in der Zelle **D4**?

	A	B	C	D
	Artikel	**Einzelpreis in €**	**Anzahl/Menge**	**Gesamtpreis in €**
1				
2	Kiste Cola (12 Fl)	8,50	3	25,50
3	Fl. Apfelschorle	0,65	7	4,55
4	Kiste Wasser	2,98	4	
5	Fl. Limonade	0,55	9	4,95
6	Leihgebühr pro Tisch	1,50	5	7,50
7	Leihgebühr pro Bank	0,75	10	7,50
8			Summe:	61,92
9			+ 19 % MWST	
10			Gesamtpreis:	

c) Gib eine Formel zur Berechnung der Mehrwertsteuer in der Zelle **D9** an und berechne damit den Betrag in Euro.

d) Gib eine Formel zur Ermittlung des Gesamtpreises in der Zelle **D10** an.
Nike hat zwei verschiedene Formeln für diese Zelle gefunden.
Welche Formeln könnten es sein?

6 Aus dem Berufsleben

Eine Taxifahrt kostet 1,60 € pro Kilometer.
Die Grundgebühr beträgt 2,50 €.

a) Gib einen passenden Term für den Gesamtpreis an.

b) Was kostet die Fahrt bei 4 km (7 km; 9 km) gefahrener Strecke?

c) In einer anderen Stadt kostet die Grundgebühr 3,20 € und die Fahrt pro Kilometer 1,40 €.
Stelle einen passenden Term auf und berechne die Kosten für die in b) angegebenen Strecken.
Vergleiche die Tarife.

7 Aus dem Berufsleben

Renovierung: Ein Schwimmbecken wird von innen neu gestrichen.
Arbeitet bei dieser Aufgabe zu zweit.

a) Die Farbe für 10 Quadratmeter kostet 29 €.

b) Nach Abschluss der Renovierung füllen die Pumpen pro Stunde 4 m³ Wasser in das Becken.

c) Während der zweiwöchigen Renovierung werden im Schwimmbad rund 40 Prozent weniger Besucher erwartet als sonst. In der folgenden Tabelle findet ihr die bisherigen Besucherzahlen.

	2009	2010	2011	2012
Kinder	166 000	166 800	178 000	214 000
Erwachsene	83 000	111 200	89 000	107 000

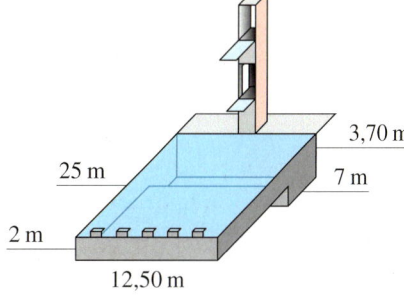

3,70 m
25 m
7 m
2 m
12,50 m

Teste dich!

(6 Punkte) **1** Setze die Zahlenfolgen um 3 Zahlen fort. Beschreibe jeweils das Bildungsgesetz.

a) 3; 14; 25; 36; 47; … b) 2; 10; 15; 23; 28; 36; 41; …

(4 Punkte) **2** Berechne den Wert des Terms für $x = 5$ und $y = 3$.

a) $x + 3 \cdot x$ b) $0,5 \cdot x + 2 \cdot y$ c) $7 \cdot y - 5 \cdot x$ d) $0,75 \cdot y + 3,5$

(14 Punkte) **3** Vereinfache die Terme.

a) $a + a + a + a + a$ b) $c + d + c + c + d + d - c + d$

c) $6 \cdot a + 13 \cdot a + 12 \cdot a$ d) $23 \cdot x - 16 + 2 \cdot x$

e) $5 \cdot c - 7 \cdot c + 4 + 5 \cdot c - a$ f) $8 \cdot x - 7,6 \cdot y + 4,8 \cdot x$

g) $3,5 \cdot a + 12,5 \cdot b - 0,5 \cdot a - 2,5 \cdot b$

(6 Punkte) **4** Finde im Bild rechts drei Paare zueinander passender Terme.

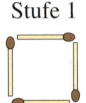
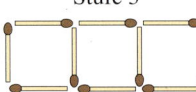
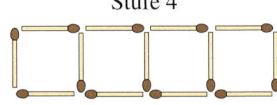

$2 \cdot x + 2$ $-2 \cdot x - 3$ x $15 \cdot x - 14 - 12 \cdot x + 16$

$2 \cdot x$ $22 \cdot x + 13 - 21 \cdot x - 13$ $x + x$ $15 + 3 \cdot x - 2 - 13 - 2 \cdot x$

$5 \cdot x + 2 - 3 \cdot x$ $5 \cdot x - 3 \cdot x - 16 + 14 + 2$ $-x - 2 - x - 1$ $10 \cdot x - 6 - 8 \cdot x + 3 - 4 \cdot x$

(6 Punkte) **5** Stelle jeweils einen entsprechenden Term auf.

a) Clara benötigt für 100 m Strecke x Sekunden, Sophie benötigt 1,25 Sekunden mehr.

b) Hanna ist x Jahre alt, ihre Oma ist 5,5-mal so alt.

c) Josefine zahlt für ihr Handy monatlich 5 € Grundgebühr, für jede SMS 9 ct und für Telefongespräche pro Minute 22 ct.

(12 Punkte) **6** Streichholzketten

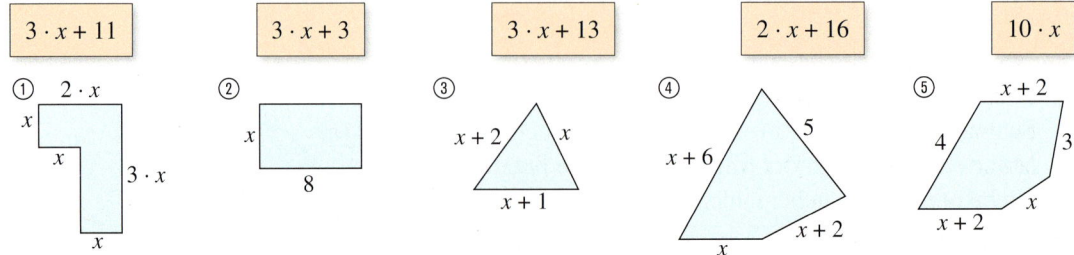

Stufe 1   Stufe 2   Stufe 3   Stufe 4

a) Ermittle jeweils die Anzahl der Streichhölzer, die man für die 1. Stufe (für die 2., 3., 4. und 5. Stufe) benötigt.

b) Gib eine Gesetzmäßigkeit an, wie die Anzahl der Hölzer von Stufe zu Stufe steigt.

c) Ermittle die Anzahl der benötigten Hölzer für die 20. Stufe der Kette.

(10 Punkte) **7** Die Terme auf den Kärtchen geben jeweils den Umfang einer der Figuren an.

$3 \cdot x + 11$ $3 \cdot x + 3$ $3 \cdot x + 13$ $2 \cdot x + 16$ $10 \cdot x$

① $2 \cdot x$ x x $3 \cdot x$ x

② x 8

③ $x + 2$ x $x + 1$

④ $x + 6$ 5 $x + 2$ x

⑤ $x + 2$ 4 3 x $x + 2$

a) Welcher Term gehört zu welcher Figur?

b) Gib jeweils den Umfang der Figuren an, wenn $x = 5$ cm ist.

8 Die Kanten eines Tisches sollen mit einer Schmuckleiste beklebt werden.

a) Stelle einen Term für die Gesamtlänge der benötigten Schmuckleiste auf.

b) Berechne die Länge der Schmuckleiste für $x = 0,65$ m und $y = 1,25$ m.

(6 Punkte)

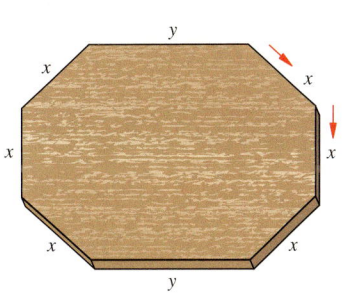

9 Das abgebildete Paket soll mit Geschenkband verschnürt werden.

(8 Punkte)

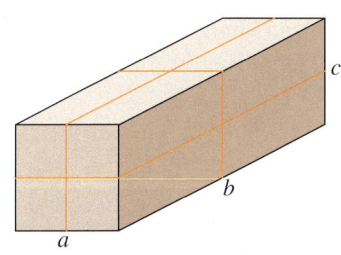

a) Gib einen Term an, mit dem man die Länge des Geschenkbandes (ohne Knoten) berechnen kann.

b) Für Schlaufen und Knoten benötigt man zusätzlich 30 cm Geschenkband.
Verändere deinen Term aus a) so, dass dies berücksichtigt wird.

c) Berechne die Länge des Geschenkbandes mit Schlaufen und Knoten, wenn $a = 20$ cm, $b = 40$ cm und $c = 15$ cm ist.

10 Auf dem Bauernhof

Die Variable x steht für die Anzahl der Hühner, die Variable y steht für die Anzahl der Kühe.

(6 Punkte)

a) Welcher Term gibt an, wie viele Beine die Hühner und Kühe insgesamt haben?

$$x + y \qquad 2 \cdot x + 4 \cdot y \qquad 4 \cdot x + y \qquad 4 \cdot x + 2 \cdot y$$

b) Gib an, was man mit dem Term $x + y$ berechnet.

c) Auf dem Hof befinden sich 20 Beine.
Wie viele Hühner und Kühe leben dort?
Finde zwei Möglichkeiten.

11 Setze in die Gleichungen für die Variable x jeweils die Zahlen 1; 5; 10; 24 ein.
Welche dieser Zahlen ist jeweils die Lösung der Gleichung?

(8 Punkte)

a) $x + 25 = 30$

b) $11 \cdot x = 110$

c) $4,5 = 3,5 + x$

d) $4,8 = x : 5$

12 Löse die Gleichungen.

(8 Punkte)

a) $x + 23 = 99$

b) $x - 31 = 51$

c) $x \cdot 9 = 117$

d) $x : 12 = 13$

e) $71 = x - 99$

f) $12 \cdot x = 84$

g) $4 - x = 1,5$

h) $33,6 = 6 \cdot x$

13 Finde die unbekannten Zahlen.

(6 Punkte)

a) Sophie subtrahiert vom Achtfachen einer unbekannten Zahl 10.
Ihr Ergebnis ist 22.

b) Markus addiert zum Doppelten der unbekannten Zahl 10.
Sein Ergebnis ist 14.

c) Jenny addiert zum Fünffachen der unbekannten Zahl 9.
Ihr Ergebnis ist 19.

d) Carlos multipliziert eine unbekannte Zahl mit zwei.
Sein Ergebnis ist 0.

Zusammenfassung

→ Seite 158

Muster und Zahlenfolgen erkunden

Zahlenfolgen und Muster sind häufig nach Regeln aufgebaut. Ist die Regel bekannt, dann kann man die Zahlenfolge fortsetzen und das Muster weiterzeichnen.
Statt Regel sagt man auch **Bildungsgesetz**.

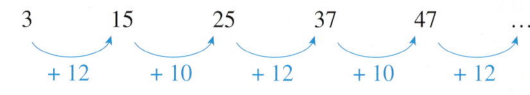

→ Seite 160

Variablen und Terme

Ein Platzhalter, für den man verschiedene Zahlen oder Größen einsetzen kann, heißt **Variable**.
Statt Zeichen wie ◆, ▲ oder ● verwendet man für Variablen meist kleine Buchstaben, zum Beispiel a, b, c oder auch x, y, z.

Eine sinnvolle Verbindung von Variablen, Zahlen, Größen, Klammern und Rechenzeichen heißt **Term** (Rechenausdruck).
Beispiele für Terme sind:

y; $12 - (6 + 12)$; $z + 5\,cm$; $2 \cdot a + 2$

Wenn man für die Variablen Zahlen einsetzt, kann man den **Wert des Terms** bestimmen.

Term: $2 \cdot a + 2 \cdot b$
Einsetzen von 3 cm für a und 4 cm für b:
$2 \cdot a + 2 \cdot b = 2 \cdot 3\,cm + 2 \cdot 4\,cm = 14\,cm$

→ Seite 162

Terme vereinfachen

Durch **Ordnen und Zusammenfassen** kann man Terme vereinfachen.
Beachte: Unterschiedliche Variablen dürfen nicht addiert bzw. subtrahiert werden.

$3 \cdot x + 4 \cdot y + 2 + 6 \cdot y - 0{,}5 \cdot x$
$= 3 \cdot x - 0{,}5 \cdot x + 4 \cdot y + 6 \cdot y + 2$ | Ordnen
$= 2{,}5 \cdot x + 10 \cdot y + 2$ | +, −

→ Seite 164

Terme aufstellen

So stellst du einen Term auf:

① Variablen festlegen

② Terme bilden

③ Terme zusammenfügen

Subtrahiere vom Dreifachen einer Zahl das Zweifache einer anderen Zahl.

① eine Zahl x
   eine andere Zahl y

② Dreifaches der einen Zahl $3 \cdot x$
   Zweifaches der anderen Zahl $2 \cdot y$

③ Gesamtterm $3 \cdot x - 2 \cdot y$

→ Seite 168

Gleichungen

Werden zwei Terme durch das Zeichen „=" miteinander verbunden, dann entsteht eine **Gleichung**.

Gleichung $72 - x = 50$
               $72 - 22 = 50$ $\rightarrow x = 22$
(Umkehrrechnung $72 - 50 = 22$)

Wenn eine Zahl für die Variable in eine Gleichung eingesetzt wird und die Terme auf beiden Seiten den gleichen Wert ergeben, dann ist die Zahl eine **Lösung** der Gleichung.

Die Zahl 22 ist eine **Lösung der Gleichung** $72 - x = 50$, denn $72 - 22 = 50$.
Die Zahl 10 ist *keine* Lösung der Gleichung $72 - x = 50$, denn $72 - 10 = 62 \neq 50$.

Vernetzte Aufgaben

Thema Fußball

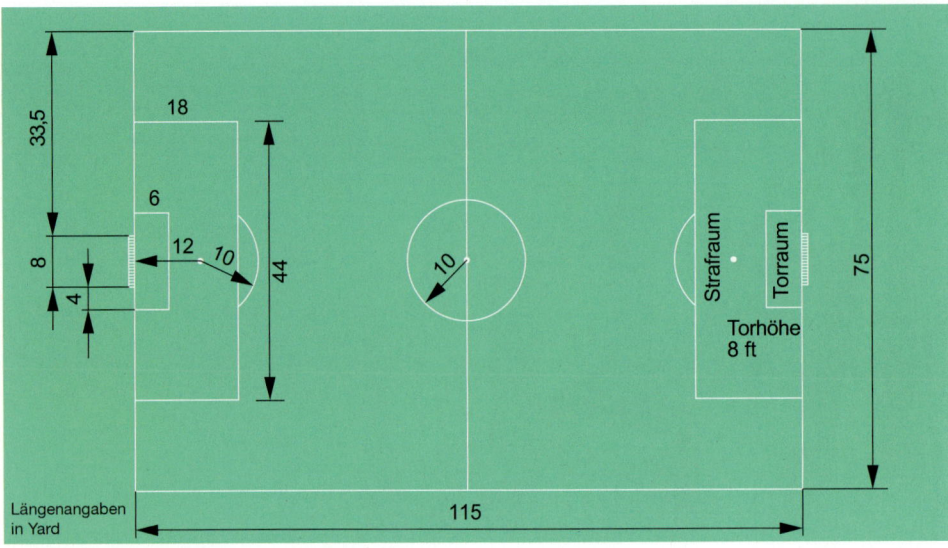

Längenangaben in Yard: 33,5 · 18 · 6 · 8 · 12 · 10 · 4 · 44 · 10 · 75 · 115 · Strafraum · Torraum · Torhöhe 8 ft

1 Wie groß ist das Fußballfeld?

Arbeitet zu dritt.

a) Beschreibt, was ihr auf dem Bild seht.

b) Erkundigt euch über das Längenmaß yard.

c) Rechnet die Längenangaben im Bild in Meter um.

d) Sucht die Längenangaben eines Fußballplatzes in Metern.
Stimmen die Maße aus c) mit den von euch gefundenen überein?

e) Wie groß ist die Fläche des Fußballfeldes in m²?

f) Wie oft passt die Fläche eures Klassenzimmers in ein Fußballfeld?
Schätzt zuerst. Messt und berechnet danach.

2 Strafraum und Torraum

Der Torwart bewegt sich nur auf einer kleinen Fläche.

a) Berechne den Flächeninhalt des Strafraums und des Torraums.

b) Wie oft passt die Fläche des Strafraums ungefähr in das gesamte Spielfeld?

c) Ist der Strafstoß wirklich ein „Elfer"?

3 Der Fußball

Ein Fußball darf zwischen 410 g und 450 g wiegen.

a) Wie viel Prozent darf das Gewicht von 450 g abweichen?

b) Wiegt eure Fußbälle in der Schule.
Vergleicht mit den zulässigen Gewichten.

4 Fußballtraining

Beim Fußballtraining laufen die Schüler nacheinander die Strecken 1 bis 4 auf dem Fußballplatz (siehe Skizze).
Der Fußballplatz ist 100 m lang und 75 m breit.
Fertige eine Zeichnung des Fußballplatzes im Maßstab 1 : 1000 an.

a) Wie viele Meter müssen sie ungefähr laufen?

b) Wie viele Meter kürzer ist die Strecke um den Fußballplatz?

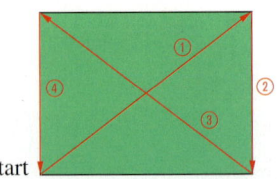

Start

Thema Arbeiten im Reitstall

1 Lillys Hobby sind Pferde. Sie hilft im Reitstall und erhält dafür kostenlose Reitstunden.
Von ihrer Oma hat sie 1050 € bekommen.
Damit will sie sich einen Sattel, einen Helm und Stiefel kaufen.
a) Wo würdest du bestellen?
b) Was könnte Lilly mit dem Restgeld noch kaufen?

	Firma Arabi	Firma Black
Sattel	750,50 €	845,80 €
Steigbügel	80,90 €	68,50 €
Zaumzeug	89,70 €	70,10 €
Helm	60,65 €	79,50 €
Stiefel	90,85 €	70,65 €
Versandkosten	15,00 €	10,00 €

2 Zusammen mit Emine versorgt Lilly das Pony Max.
Für das Füttern von Max nehmen sie sich täglich $\frac{1}{4}$ Stunde Zeit.
Für seine Pflege brauchen sie 30 Minuten.
a) Wie viel kg Futter muss jedes Mädchen im Winter täglich für Max tragen?
b) Wie viele Minuten sind Emine und Lilly am Tag mindestens am Reitstall?
c) Emine meint: „In jeder Woche arbeiten wir 5 Stunden für Max."

Winterzeit Max	
Wochen-Futterplan	
Heu	35 kg
Kraftfutter	7 kg
Saftfutter	14 kg
Wasser	210 kg (210 l)

3 Andere Mädchen und Jungen fegen die Boxen der Pferde aus und führen oder reiten die Pferde.
Frau Weber führt einen Zeitplan über die Pflegezeiten.
a) Ergänze im Heft den Zeitplan.
b) Wer war am Samstag am längsten beschäftigt?
c) Stelle eine Rangliste der Arbeitszeiten auf.
d) Wie viele Stunden wurde im Stall insgesamt gearbeitet?

Durchgeführte Pflegezeiten			
Samstag, 12. Februar			
Name	Beginn	Ende	Dauer
Michi	15:00	16:45	
Vossi	15:45		35 min
Jens		17:00	95 min
Manny	18:05	19:45	
Ahmed		20:15	90 min
Angi	19:50	21:05	
Katrin	15:40		80 min

4 Arbeitet zu zweit.
Manfred und Angela sollen auf einer Wiese mit einem 320 m langen Koppelseil ein rechteckiges Stück für das Pony Max absperren.
a) Wie lang könnten die Seiten jeweils sein? Gebt Beispiele an.
b) Berechne zu den Seitenlängen aus a) den Flächeninhalt.
Vergleicht eure Ergebnisse. Wer von euch hat den größten Flächeninhalt gefunden?
c) Bei welchen Seitenlängen entsteht die größte Weidefläche?
Löse die Aufgabe, indem du die Tabelle ins Heft überträgst und ergänzt.

HINWEIS
Bei dieser Aufgabe kannst du auch eine Tabellenkalkulation benutzen.

Umfang $u = 2a + 2b$	2 a	2 b	Seite a	Seite b	Flächeninhalt $A = a \cdot b$
320 m	300 m	20 m	150 m	10 m	1500 m²
320 m	280 m				
320 m					

Thema **Jugendzimmer**

Andreas will sein Jugendzimmer umgestalten.

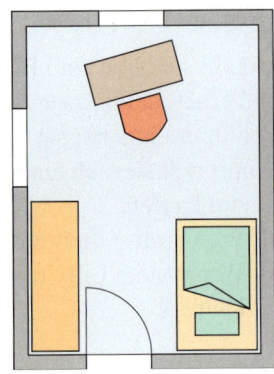

Er hat eine Skizze angefertigt und sich Informationen zu den Kosten aus dem Baumarkt geholt.

Sein Zimmer ist 3 m breit und 4,8 m lang.

Baumarkt Angebote

Teppichfliesen

A 30 cm × 30 cm; Stück 1,85 €
B 60 cm × 40 cm; Stück 3,70 €

Fußleisten (2 m) pro Stück 2,10 €

1 Andreas möchte sich neue Teppichfliesen kaufen.

a) Fertige eine Skizze von Andreas' Zimmer an. Zeichne den Grundriss im Maßstab 1 : 20.
Wie müsste die erste Teppichfliese der Sorte B gelegt werden, damit beim Auslegen kein Abfall entsteht?

b) Zu welcher Fliesengröße würdet ihr Andreas raten?
Berechnet den Preis für den Boden mit Sorte A und mit Sorte B.

2 Auch die Fußleisten sollen erneuert werden.
Berechne den Preis für die Fußleisten, wenn die Tür 80 cm breit ist.

3 Andreas und seine Brüder wollen das Zimmer vor dem Legen der Teppichfliesen streichen.
Die Wände haben eine Höhe von 2,60 m.

a) Berechne die gesamte Wand- und Deckenfläche (ohne Berücksichtigung der Tür).

b) Ergänze die Einkaufsliste im Heft mit den entsprechenden Preisangaben.

c) Reichen 80 €, wenn die Brüder im Baumarkt einkaufen?

d) Wo sollen die Brüder einkaufen gehen?

Malerfachgeschäft

Wandfarbe für 20 m²	**21,20 €**
Tapeziertisch	**49,50 €**
Farbroller	**1,95 €**
Pinsel	**0,99 €**
Abdeckfolie	**1,99 €**
Abstreifgitter	**1,50 €**

Auf alles gibt es zusätzlich 20 % Rabatt!

Einkaufsliste

Wandfarbe
3 Pinsel
1 Farbroller
1 Abstreifgitter
2 Abdeckfolien

Baumarkt

Tapeziertisch	**35,70 €**
Eimer Wandfarbe für 15 m²	**17,80 €**
Abdeckfolie	**1,75 €**
Lackfarbe 1 Liter-Dose	**5,40 €**
Pinsel	**0,55 €**
Abstreifgitter	**0,95 €**
Farbfolie	**10,87 €**
Farbroller	**2,30 €**

Thema Taxifahrer

Die Tabelle zeigt das Fahrtenbuch eines Bonner Taxifahrers am 2. Februar mit einigen Lücken.

Fahrt	Abfahrtsort	Zielort	Länge (km)	Abfahrtszeit	Ankunftszeit	Fahrzeit (min)	Wartezeit (min)
1	Bahnhof Bonn	Jägerstr.	21	9:12	9:45		0:06
2	Jägerstr.	Bahnhof Bonn	21	9:51	10:20		
3	Bahnhof Bonn	Bad Godesberg	26	10:28		0:33	
4	Bad Godesberg	Adenauerallee	9	11:18			0:07
5	Adenauerallee	Bahnhof Bonn	16	11:37	11:57		Pause
Mittagspause							
6	Bahnhof Bonn	Flughafen Köln	34		13:42	0:32	
7	Flughafen Köln	D-dorf Messe	54	14:19	15:07	0:48	
8	D-Dorf Messe	Bahnhof Köln	31	15:31	16:01		0:16
9	Bahnhof Köln	Bahnhof Bonn	28	16:17			0:49
10	Bahnhof Bonn	Siegburg	24	17:34	18:03	0:29	

HINWEIS ↻ 181-1 *unter dem Webcode kannst du die Tabelle herunterladen und ausdrucken.*

1 Arbeitet in Gruppen.
Ein paar Felder sind unleserlich geworden.
Ergänzt die Tabelle im Heft.

2 Berechne die folgenden Angaben mithilfe der Tabelle.
a) Gesamtwartezeit
b) Gesamtfahrzeit
c) Dauer der Mittagspause
d) Gesamtfahrstrecke

3 Überlege, wie man die durchschnittliche Fahrzeit und die durchschnittliche Länge für alle Fahrten an diesem Tag berechnen kann.

4 Eine Taxifahrt kann teuer sein.
a) Wie viel musste der Fahrgast bei *Fahrt 4* bezahlen? Wie viel kostete *Fahrt 8*?
b) Rechne die Taxigebühren anderer Fahrten aus.
c) Wie teuer ist das Fahren mit einem Taxi in deiner Stadt?

Fahrpreis bei Taxifahrer „Klaus"

Grundpreis: 4,00 €

jeder Kilometer: 1,40 €

5 Taxifahrer Adem nimmt einen Grundpreis von 10,00 € und einen Kilometerpreis von 0,80 €.
a) Bei welchem Taxifahrer ist die *Fahrt 8* günstiger (Klaus oder Adem)?
b) Rechne mit beiden Taxitarifen folgende Strecken aus:
5 km – 10 km – 15 km – 20 km
Erstelle eine Tabelle mit den Ergebnissen und präsentiere sie in einem Liniendiagramm.

6 Am Wochenende muss Adem in der Werkstatt einen Ölwechsel machen lassen.
Die Werkstatt füllt ihm Öl für 27,50 € ein. Der Literpreis beträgt 5 €.
Letztes Jahr hat er für 6 Liter 31,74 € bezahlt.

Thema Planung, Durchführung und Auswertung einer Umfrage

Viele Daten werden über **Umfragen** gesammelt.
Die meisten Umfragen werden mit **Fragebögen** durchgeführt.

Planung

Bei der Planung einer Umfrage sollte man folgendes beachten:

Thema festlegen: Was will man abfragen?

Gliederung erstellen: Welche Reihenfolge sollen die Fragen haben?

Antwortmöglichkeiten festlegen:
– Ja-Nein-Frage
– Werteabfragen (Alter, Dauer, usw.)
– Wertungsfragen (nie – selten – oft – sehr oft)
– Notenskalen (von 1 bis 6)

Durchführung planen: Welche und wie viele Personen sollen befragt werden?

Datenerhebung

Mithilfe eines Fragebogens könnt ihr in eurer Klasse (oder Schule) eine einfache **Datenerhebung** (Befragung) zum Thema Familie durchführen.
Die Fragebögen werden ausgeteilt und sollen ehrlich beantwortet werden.

Fragebogen zu Familien

Welches Geschlecht hast du?
Junge ☐   Mädchen ☐

Wie viele Geschwister hast du?
0 ☐   1 ☐   2 ☐   3 ☐   mehr als 3 ☐

Anzahl der Geschwister	0	1	2	3	>3	
Häufigkeit	⫿⫿⫿⫿⫿	⫿⫿⫿⫿⫿ ⫿⫿	⫿⫿⫿⫿⫿ ⫿⫿⫿⫿⫿	⫿⫿⫿⫿	⫿⫿	28

Datenerfassung

Nachdem ihr die Fragebögen wieder eingesammelt habt, müssen die Daten der Fragebögen erfasst werden, z. B. in einer Strichliste.

Anzahl der Geschwister	Häufigkeit
0	5
1	7
2	10
3	4
mehr als 3	2
Summe:	**28**

Auswertung

Die Auswertung der noch ungeordneten Daten kann mit einer Tabellenkalkulation erfolgen, z. B. Excel.

Präsentation

Die ausgewerteten Daten können nun in einer Grafik veranschaulicht werden.
Um die Verteilung der Häufigkeiten darzustellen, ist ein **Kreisdiagramm** besonders geeignet.

Umfrage zu Familien

Anzahl der Geschwister
■ 0 ■ 1 ■ 2 ■ 3 ■ mehr als 3

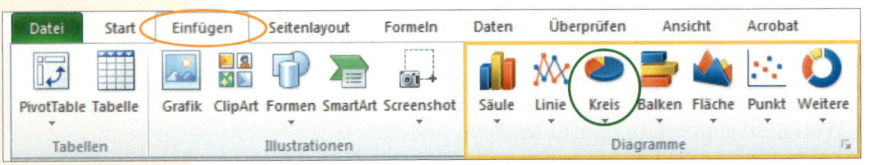

In der Tabellenkalkulation Excel markiert man dazu die beiden Spalten und wählt dann **Einfügen → Kreis**.

1 Beschreibe die dargestellten Daten zur Familienumfrage.

2 Erkläre die folgende Reihenfolge, die bei einer Umfrage immer eingehalten werden sollte:
Planung → Datenerhebung → Datenerfassung → Auswertung → Präsentation

3 Hier siehst du den Ausschnitt aus einem Fragebogen zum Fernsehverhalten von Jugendlichen.

Beantworte die Fragen allein und ehrlich. Kreuze an.

1. Geschlecht ☐ Junge ☐ Mädchen

2. Alter _____ Jahre

3. Klasse

☐ 7a ☐ 7b ☐ 7c ☐ 7d

4. Wie viele Minuten siehst du **pro Tag** im Durchschnitt Fernsehen?

_____ Minuten

Welche der folgenden Fernsehsendungen siehst du?

5. Talkshows am Nachmittag

☐ nie ☐ oft
☐ selten ☐ sehr oft

6. Gameshows

☐ nie ☐ oft
☐ selten ☐ sehr oft

7. Sportsendungen

☐ nie ☐ oft
☐ selten ☐ sehr oft

a) Welche Arten von Fragen kommen vor? Welche Fragen sind Werteabfragen und welche sind Wertungsfragen?
b) Arbeitet zu viert.
   Führt eine Probebefragung in eurer Klasse durch.
   Wertet die Daten aus. Arbeitet, wenn möglich, mit einer Tabellenkalkulation.

4 Arbeitet zu zweit.
Hier wurden die Ergebnisse der Umfrage zu Familien in einem Säulendiagramm präsentiert.

Umfrage zu Familien

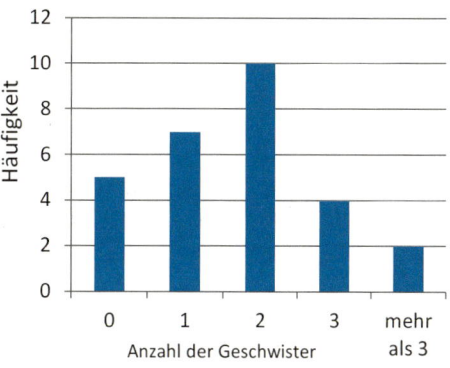

a) Beschreibt das Diagramm.
b) Welche Unterschiede könnt ihr zwischen dem Kreisdiagramm und dem Säulendiagramm feststellen?
c) Welche Vor- und Nachteile haben die beiden Diagramme?
d) Erklärt euch gegenseitig die Begriffe relative und absolute Häufigkeit.
   Welches Diagramm eignet sich besser, um relative Häufigkeiten darzustellen? Welches eignet sich besser für absolute Häufigkeiten?

5 Arbeitet zu viert.
Wählt eine der Fragen aus und sammelt Daten mit Fragebögen dazu.
Plant eure Befragung sorgfältig, bevor ihr einen Fragebogen gestaltet
a) Wo verbringt ihr eure Ferien am liebsten?
b) Was ist euer Lieblingsessen?
c) Welches Schulfach ist am beliebtesten? Welches Schulfach ist am wichtigsten?
d) Welche Farbe hat das Auto eurer Eltern?
e) Entwerft einen Fragebogen zu einem eigenen Thema.

Thema Ein Besuch im Zoo

Eintritt	Erwachsene	Kinder und Jugendliche (5–17 Jahre)
Einzelpreis	20,00 Euro	9,00 Euro
Gruppenkarte (5 Personen)	80,00 Euro	37,50 Euro
Jahreskarte pro Person	120,00 Euro	60,00 Euro

1 Eintrittspreise

Die Klasse 7 c besucht mit 26 Schülerinnen und Schülern den Zoo in einer Großstadt.

a) Berechne den günstigsten Eintrittspreis für die ganze Klasse.

b) Wie viel muss jeder bezahlen?

c) Vergleiche mit dem Einzelpreis.

d) Wie häufig muss der Zoo besucht werden, damit sich eine Jahreskarte für einen Erwachsenen (ein Kind) lohnt?

2 Delphinarium

Mittags besucht die Klasse 7 c eine Vorführung im Delphinarium.

Das quaderförmige Becken ist 60 m lang, 25 m breit und 4 m tief.

Das Becken kann in 20 Stunden von Pumpen gefüllt werden.

a) Wie viel Kubikmeter Wasser werden von den Pumpen pro Minute eingefüllt?

b) Zeichne die Grundfläche des Beckens im Maßstab 1 : 1000.
   Markiere die längstmögliche Strecke. Gib ihre Länge in Wirklichkeit an.

3 Tierbestand

Betrachte die Aufstellung des Tierbestands eines Zoos in den beiden verschiedenen Jahren.

	Säugetiere	Vögel	Reptilien	Fische	Wirbellose
2010	584	586	192	1165	653
2013	650	558	230	1516	427

a) Welche Informationen kannst du aus der Tabelle ablesen?

b) Präsentiere die Veränderung bei den Säugetieren, Vögeln, Reptilien und den Wirbellosen in einem geeigneten Diagramm.

c) Beschaffe dir Zahlen über den Tierbestand eines Zoos in deiner Nähe.
   Vergleiche die Zahlen mit denen aus der Tabelle.

4 Tiere von anderen Kontinenten

Viele Tiere im Zoo sind eigentlich andere Temperaturen gewöhnt.

Tierart	Verbreitungsgebiet	Durchschnittstemperatur im Verbreitungsgebiet	Durchschnittstemperatur im Zoo
Pinguine	Antarktis (Küste)	−9 °C	−11 °C (Pinguinhaus)
Eisbären	Grönland (Küste)	−2 °C	
Walross	Arktis	−18 °C	10 °C
Elefant	Afrika (Kongo)	26 °C	

a) Welche Informationen kannst du aus der Tabelle ablesen?

b) Berechne für jede Tierart die Temperaturunterschiede zwischen Zoo und Verbreitungsgebiet.

5 Ein anderer Zoo

Manuel berichtet: „Am letzten Sonntag waren wir im Zoo. Meine Eltern und ich haben zusammen 43 € bezahlt. Mein Freund Axel ist mit seiner Großmutter auch mitgekommen. Sie haben 25 € bezahlt."

Versuche durch Probieren herauszufinden, wie hoch der Eintrittspreis für einen Erwachsenen und ein Kind war.

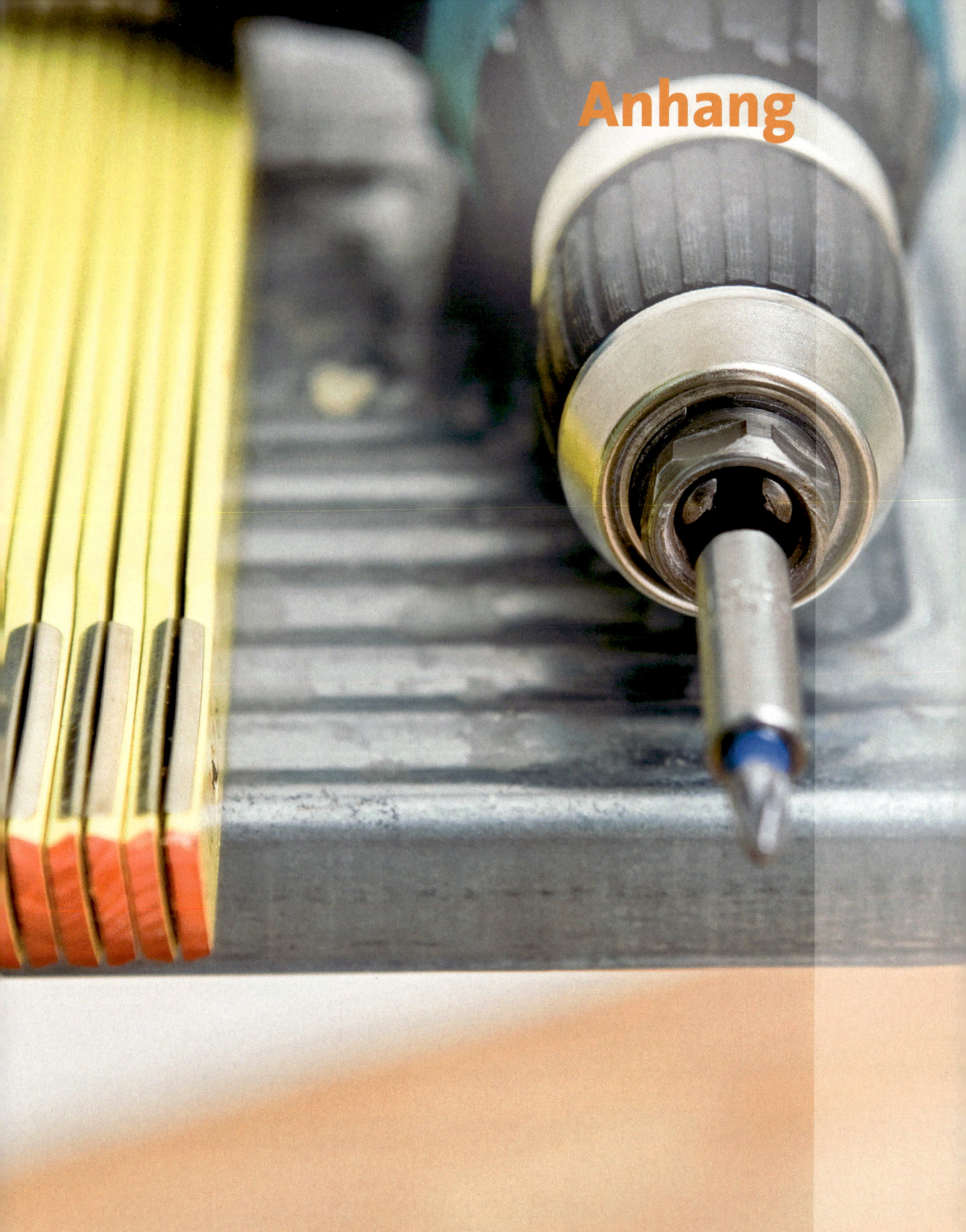

Anhang

Ganze Zahlen

1 a)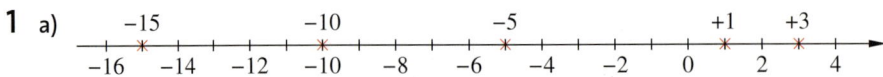

b)

---

2 a)
$$-3 \quad -3 \quad -3 \quad -3 \quad -3$$
10; 7; 4; 1; -2; -5
(immer minus 3)

b)
$$+1 \quad +1 \quad +1 \quad +1 \quad +1$$
-9; -8; -7; -6; -5; -4
(immer plus 1)

c)
$$+4 \quad +4 \quad +4 \quad +4 \quad +4$$
-10; -6; -2; 2; 6; 10
(immer plus 4)

d)
$$-6 \quad -6 \quad -6 \quad -6 \quad -6$$
18; 12; 6; 0; -6; -12
(immer minus 6)

3

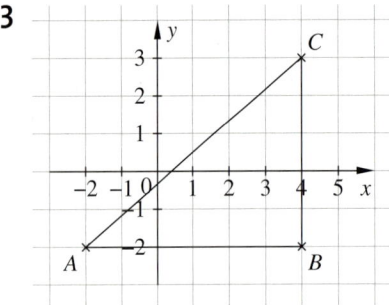

Es entsteht ein Dreieck.

4 a)

alte Temperatur	Temperatur-änderung	neue Temperatur
4 °C	6 Grad kälter	**−2 °C**
−3 °C	9 Grad wärmer	6 °C
−6 °C	**5 Grad kälter**	−11 °C
6 °C	8 Grad kälter	−2 °C

b)

Kontostand alt	Kontostand neu	Konto-bewegung
−17 €	+36 €	**+53 €**
−156 €	**−117 €**	+39 €
+23 €	−44 €	−67 €
−73 €	−18 €	+55 €

5 a) $-68 + 9 = -59$
b) $-108 + (-27) = -135$
c) $5 - (+17) = -12$
d) $-34 - 70 = -104$
e) $(-3) \cdot 15 = -45$
f) $15 \cdot (-8) = -120$
g) $-70 : 10 = -7$
h) $-125 : 5 = -25$

+6 a) $45 : 15 = 3$
$\underline{-45}$
0 Also $45 : (-15) = \underline{\underline{-3}}$

b) $99 : 3 = 33$
-9
$\overline{09}$
-9
$\overline{0}$ Also $-99 : (-3) = \underline{\underline{+33}}$

c) $924 : 3 = 308$
-9
$\overline{02}$
-0
$\overline{24}$
24
$\overline{0}$ Also $924 : (-3) = \underline{\underline{-308}}$

d) $2\,415 : 7 = 345$
$-2\,1$
$\overline{31}$
-28
$\overline{35}$
-35
$\overline{0}$ Also $-2\,415 : (-7) = \underline{\underline{+345}}$

7 a) $-13; -12; -10; -5; -3; 0; 2; 35$
b) $-12; -9; -4; -2; 3; 6; 7; 9; 11$

8 a) $-8 + 20 = 12$
Das Thermometer zeigt 12 °C an.
b) $-6 + 17 = 11$
Die Temperatur ist um 17 Grad gestiegen.

9 a) $-33 + 17 + 5$
$ = -16 + 5$
$ = \underline{\underline{-11}}$

b) $-50 - 5 + 44$
$ = -55 + 44$
$ = \underline{\underline{-11}}$

c) $4 \cdot (-7) \cdot 3$
$ = -28 \cdot 3$
$ = \underline{\underline{-84}}$

d) $(-6) \cdot 5 \cdot (-29)$
$ = -30 \cdot (-29)$
$ = \underline{\underline{+870}}$

e) $(-5 - 2) \cdot (-7)$
$ = (-7) \cdot (-7)$
$ = \underline{\underline{-49}}$

f) $(-15) \cdot (-12 + 2)$
$ = (-15) \cdot (-10)$
$ = \underline{\underline{+150}}$

10 a) $840 + 200 - 600 + 150 - 550 - 280 - 320$
$ + 120 = -440$
Der Kontostand lautet $-440\,€$.

b) $-440 + 440 = 0$
Es müssten $440\,€$ eingezahlt werden.

11

Datum	alter Konto-stand	Gutschrift (H+) Lastschrift (S −)	neuer Konto-stand
14.11.	H 50 €	30 € (H)	**+80 € (H)**
17.11.	**+80 € (H)**	150 € (S)	**−70 € (S)**
30.11.	**−70 € (S)**	60 € (S)	**−130 € (S)**
05.12.	**−130 € (S)**	170 € (H)	**+40 € (H)**
22.12.	**+40 € (H)**	80 € (S)	**−40 € (S)**
23.12.	**−40 € (S)**	200 € (S)	**−240 € (S)**

12 a) $423 + 1208 = 1631$
Der Höhenunterschied beträgt $1631\,\text{m}$.

b) $-423 + (-381) = -804$
Die tiefste Stelle liegt bei $-804\,\text{m}$,
also $804\,\text{m}$ unter Normalnull.

13 $-8 + 2 + (-3) + 1 + (-7) = -15$
$-15 : 5 = -3$
Die durchschnittliche Außentemperatur beträgt
$-3\,°\text{C}$.

Zuordnungen

1

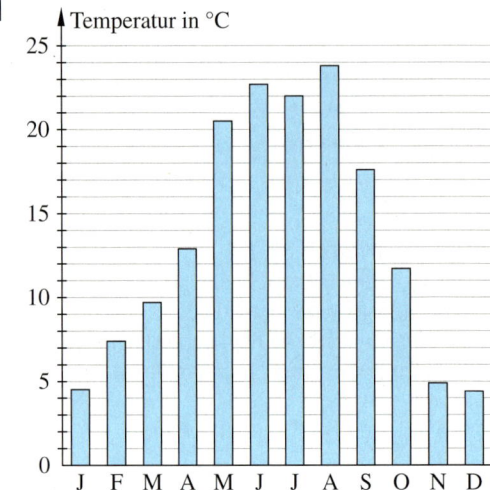

4 a)

Gewicht (in g)	Preis (in €)
100	1,75
200	3,50
300	5,25
400	7,00
500	8,75
600	10,50
700	12,25
800	14,00
900	15,75
1000	17,50

2 a) Die Zeit in Stunden (h) wird der Fläche in Quadratmetern (m^2) zugeordnet:
Zeit → gemähte Rasenfläche

b)

Zeit (in h)	1	2	3	4	5
Fläche (in m²)	500	**1000**	**1500**	**2000**	**2500**

3 a)

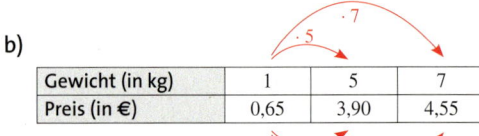

Anzahl der Bagger	1	2	4
Preis (in €)	37 000	74 000	148 000

Zum Doppelten
der Anzahl gehört das
Doppelte des Preises.
Zum Vierfachen der Anzahl gehört das Vierfache des Preises.
Die Zuordnung ist also proportional.

b)

Gewicht (in kg)	1	5	7
Preis (in €)	0,65	3,90	4,55

Da dem Fünffachen
des Gewichts **nicht** das
Fünffache des Preises zugeordnet wird, ist
die Zuordnung nicht proportional.

c)

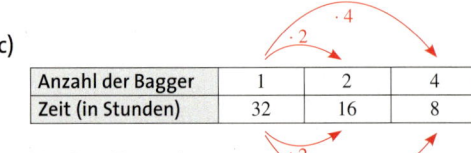

Anzahl der Bagger	1	2	4
Zeit (in Stunden)	32	16	8

Da dem Doppelten
(dem Vierfachen) der
Anzahl die Hälfte (ein Viertel) der Zeit
zugeordnet wird, ist die Zuordnung **nicht**
proportional.

b)

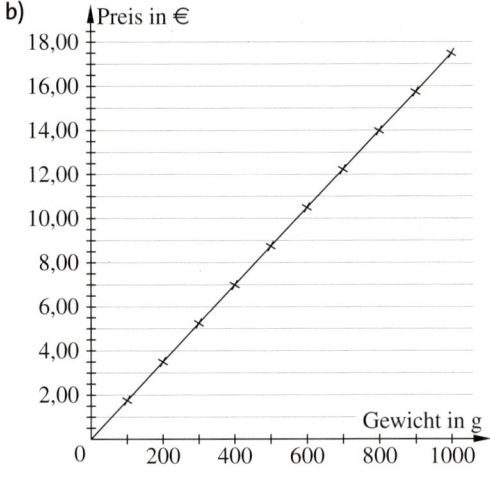

c)

Gewicht (in g)	Preis (in €)
150	ca. 2,63
250	ca. 4,38
350	ca. 6,13
450	ca. 7,88
550	ca. 9,63
650	ca. 11,38
750	ca. 13,13
850	ca. 14,88
950	ca. 16,63

d) 2,3 kg = 2300 g
= 2 · 1000 g + 300 g
Also: Preise aus der Tabelle **a)**:
2 · 17,50 + 5,25 = 40,25
2,3 kg Tee kosten 40,25 €.

5 a)

Gewicht (in kg)	Preis (in €)
1	1,80
6	**10,80**

·6 ... ·6

b)

Anzahl	Preis (in €)
5	7,25
1	**1,45**

:5 ... :5

5 c)

Länge (in m)	Preis (in €)
12	96
1	**8**
7	**56**

: 12 · 7 (links)   : 12 · 7 (rechts)

d)

Strecke (im km)	Verbrauch (in l)
100	7
50	**3,5**
450	**31,5**

: 2 · 9 (links)   : 2 · 9 (rechts)

6 a)

Anzahl	Preis (in €)
3	1,50
1	0,50
7	3,50

: 3 · 7 (links)   : 3 · 7 (rechts)

Die Zuordnung ist proportional.

b)

Anzahl	Zeit (in Tagen)
2	6
1	12

: 2 (links)   · 2 (rechts)

Die Zuordnung ist **nicht** proportional.

c)

Gewicht (in kg)	Preis (in €)
2	1,30
4	2,50 2,60

· 2 (links)   · 2 (rechts)

Die Zuordnung ist **nicht** proportional.

7

Anzahl der Eier	Anzahl der Personen
8	4
1	0,5
10 000	5 000

: 8 · 10 000 (links)   : 8 · 10 000 (rechts)

Von dem Riesenomelett können 5000 Personen essen.

8 a) 17 500 : 2 = 8750

Das Hälfte des Kaufpreises ist 8750 €.
Nach drei Jahren ist das Auto nur noch die Hälfte des Kaufpreises wert.

8 b)

Alter des Autos (in Jahren)	Wertverlust (in €)
1	17 500 − 13 300 = 4200
2	13 300 − 11 375 = 1925
3	11 375 − 8 750 = 2625
4	8 750 − 6 650 = 2100
5	6 650 − 5 075 = 1575
6	5 075 − 3 500 = 1575

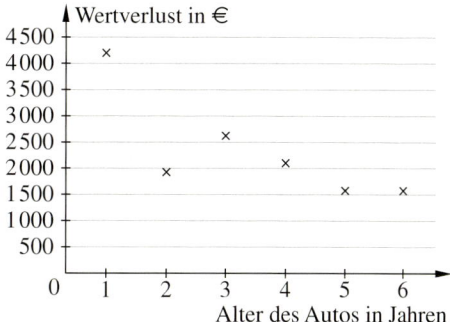

c) Der Wertverlust ist im ersten Jahr am größten.
Im zweiten Jahr verliert das Auto nur 1925 € an Wert.
Im dritten und vierten Jahr ist der Wertverlust wieder größer.
Nach fünf und nach sechs Jahren ist der Wertverlust am geringsten.

9 ① Ⓐ

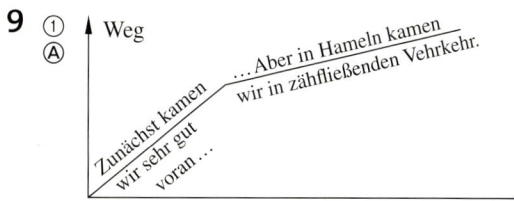

② Ⓑ

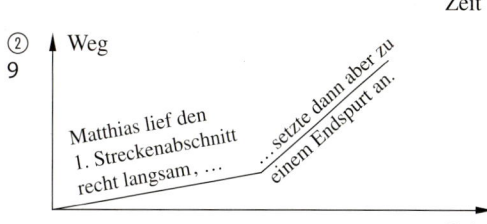

③ Ⓒ

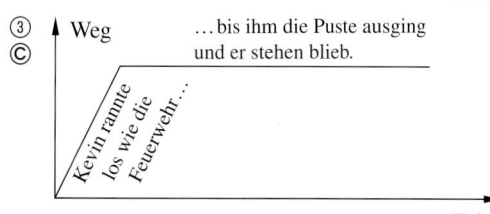

Ⓑ Mehrere Geschichten sind möglich, z. B.:
Nele rannte los. Sie machte eine kleine Pause, um dann wieder mit der gleichen Geschwindigkeit weiterzulaufen.

Brüche addieren und subtrahieren

1 a) $\frac{2}{8} = \frac{2:2}{8:2} = \frac{1}{4}$

b) $\frac{4}{10} = \frac{4:2}{10:2} = \frac{2}{5}$

c) $\frac{12}{16} = \frac{12:4}{16:4} = \frac{3}{4}$

2 a) $\frac{10}{30} = \frac{10:10}{30:10} = \frac{1}{3}$

b) $\frac{8}{20} = \frac{8:4}{20:4} = \frac{2}{5}$

c) $\frac{12}{20} = \frac{12:4}{20:4} = \frac{2}{5}$

d) $\frac{20}{100} = \frac{20:20}{100:20} = \frac{1}{5}$

e) $\frac{10}{35} = \frac{10:5}{35:5} = \frac{2}{7}$

f) $\frac{6}{36} = \frac{6:6}{36:6} = \frac{1}{6}$

3 a) $\frac{3}{4} = \frac{3\cdot3}{4\cdot3} = \frac{9}{12}$

b) $\frac{1}{2} = \frac{1\cdot6}{2\cdot6} = \frac{6}{12}$

c) $\frac{4}{9} = \frac{4\cdot3}{9\cdot3} = \frac{12}{27}$

d) $\frac{7}{8} = \frac{7\cdot4}{8\cdot4} = \frac{28}{32}$

e) $\frac{9}{10} = \frac{9\cdot5}{10\cdot5} = \frac{45}{50}$

f) $\frac{4}{7} = \frac{4\cdot5}{7\cdot5} = \frac{20}{35}$

4 $\frac{1}{2} = \frac{2}{4}$ $\qquad\qquad\qquad \frac{8}{13} = \frac{32}{52}$

$\frac{70}{100} = \frac{7}{10}$ $\qquad\qquad\quad \frac{7}{9} = \frac{14}{18}$

$\frac{3}{5} = \frac{15}{25}$ $\qquad\qquad\quad\; \frac{5}{12} = \frac{25}{60}$

5 a) $\frac{1}{6} < \frac{1}{4}$

b) $\frac{1}{4} < \frac{2}{3}$

c) $\frac{3}{4} > \frac{2}{3}$

d) $\frac{1}{2} > \frac{1}{3}$

e) $\frac{2}{3} < \frac{5}{6}$

f) $\frac{5}{6} > \frac{1}{4}$

6 Niclas:
2 von 5 Elfmetern: $\frac{2}{5} = \frac{2\cdot8}{5\cdot8} = \frac{16}{40}$

Dimitri
3 von 8 Elfmetern: $\frac{3}{8} = \frac{3\cdot5}{3\cdot5} = \frac{15}{40}$

Da $\frac{16}{40} > \frac{15}{40}$, war Niclas erfolgreicher beim Elfmeterhalten.

7 a) $\frac{3}{4} > \frac{1}{4}$

b) $\frac{6}{7} > \frac{4}{7}$

c) $\frac{5}{4} = 1\frac{1}{4}$

d) $\frac{7}{10} > \frac{3}{5}$, da $\frac{7}{10} > \frac{6}{10}$

e) $\frac{2}{9} < \frac{1}{3}$, da $\frac{2}{9} < \frac{3}{9}$

f) $\frac{9}{16} < \frac{5}{8}$, da $\frac{9}{16} < \frac{20}{16}$

8 a)

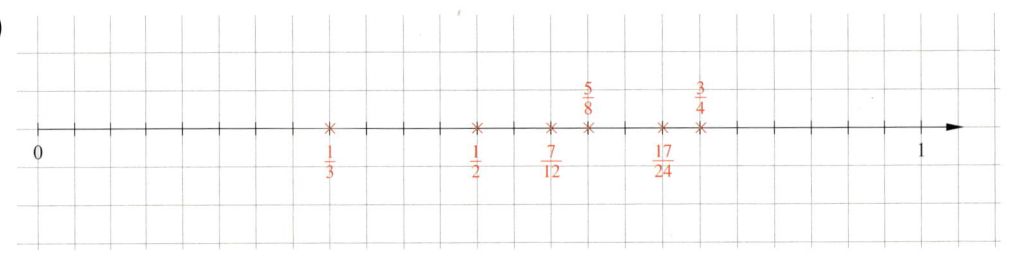

b)

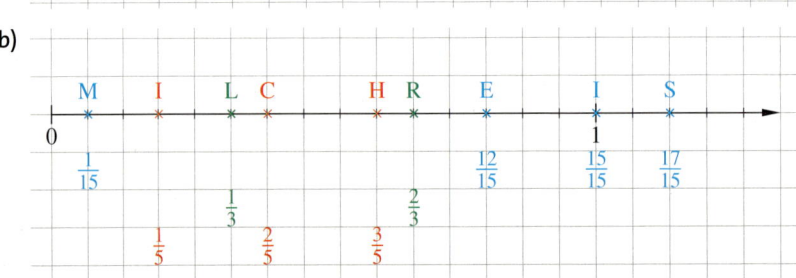

9 a) $\frac{3}{8} < \frac{3}{4} < 1\frac{1}{8} < \frac{5}{4} < 1\frac{5}{8} < 2\frac{1}{4}$

da $\frac{3}{8} < \frac{6}{8} < \frac{9}{8} < \frac{10}{8} < \frac{13}{8} < \frac{18}{8}$

b) $\frac{1}{100} < \frac{1}{10} < \frac{1}{4} < \frac{1}{2} < \frac{2}{3} < 3\frac{1}{5}$

da $\frac{3}{300} < \frac{30}{300} < \frac{75}{300} < \frac{150}{300} < \frac{200}{300} < \frac{960}{300}$

10 a) $\frac{1}{2} + \frac{3}{4} = \frac{2}{4} + \frac{3}{4} = \frac{5}{4} = 1\frac{1}{4}$

b) $\frac{1}{4} + \frac{5}{8} = \frac{2}{8} + \frac{5}{8} = \frac{7}{8}$

c) $\frac{1}{2} + \frac{7}{8} = \frac{4}{8} + \frac{7}{8} = \frac{11}{8} = 1\frac{3}{8}$

d) $\frac{3}{4} - \frac{1}{2} = \frac{3}{4} - \frac{2}{4} = \frac{1}{4}$

e) $\frac{7}{8} - \frac{3}{4} = \frac{7}{8} - \frac{6}{8} = \frac{1}{8}$

f) $\frac{5}{5} - \frac{1}{2} = 1 - \frac{1}{2} = \frac{1}{2}$

11 a)

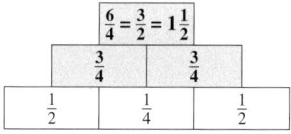

b)

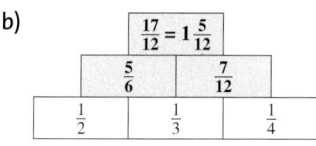

c)

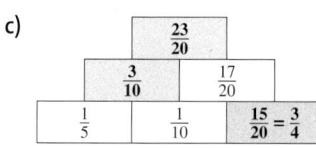

12 a) $1\frac{1}{2} + 1\frac{1}{4} = 2\frac{2+1}{4} = 2\frac{3}{4}$

b) $2\frac{3}{8} + 1\frac{1}{2} = 3\frac{3+4}{8} = 3\frac{7}{8}$

c) $5\frac{3}{4} + 3\frac{5}{6} = 8\frac{9+10}{12} = 8\frac{19}{12} = 9\frac{7}{12}$

d) $3\frac{3}{4} - 1\frac{1}{2} = \frac{15}{4} - \frac{3}{2} = \frac{15-6}{4} = \frac{9}{4} = 2\frac{1}{4}$

e) $5\frac{7}{8} - 3\frac{3}{4} = \frac{47}{8} - \frac{15}{4} = \frac{47-30}{8} = \frac{17}{8} = 2\frac{1}{8}$

f) $2\frac{5}{6} - 1\frac{2}{3} = \frac{17}{6} - \frac{5}{3} = \frac{17-10}{6} = \frac{7}{6} = 1\frac{1}{6}$

13 a) $\frac{2}{3} + \frac{1}{6} > \frac{3}{4} - \frac{3}{8}$

da $\frac{5}{6} = \frac{20}{24} > \frac{9}{24} = \frac{3}{8}$

b) $\frac{1}{2} - \frac{1}{8} < \frac{2}{5} + \frac{3}{10}$

da $\frac{3}{8} = \frac{15}{40} < \frac{28}{40} = \frac{7}{10}$

c) $\frac{4}{9} + \frac{3}{18} > \frac{17}{18} - \frac{2}{3}$

da $\frac{11}{18} > \frac{5}{18}$

d) $\frac{1}{5} + \frac{2}{10} > \frac{2}{7} + \frac{1}{14}$

da $\frac{2}{5} = \frac{28}{70} > \frac{25}{70} = \frac{5}{14}$

e) $\frac{2}{3} - \frac{1}{6} > \frac{9}{16} - \frac{4}{8}$

da $\frac{1}{2} = \frac{8}{16} > \frac{1}{16}$

f) $\frac{12}{15} - \frac{2}{5} > \frac{1}{4} + \frac{1}{8}$

da $\frac{2}{5} = \frac{16}{40} > \frac{15}{40} = \frac{3}{8}$

14 a) $21\frac{1}{2} + 26\frac{3}{4} + 25\frac{1}{4} + 22\frac{1}{2}$

$= 94\frac{2+3+1+2}{4} = 94\frac{8}{4} = 96$

Familie Friedrich ist 96 km gewandert.

$228 - 96 = 132$ km

Bis zum Ziel sind es noch 132 km.

b) $11\frac{3}{4} + 2\frac{1}{2} = 13\frac{3+2}{4} = 13\frac{5}{4} = 14\frac{1}{4}$

Jan ist $14\frac{1}{4}$ Jahre alt.

$14\frac{1}{4} - 1\frac{1}{4} = 13$

Michael ist 13 Jahre alt.

Dreiecke und Vierecke

1

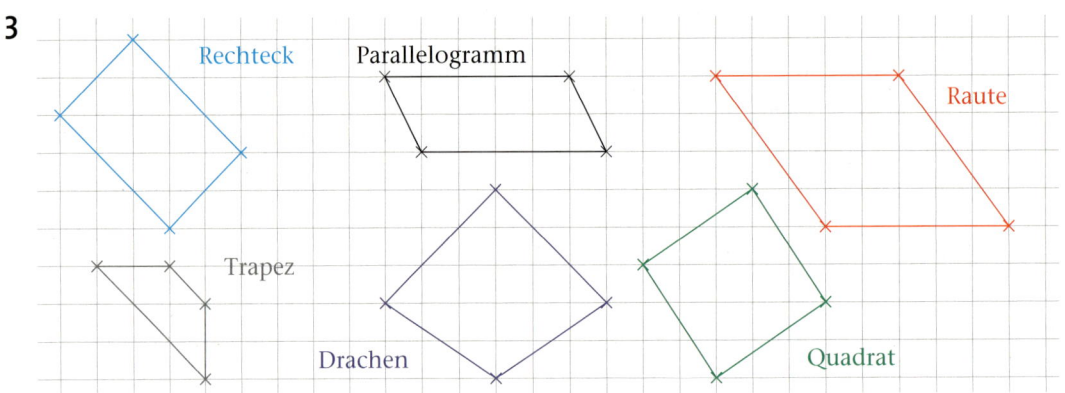

2 a) ① gleichschenkliges Dreieck
② gleichschenkliges Dreieck
③ gleichschenkliges Dreieck

b) ① spitzwinkliges Dreieck
② rechtwinkliges Dreieck
③ rechtwinkliges Dreieck

3

4 a) | Das Trapez… | hat genau zwei zueinander parallele Seiten.

b) | Das Quadrat… | | Das Rechteck… | hat zwei zueinander senkrechte Seiten.

c) | Das Quadrat… | | Die Raute… | hat vier gleich lange Seiten.

d) **Keins der Vierecke**… hat genau ein Paar gleich langer Seiten.

e) | Das Quadrat… | | Das Rechteck… | | Das Parallelogramm… | | Die Raute… | hat zwei Paare zueinander paralleler Seiten.

5 Es gibt mehrere Möglichkeiten, z. B. so:

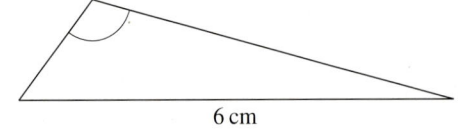

6 a) Es gibt mehrere Möglichkeiten, z. B.

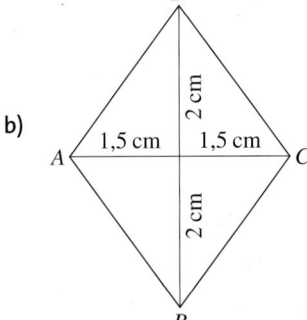

b)

192

7 a) falsch
       Gegenbeispiel:
   b) richtig
   c) falsch
       Gegenbeispiel:
       z. B. ein Drachenviereck
   d) richtig

8 a) Es ist kein Drachenviereck, da das Viereck
       nicht zwei Paare gleich langer benachbarter
       Seiten hat.
   b) Es ist kein Drachenviereck, da das Viereck
       nicht zwei Paare gleich langer benachbarter
       Seiten hat.
   c) Es ist ein Drachenviereck.
   d) Es ist ein Drachenviereck, sogar eine Raute.

9 a) $49° + 31° + \gamma = 180°$
       $ 80° + \gamma = 180°$
       also $\gamma = 100°$
   b) $\alpha + 21{,}5° + 93° = 180°$
       $\alpha + 114{,}5° = 180°$
       also $\alpha = 65{,}5°$
   c) $20° + \beta + 3\beta = 180°$
       $20° + 4\beta = 180°$
       also $\beta = 40°$

10 a) $60° + 100° + 120° + \delta = 360°$
       $ 280° + \delta = 360°$
       also $\delta = 80°$
   b) $\alpha + 30° + 105° + 120° = 360°$
       $\alpha + 255° = 360°$
       also $\alpha = 105°$
   c) $140° + \beta + 99° + 31° = 360°$
       $ \beta + 270° = 360°$
       also $\beta = 90°$
   d) $90° + 72° + \gamma + 90° = 360°$
       $ 252° + \gamma = 360°$
       also $\gamma = 108°$
   e) $\alpha + 39° + 99° + 39° = 360°$
       $\alpha + 177° = 360°$
       also $\alpha = 183°$
   f) $70° + \beta + 70° + \delta = 360°$
       $ \beta + 140° + \delta = 360°$
       also $\beta = \delta = 110°$

11 a) $\alpha = \beta = 72°$
       $72° + 72° + \gamma = 180°$
       $144° + \gamma = 180°$
       also $\gamma = 36°$
   b) $\beta = \gamma = 67°$
       $\alpha + 67° + 67° = 180°$
       $\alpha + 134° = 180°$
       also $\alpha = 46°$
   c) $\alpha = \beta$
       $\alpha + \beta + 58° = 180°$
       $\alpha + \beta = 122°$
       also $\alpha = \beta = 61°$
   d) $\alpha = \beta$
       $\alpha + \beta + 100° = 180°$
       $\alpha + \beta = 80°$
       also $\alpha = \beta = 40°$

12 a) $68° + 74° + 106° + \delta = 360°$
       $ 248° + \delta = 360°$
       also $\delta = 112°$
   b) Da im Parallelogramm gegenüberliegende
       Winkel gleich groß sind, gilt:
       $ \alpha = \gamma' \quad$ und $\quad \delta = \beta'$
       also $\quad \gamma' = 68° \quad$ und $\quad \beta' = 112°$

13 Da das Trapez gleichschenklig ist gilt:
   $\alpha = \beta \quad$ und $\quad \gamma = \delta$
   Man kann also die mithilfe der Winkelsumme
   im Viereck die fehlenden Winkel berechnen.
   a) $\gamma + \delta = 360° - 47° - 47°$
       $\gamma + \delta = 266°$
       $ $ also $\gamma = \delta = 133°$
   b) $\gamma + \delta = 360° - 58° - 58°$
       $\gamma + \delta = 244°$
       $ $ also $\gamma = \delta = 122°$
   c) $\gamma + \delta = 360° - 39{,}6° - 39{,}6°$
       $\gamma + \delta = 280{,}8°$
       $ $ also $\gamma = \delta = 140{,}4°$
   d) $\gamma + \delta = 360° - 53{,}2° - 53{,}2°$
       $\gamma + \delta = 253{,}6°$
       $ $ also $\gamma = \delta = 126{,}8°$

Brüche und Dezimalzahlen multiplizieren und dividieren

1 $\frac{1}{6} \cdot 6 = \frac{1 \cdot \overset{1}{6}}{\underset{1}{6}} = \frac{1}{1} = 1$

$\frac{5}{24} \cdot 6 = \frac{5 \cdot \overset{1}{6}}{\underset{4}{24}} = \frac{5}{4} = 1\frac{1}{4}$

$\frac{2}{3} \cdot 6 = \frac{2 \cdot \overset{2}{6}}{\underset{1}{3}} = \frac{4}{1} = 4$

$\frac{8}{9} \cdot 6 = \frac{8 \cdot \overset{2}{6}}{\underset{3}{9}} = \frac{16}{3} = 5\frac{1}{3}$

$\frac{4}{5} \cdot 6 = \frac{4 \cdot 6}{5} = \frac{24}{5} = 4\frac{4}{5}$

$3\frac{5}{8} \cdot 6 = \frac{29}{8} \cdot 6 = \frac{29 \cdot \overset{3}{6}}{\underset{4}{8}} = \frac{87}{4} = 21\frac{3}{4}$

2 a) $\frac{1}{3} \cdot \frac{1}{2} = \frac{1 \cdot 1}{3 \cdot 2} = \frac{1}{6}$ b) $\frac{1}{5} \cdot \frac{4}{9} = \frac{1 \cdot 4}{5 \cdot 9} = \frac{4}{45}$

c) $\frac{3}{8} \cdot \frac{2}{3} = \frac{\overset{1}{3} \cdot \overset{1}{2}}{\underset{4}{8} \cdot \underset{1}{3}} = \frac{1}{4}$ d) $\frac{4}{9} \cdot \frac{3}{8} = \frac{\overset{1}{4} \cdot \overset{1}{3}}{\underset{3}{9} \cdot \underset{2}{8}} = \frac{1}{6}$

e) $1\frac{1}{8} \cdot \frac{3}{5} = \frac{9}{8} \cdot \frac{3}{5} = \frac{9 \cdot 3}{8 \cdot 5} = \frac{27}{40}$

f) $2\frac{1}{5} \cdot 2\frac{7}{9} = \frac{11}{5} \cdot \frac{25}{9} = \frac{11 \cdot \overset{5}{25}}{\underset{1}{5} \cdot 9} = \frac{55}{9} = 6\frac{1}{9}$

3 a)

·	2	4	5	8	10
$\frac{1}{5}$	$\frac{2}{5}$	$\frac{4}{5}$	1	$\frac{8}{5} = 1\frac{3}{5}$	2
$\frac{7}{12}$	$\frac{7}{6} = 1\frac{1}{6}$	$\frac{7}{3} = 2\frac{1}{3}$	$\frac{35}{12} = 2\frac{11}{12}$	$\frac{14}{3} = 4\frac{2}{3}$	$\frac{35}{6} = 5\frac{5}{6}$
$1\frac{1}{2}$	3	6	$\frac{15}{2} = 7\frac{1}{2}$	12	15

b)

·	$\frac{1}{2}$	$\frac{1}{4}$	$\frac{2}{3}$	$\frac{4}{5}$	$\frac{4}{9}$
$\frac{1}{6}$	$\frac{1}{12}$	$\frac{1}{24}$	$\frac{1}{9}$	$\frac{2}{15}$	$\frac{2}{27}$
$\frac{4}{5}$	$\frac{2}{5}$	$\frac{1}{5}$	$\frac{8}{15}$	$\frac{16}{25}$	$\frac{16}{45}$
$2\frac{1}{4}$	$\frac{9}{8} = 1\frac{1}{8}$	$\frac{9}{16}$	$\frac{3}{2} = 1\frac{1}{2}$	$\frac{9}{5} = 1\frac{4}{5}$	1

4 a) $\frac{1}{3} : 5 = \frac{1}{3 \cdot 5} = \frac{1}{15}$ b) $\frac{3}{5} : 7 = \frac{3}{5 \cdot 7} = \frac{3}{35}$

c) $\frac{4}{9} : 8 = \frac{\overset{1}{4}}{9 \cdot \underset{2}{8}} = \frac{1}{18}$

d) $2\frac{4}{5} : 7 = \frac{14}{5} : 7 = \frac{\overset{2}{14}}{5 \cdot \underset{1}{7}} = \frac{2}{5}$

5 a) $\frac{3}{8} : 3 = \frac{\overset{1}{3}}{8 \cdot \underset{1}{3}} = \frac{1}{8}$ b) $\frac{9}{11} : 3 = \frac{\overset{3}{9}}{11 \cdot \underset{1}{3}} = \frac{3}{11}$

c) $\frac{1}{4} : 3 = \frac{1}{4 \cdot 3} = \frac{1}{12}$ d) $\frac{2}{5} : 4 = \frac{\overset{1}{2}}{5 \cdot \underset{2}{4}} = \frac{1}{10}$

e) $2\frac{3}{4} : 6 = \frac{11}{4} : 6 = \frac{11}{4 \cdot 6} = \frac{11}{24}$

f) $3\frac{4}{7} : 15 = \frac{25}{7} : 15 = \frac{\overset{5}{25}}{7 \cdot \underset{3}{15}} = \frac{5}{21}$

6 $\frac{1}{2} : 2 = \frac{1}{2 \cdot 2} = \frac{1}{4}$ $\frac{3}{4} : 2 = \frac{3}{4 \cdot 2} = \frac{3}{8}$

7 $31 \cdot \frac{3}{4} = \frac{31 \cdot 3}{4} = \frac{93}{4} = 23\frac{1}{4}$

Der Schüler hat $23\frac{1}{4}$ Zeitstunden Unterricht.

8 a) $\frac{3}{4}$ von $12\frac{1}{2}$ bedeutet:

$\frac{3}{4} \cdot 12\frac{1}{2} = \frac{3}{4} \cdot \frac{25}{2} = \frac{3 \cdot 25}{4 \cdot 2} = \frac{75}{8} = 9\frac{3}{8}$

Es sind bereits $9\frac{3}{8}$ km fertiggestellt.

b) $12\frac{1}{2} - 9\frac{3}{8} = \frac{25}{2} - \frac{75}{8} = \frac{100 - 75}{8} = \frac{25}{8} = 3\frac{1}{8}$

Es fehlen noch $3\frac{1}{8}$ km.

9

	Ergebnis	Überprüfung
a)	9,275	Überschlag: 8 + 1 = 9
b)	12,96	Überschlag: 8 + 5 = 13
c)	17,74	Überschlag: 24 − 6 = 18
d)	3,1125	Überschlag: 41 − 38 = 3
e)	10,26	Überschlag: 3 · 3 = 9
f)	1,0625	Überschlag: 9 · 0,1 = 0,9
g)	0,6	Umkehrrechnung: 0,6 · 6 = 3,6
h)	0,175	Umkehrrechnung: 0,175 · 8 = 1,4

10 $2,25 \cdot 4\frac{3}{4} = 2,25 \cdot 4,75 = 10,6875 \approx 10,7$

Das Bild des Käfers ist ungefähr 10,7 cm groß.

11

Rechnung	
4 Zündkerzen à 2,85 € _____	11,40 €
4 Dichtungen à 0,25 € _____	1,00 €
10 l Motoröl à 11,25 € _____	112,50 €
2,5 Arbeitsstunden à 40,50 €/h _____	101,25 €
Gesamtsumme _____	226,15 €

12 $125\,\text{g} = 0,125\,\text{kg}$ $\frac{1}{4}\,\text{kg} = 0,25\,\text{kg}$
$0,125 \cdot 12 + 0,25 \cdot 12,5 + 1,05 \cdot 13,80$
$= \quad 1,5 \quad + \quad 3,125 \quad + \quad 14,49$
$= 19,115 \approx 19,12$
Er muss für seinen Einkauf insgesamt 19,12 € bezahlen, also reichen 20 €.

+13 a) $\frac{2}{9} : \frac{4}{27} = \frac{2}{9} \cdot \frac{27}{4} = \frac{\overset{1}{2} \cdot \overset{3}{27}}{\underset{1}{9} \cdot \underset{2}{4}} = \frac{3}{2} = 1\frac{1}{2}$

b) $1\frac{1}{2} : 3 = \frac{3}{2} : 3 = \frac{3}{2} \cdot \frac{1}{3} = \frac{\overset{1}{3} \cdot 1}{2 \cdot \underset{1}{3}} = \frac{1}{2}$

c) $\quad 2,25 : 2,5 = 0,9$
$\quad\; \downarrow \cdot 10 \quad \downarrow \cdot 10$
da $22,5 : 25 = 0,9$

d) $\quad 8,575 : 2,45 = 3,5$
$\quad\; \downarrow \cdot 10 \quad \downarrow \cdot 10$
da $857,5 : 245 = 3,5$

+14 $10\frac{1}{2} : \frac{1}{3} = \frac{21}{2} : \frac{1}{3} = \frac{21}{2} \cdot \frac{3}{1} = \frac{21 \cdot 3}{2 \cdot 1} = \frac{63}{2} = 31\frac{1}{2}$

In einer Minute werden $31\frac{1}{2}$ Flaschen abgefüllt.

$31\frac{1}{2} \cdot 60 = \frac{63}{2} \cdot 60 = \frac{63 \cdot \overset{30}{60}}{\underset{1}{2}} = \frac{1890}{1} = 1890$

In einer Stunde werden 1890 Flaschen abgefüllt.

Prozentrechnung

1

Dezimalzahl	0,25	0,87	0,45	0,56	0,02	0,03	0,045
Hundertstelbruch	$\frac{25}{100}$	$\frac{87}{100}$	$\frac{45}{100}$	$\frac{56}{100}$	$\frac{2}{100}$	$\frac{3}{100}$	$\frac{45}{1000}$
Prozent	25%	87%	45%	56%	2%	3%	4,5%

2 Klasse 7a
12 von $20 = \frac{12}{20} = \frac{60}{100} = 60\%$
Klasse 7b
14 von $25 = \frac{14}{25} = \frac{56}{100} = 56\%$
Klasse 7c
10 von $16 = 10 : 16 = 0,625 = 62,5\%$
Der prozentuale Anteil von Schülern mit Handy
ist in der Klasse 7c mit 62,5% am höchsten,
in der Klasse 7b mit 56% am kleinsten.

3 a) 3 von $5 = \frac{3}{5} \overset{\cdot 20}{=} \frac{60}{100} = 60\%$

b) 6 von $10 = \frac{6}{10} \overset{\cdot 10}{=} \frac{60}{100} = 60\%$

c) 1 von $4 = \frac{1}{4} \overset{\cdot 25}{=} \frac{25}{100} = 25\%$

d) 3 von $10 = \frac{3}{10} \overset{\cdot 10}{=} \frac{30}{100} = 30\%$

e) 9 von $12 = \frac{9}{12} \overset{:3}{=} \frac{3}{4} \overset{\cdot 25}{=} \frac{75}{100} = 75\%$

f) 6 von $24 = \frac{6}{24} \overset{:6}{=} \frac{1}{4} \overset{\cdot 25}{=} \frac{25}{100} = 25\%$

4 a) gegeben: Prozentsatz $p\% = 60\%$
          Grundwert $G = 25$ Schüler
   gesucht: Prozentwert W
          $0,60 \cdot 25 = 15$
   15 Schüler fahren mit dem Bus,
   10 Schüler fahren nicht mit dem Bus.
b) $6 + 18 = 24$
   24 Schüler gehen in die Klasse 7b.
   gegeben: Prozentwert $W = 6$
          Grundwert $G = 24$ Schüler
   gesucht: Prozentsatz $p\%$
          $6 : 24 = 0,25 = 25\%$
   25% der Schüler fahren mit dem Bus.
c) $100\% - 70\% = 30\%$
   30% der Schüler fahren nicht mit dem Bus.
   gegeben: Prozentsatz $p\% = 30\%$
          Grundwert $G = 30$ Schüler
   gesucht: Prozentwert W
          $0,3 \cdot 30 = 9$
   9 Schüler fahren nicht mit dem Bus.

5 a) 1 m von 100 m $= 1 : 100 = 0,01 = 1\%$
b) 17 m von 100 m $= 17 : 100 = 0,17 = 17\%$
c) 3 kg von 300 kg $= 3 : 300 = 0,01 = 1\%$
d) 63 kg von 300 kg $= 63 : 300 = 0,21 = 21\%$
e) 500 t von $1\,000$ t $= 500 : 1000 = 0,50 = 50\%$
f) 15 € von 300 € $= 15 : 300 = 0,05 = 5\%$
g) 2 von 200 Büchern $= 2 : 200 = 0,01 = 1\%$
h) 40 von 200 Büchern $= 40 : 200 = 0,20 = 20\%$

6

Grundwert G	200 l	30 cm	1300 kg	1200 h
Prozentsatz p%	3%	5%	15%	37,5%
Prozentwert W	6 l	1,5 cm	195 kg	450 h

Grundwert G	40 cm	144 kg	24 s
Prozentsatz p%	5,1%	15%	18,75%
Prozentwert W	2,04 cm	21,6 kg	4,5 s

7

	von ...	5%	10%	25%	75%
a)	800 m	40 m	80 m	200 m	600 m
b)	2 400 m²	120 m²	240 m²	600 m²	1800 m²
c)	6 km	0,3 km	0,6 km	1,5 km	4,5 km
d)	3 600 m²	180 m²	360 m²	900 m²	2700 m²
e)	8 kg	0,4 kg	0,8 kg	2 kg	6 kg
f)	5 320 min	266 min	532 min	1330 min	3990 min

g) Der Prozentwert verdoppelt, verdreifacht, ...
   sich ebenfalls, wenn man den Prozentsatz
   verdoppelt, verdreifacht, ...

8 a) 12% von 24 Mitschülern sind
   $0,12 \cdot 24 = 2,88$ Mitschüler.
   Das ist keine sinnvolle Angabe, da die
   Anzahl der Mitschüler eine natürliche Zahl
   sein muss.
b) Er könnte z.B. 3 Mitschüler gemeint haben,
   da $2,88 \approx 3$ sind.
   Das sind $3 : 24 = 0,125 = 12,5\%$ aller Mitschüler.

9

alter Preis	Nachlass		alter Preis	Nachlass
17,20 €	4,30 €		35,80 €	8,95 €
19,40 €	4,85 €		9,80 €	2,45 €
24,48 €	6,12 €		5,96 €	1,49 €

10 a) gegeben: Grundwert $G = 120$ Schüler
          Prozentwert $W = 45$ Schüler
b) gesucht: Prozentsatz $p\%$
          $45 : 120 = 0,375 = 37,5\%$
   Es sind 37,5% der Schüler in einer AG.

11 a) 108 Räder ohne Mängel
   162 Räder mit fehlerhaften Bremsen
   126 Räder mit fehlerhafter Beleuchtung
b) Zusammen ergeben die Prozentsätze 110%.
   Der Prozentsatz aller untersuchten Fahrräder
   sind aber nur 100%.
   110% bedeutet, dass bei einigen Fahrrädern
   mehrere Mängel gleichzeitig auftraten.

Daten und Zufall

1

Haustiere	Anzahl der Nennungen
Nagetiere	21
Fische	8
Vögel	16
Katzen	26
Hunde	29

2

Haustiere	absolute Häufigkeit	relative Häufigkeit
Nagetiere	21	$\frac{21}{100} = 0,21 = 21\%$
Fische	8	$\frac{8}{100} = 0,08 = 8\%$
Vögel	16	$\frac{16}{100} = 0,16 = 16\%$
Katzen	26	$\frac{26}{100} = 0,26 = 26\%$
Hunde	29	$\frac{29}{100} = 0,29 = 29\%$

Am beliebtesten sind Hunde.
Am unbeliebtesten sind Fische.

3 a) Am häufigsten kaufen die Tierbesitzer das Futter in **Verbrauchermärkten**.
b) Ungefähr ein Viertel der Tierbesitzer kaufen das Futter in **SB-Warenhäuser**.
c) In Drogeriemärkte gehen ein paar mehr Tierbesitzer einkaufen als in **Supermärkten**.

4

Urlaubsland	Häufigkeit	Anteil
Italien	2	**13,3 %**
Türkei	3	**20 %**
Deutschland	4	**26,7 %**
Spanien	6	**40 %**

5 a) Es ist ein Zufallsexperiment.
Mögliche Ergebnisse: Wappen oder Zahl
b) Es ist ein Zufallsexperiment.
Mögliche Ergebnisse:
z. B. blau, grün, gelb, rot
c) Es ist kein Zufallsexperiment, da das Volumen eines Quaders nicht vom Zufall abhängt.
d) Es ist kein Zufallsexperiment, da deine nächste Klassenarbeit nicht vom Zufall abhängt.

6 Es gibt mehrere Möglichkeiten, z. B.:
a) Es ist sicher, …
– beim Würfeln eine Zahl kleiner als 7 zu würfeln,
– dass eine geworfene Münze auch wieder herunter kommt,
– dass eine Münze entweder Wappen oder Zahl zeigt.

b) Es ist kaum wahrscheinlich, …
– dass im Sommer in der Türkei Schnee fällt,
– im Lotto zu gewinnen,
– dass du 6 mal hintereinander eine 6 würfelst.

7

Farbe	grün	gelb	blau	rot
Häufigkeit	24	76	60	40
relative Häufigkeit	$\frac{24}{200}$ $= 12\%$	$\frac{76}{200}$ $= 38\%$	$\frac{60}{200}$ $= 30\%$	$\frac{40}{200}$ $= 20\%$

8

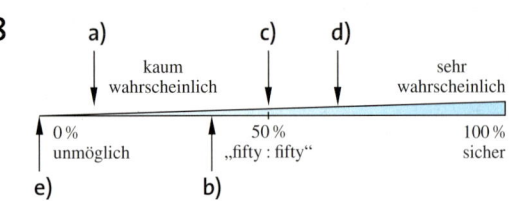

9 Es gibt mehrere Möglichkeiten, zum Beispiel:

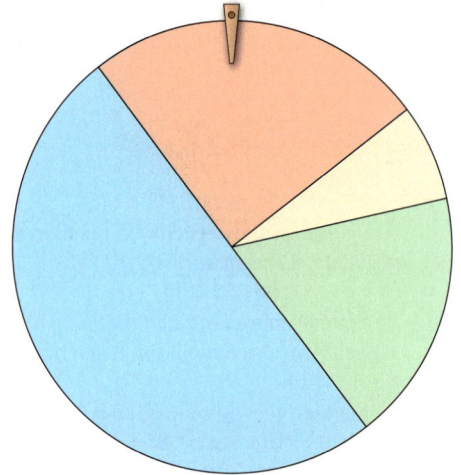

10

Würfel mit …	6 Flächen	8 Flächen	12 Flächen
Wahrscheinlichkeit eine „1" zu werfen	$\frac{1}{6}$	$\frac{1}{8}$	$\frac{1}{12}$
Wahrscheinlichkeit eine „6" zu werfen	$\frac{1}{6}$	$\frac{1}{8}$	$\frac{1}{12}$
Wahrscheinlichkeit eine „8" zu werfen	0	$\frac{1}{8}$	$\frac{1}{12}$
Wahrscheinlickeit eine „12" zu werfen	0	0	$\frac{1}{12}$

Terme und Gleichungen

1 a)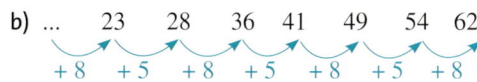

...   36   47   58   69   80

$+11$ $+11$ $+11$ $+11$ $+11$

Die Zahlenfolge beginnt mit der 3.
Bei jedem Schritt wird die Zahl 11 addiert.

b) ...   23   28   36   41   49   54   62

$+8$ $+5$ $+8$ $+5$ $+8$ $+5$ $+8$

Die Zahlenfolge beginnt mit der 2.
Bei jedem Schritt werden abwechselnd die
Zahlen 8 und 5 addiert.

2 a) $5 + 3 \cdot 5 = 20$
b) $0,5 \cdot 5 + 2 \cdot 3 = 8,5$
c) $7 \cdot 3 - 5 \cdot 5 = -4$
d) $0,75 \cdot 3 + 3,5 = 5,75$

3 a) $a + a + a + a + a = 5 \cdot a$
b) $c + d + c + c + d + d - c + d = 2 \cdot c + 4 \cdot d$
c) $6 \cdot a + 13 \cdot a + 12 \cdot a = 31 \cdot a$
d) $23 \cdot x - 16 + 2 \cdot x = 25 \cdot x - 16$
e) $5 \cdot c - 7 \cdot c + 4 + 5 \cdot c - a = -a + 3 \cdot c + 4$
f) $8 \cdot x - 7,6 \cdot y + 4,8 \cdot x = 12,8 \cdot x - 7,6 \cdot y$
g) $3,5 \cdot a + 12,5 \cdot b - 0,5 \cdot a - 2,5 \cdot b$
$= 3 \cdot a + 10 \cdot b$

4
$\boxed{2 \cdot x + 2} = \boxed{5 \cdot x + 2 - 3 \cdot x}$
$\boxed{-2 \cdot x - 3} = \boxed{-x - 2 - x - 1}$
$\boxed{-2 \cdot x - 3} = \boxed{10 \cdot x - 6 - 8 \cdot x + 3 - 4 \cdot x}$
$\boxed{2 \cdot x} = \boxed{x + x}$
$\boxed{2 \cdot x} = \boxed{5 \cdot x - 3 \cdot x - 16 + 14 + 2}$
$\boxed{x} = \boxed{22 \cdot x + 13 - 21 \cdot x - 13}$
$\boxed{x} = \boxed{15 + 3 \cdot x - 2 - 13 - 2 \cdot x}$

Kein weiterer Term passt zu der Karte
$\boxed{15 \cdot x - 14 - 12 \cdot x + 16} = 3 \cdot x + 2$

5 a) Clara: x Sophie: $x + 1,25$
b) Hanna: x Hannas Oma: $5,5 \cdot x$
c) Anzahl der SMS: x
Anzahl der Telefonminuten: y
$0,09 \cdot x + 0,22 \cdot y + 5$

6 a)

Stufe	Anzahl der Streichhölzer
1	4
2	$4 + 3 = 7$
3	$4 + 3 + 3 = 10$
4	$4 + 3 + 3 + 3 = 13$
5	$4 + 3 + 3 + 3 + 3 = 16$

b) Man beginnt mit 4 Streichhölzern.
Bei jeder Stufe kommen 3 Streichhölzer
hinzu.
c) Bei der 20. Stufe werden 61 Streichhölzer
benötigt.

7 a)
① $\boxed{10 \cdot x}$ b) $u = 10 \cdot 5 = 50\,[\text{cm}]$
② $\boxed{2 \cdot x + 16}$ $u = 2 \cdot 5 + 16 = 26\,[\text{cm}]$
③ $\boxed{3 \cdot x + 3}$ $u = 3 \cdot 5 + 3 = 18\,[\text{cm}]$
④ $\boxed{3 \cdot x + 13}$ $u = 3 \cdot 5 + 13 = 28\,[\text{cm}]$
⑤ $\boxed{3 \cdot x + 11}$ $u = 3 \cdot 5 + 11 = 26\,[\text{cm}]$

8 a) $x + x + x + y + x + x + x + y = 6 \cdot x + 2 \cdot y$
b) $6 \cdot 0,65 + 2 \cdot 1,25 = 6,4$
Man benötigt 6,40 m Schmuckleiste.

9 a) $a + b + a + b + c + b + c + b + c + a + c + a$
$= 4 \cdot a + 4 \cdot b + 4 \cdot c$
b) $4 \cdot a + 4 \cdot b + 4 \cdot c + 30$
c) $4 \cdot 20 + 4 \cdot 40 + 4 \cdot 15 + 30$
$= 80 + 160 + 60 + 30 = 330$
Man benötigt 330 cm Geschenkband.

10 a) $2 \cdot x + 4 \cdot y$
b) Gesamtanzahl der Hühner und Kühe auf
dem Bauernhof
c) $2 \cdot x + 4 \cdot y = 20$
Es gibt verschiedene Lösungsmöglichkeiten,
z. B. $2 \cdot 4 + 4 \cdot 3 = 20$
also 4 Hühner und 3 Kühe
z. B. $2 \cdot 8 + 4 \cdot 1 = 20$
also 8 Hühner und 1 Kuh

11 a)

x	1	5	10	24
$x + 25$	26	30	35	49

Lösung der Gleichung: $x = 5$

b)

x	1	5	10	24
$11 \cdot x$	11	55	110	264

Lösung der Gleichung: $x = 10$

c)

x	1	5	10	24
$3,5 + x$	4,5	8,5	13,5	27,5

Lösung der Gleichung: $x = 1$

d)

x	1	5	10	24
$x : 5$	0,2	1	2	4,8

Lösung der Gleichung: $x = 24$

12 a) $x = 76$ b) $x = 82$ c) $x = 13$
d) $x = 156$ e) $x = 170$ f) $x = 7$
g) $x = 2,5$ h) $x = 5,6$

13 a) $8 \cdot x - 10 = 22$ $x = 4$
b) $2 \cdot x + 10 = 14$ $x = 2$
c) $5 \cdot x + 9 = 19$ $x = 2$
d) $x \cdot 2 = 0$ $x = 0$

Stichwortverzeichnis

Bildverzeichnis

Titel Corbis/BreBa/beyond; **5/1** Karl-Heinz Oster, Düsseldorf; **6/1** Fotolia/GoodMood Photo; **8/1** Peter Wirtz, Dormagen; **18/1** fotofinder/Stockmaritim/Manfred Bail; **21/1** Wasserverband Eifel-Rur; **25/1** Picture Press/Bert Spangemacher; **27/1** Fotolia/fotoping; **29/1** masterfile (Matt Brasier); **34/1** Cornelsen Schulverlage; **35/1** Cornelsen Schulverlage; **36/1** iStockphoto/Terraxplorer; **36/2** Peter Hartmann, Potsdam; **37/1** Udo Wennekers, Goch; **37/2** Cornelsen Schulverlage; **38/1** picture-alliance/dpa/Stockfood; **38/2** Fotolia; **39/1** adidas; **41/1** picture-alliance/dpa; **42/1** Cornelsen Schulverlage; **42/2** Patrick Merz, Karlsruhe; **43/1** iStockphoto/RedHelga; **44/1** BildART Volker Döring, Hohen Neuendorf; **44/1** Fotolia/terex ; **44/2** Fotolia/psynovec; **44/3** Fotolia/ D.R.3D; **45/1** Jens Schacht, Düsseldorf; **46/1** Fotolia/Bo Valentino; **47/1** Bruderschaft Riesenomelett, Malmedy; **49/1** StockFood/Finley, Marc O.; **52/1** Fotolia/Lucky Dragon; **59/1** BildART Volker Döring, Hohen Neuendorf; **63/1** iStockphoto/mikeuk; **64/1** Fotolia/stadelpeter; **67/1** Corbis/zefa visual media GmbH; **70/1** Fotolia/James Thew; **73/1** artur (Essen)/Roland Halbe; **73/2** BildART Volker Döring, Hohen Neuendorf; **73/3** BildART Volker Döring, Hohen Neuendorf; **73/4** fotofinder/project photos/ Reinhard Eisele; **73/5** BildART Volker Döring, Hohen Neuendorf; **73/6** picture-alliance/OKAPIA/Feldkamp; **76/1** VISUM/Wolfgang Steche; **78/1** Jens Schacht, Düsseldorf; **90/1** BildART Volker Döring, Hohen Neuendorf; **93/1** PantherMedia/Martin Painhart; **96/1** BildART Volker Döring, Hohen Neuendorf; **100/1** picture-alliance/Peter Förster; **100/2** Matthias Hamel; **100/3** Matthias Hamel; **102/1** Torsten Feltes, Berlin; **103/1** Mathias Wosczyna; **105/1** Cornelsen Schulverlage; **106/1** BildART Volker Döring, Hohen Neuendorf; **106/2** Fotolia/Swetlana Wall; **108/1** Günter Liesenberg, Berlin; **111/1** Cornelsen Schulverlage; **113/1** Fotolia/Schlierner; **113/2** Mathias Wosczyna; **115/1** PantherMedia/Alfred Emmerichs; **115/2** Apollinaris & Schweppes GmbH & Co., Hamburg/Pressebild; **117/1** Bilderbox/Erwin Wodicka, Thening; **122/1** Fotolia/picsfive; **122/2** Fotolia; **122/3** Fotolia/Dmitry Vereshchagin; **123/1** Fotolia/pavel Chernobrivets; **124/1** panthermedia/Dirk Heinen; **127/1** iStockphoto/A. Khomulo; **127/2** Cornelsen Schulverlage; **131/1** Fotolia/fotobeu; **132/1** Cornelsen Schulverlage; **132/2** Cornelsen Schulverlage; **132/3** Fotolia/photocrew; **133/1** Cornelsen Schulverlage; **134/1** mauritius images/Marc Gilsdorf; **135/1** Cornelsen Schulverlage; **137/1** fotofinder/argum; **139/1** Corbis/Junos/beyond; **139/2** Cornelsen Schulverlage; **140/1** iStockphoto/lifeonwhite.com; **144/1** Landes- zentralbank, Hamburg; **144/2** Gerald Zörner, Berlin; **145/1** Jens Schacht, Düsseldorf; **145/2** Jens Schacht, Düsseldorf; **145/3** BildART Volker Döring, Hohen Neuendorf; **146/1** Mathias Wosczyna, Rheinbreitbach; **147/1** Fotolia/Ilya Postnikov; **147/2** Mathias Wosczyna, Rheinbreitbach; **147/3** Gerald Zörner, Berlin; **149/1** Fotolia/fotobeu; **151/1** fotolia/mothom; **152/1** iStockphoto; **153/1** Paulsen, I., Berlin; **155/1** Fotolia/Yuri Arcurs; **158/1** Cornelsen Schulverlage; **160/1** Heike Schulz, Berlin; **161/1** fotolia/Nerlich Images; **162/1** Cornelsen Schulverlage; **164/1** Fotolia/yanlev; **165/1** PantherMedia/Viktor Thaut; **172/1** mauritius images/imagebroker; **173/1** Cornelsen Schulverlage; **177/1** Karl-Heinz Oster, Düsseldorf; **177/2** masterfile (Matt Brasier); **177/3** StockFood/Finley, Marc O.; **177/4** Corbis/zefa visual media GmbH; **177/5** PantherMedia/Martin Painhart; **177/6** Bilderbox/Erwin Wodicka, Thening; **177/7** fotofinder/argum; **177/8** Fotolia/Yuri Arcurs; **178/1** Fotolia/beachboyx10; **180/1** Cornelsen Schulverlage; **181/1** panthermedia; **183/1** Fotolia/Yong Hian Lim; **184/1** picture-alliance/dpa/epa/Försterling; **185/1** Corbis/BreBa/beyond

Diagramme am Computer erstellen

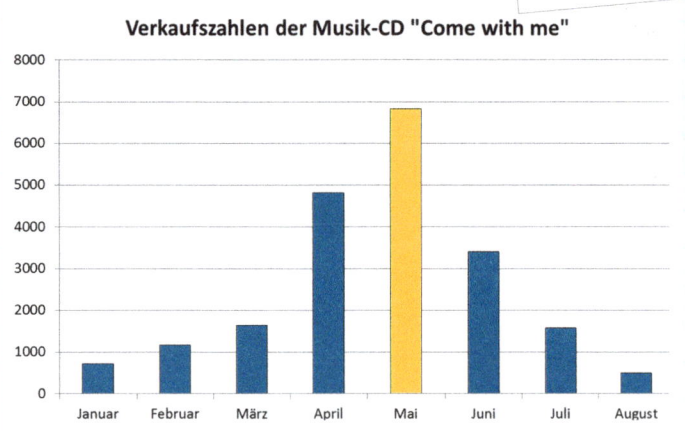

Es reicht oft aus, Werte ungefähr abzuschätzen, z. B. „knapp 7 000" statt „6 827" abzulesen.

Welches Diagramm für welchen Zweck?

In Diagrammen werden Informationen bildlich dargestellt.
Säulendiagramme sind die am häufigsten verwendeten Diagramme.
Sie veranschaulichen Werte durch auf der x-Achse senkrecht stehende Rechtecke.
In **Balkendiagrammen** werden die Daten durch waagerecht liegende Balken dargestellt.
In **Kreisdiagrammen** werden die Daten durch Anteile am Kreis dargestellt.
Sie werden in der Regel verwendet, um Verteilungen oder Anteile darzustellen.

Säulendiagramm

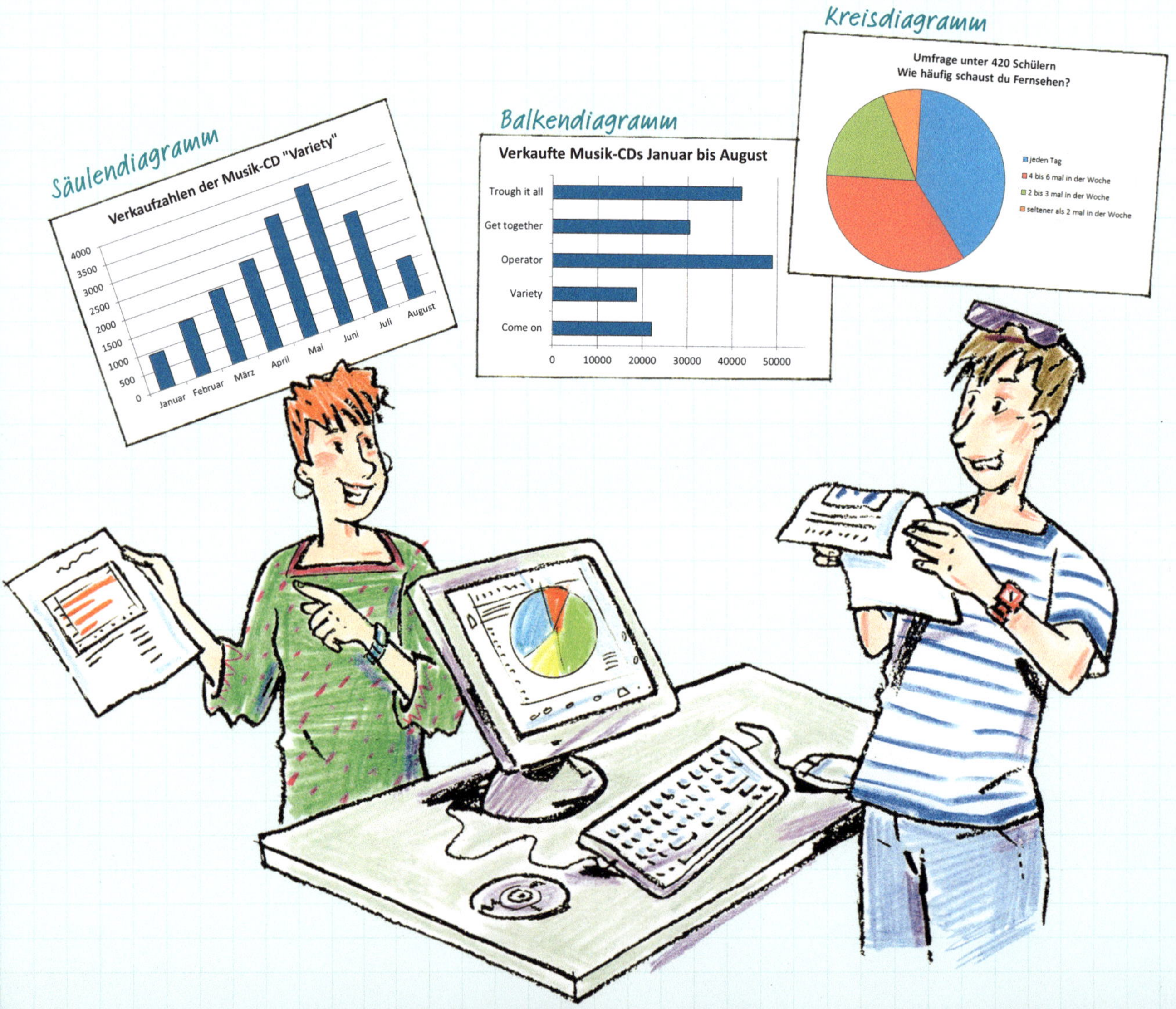

Verkaufszahlen der Musik-CD "Come with me"
8000
7000
6000
5000
4000
3000
2000
1000
0
Januar
Februar
März
April
Mai
Juni
Juli
August

Kreisdiagramm
Umfrage unter 420 Schülern
Wie häufig schaust du Fernsehen?
jeden Tag
4 bis 6 mal in der Woche
2 bis 3 mal in der Woche
seltener als 2 mal in der Woche
Balkendiagramm
Verkaufte Musik-CDs Januar bis August
Trough it all
Get together
Operator
Variety
Come on
0
10000
20000
30000
40000
50000
Säulendiagramm
Verkaufzahlen der Musik-CD "Variety"
4000
3500
3000
2500
2000
1500
1000
500
0
Januar
Februar
März
April
Mai
Juni
Juli
August